物 理 化 学

主　编：尹桂丽

副主编：仇兆忠　吴　琼

参　编：刘爱莲　李青春

北京理工大学出版社
BEIJING INSTITUTE OF TECHNOLOGY PRESS

内 容 简 介

本书是针对高等院校材料类专业的少学时本科教学需要编写的，重点阐述了物理化学的基本原理、方法及其在材料领域的应用，突出材料类专业教材的特色。在每一节的开头采用"核心内容"提示的形式提纲挈领地列出该节的内容提要，便于学生清晰地掌握主要内容，在部分章节后面以"拓展阅读"的形式插入与书中内容相关联的课外阅读知识，扩大学生的视野。

全书共 9 章，包括绪论、热力学第一定律、热力学第二定律、多组分系统热力学、化学平衡、多相平衡、表面物理化学、电化学及化学反应动力学基础。

本书可作为高等院校材料、能源、食品、生物等相关专业的本科教材，也可供相关工程技术人员参考。

图书在版编目（ＣＩＰ）数据

物理化学／尹桂丽主编. -- 北京：北京理工大学出版社，2023.10

　　ISBN 978-7-5763-3062-5

　　Ⅰ．①物…　Ⅱ．①尹…　Ⅲ．①物理化学-高等学校-教材　Ⅳ．①O64

中国国家版本馆 CIP 数据核字（2023）第 198900 号

责任编辑：陆世立　　**文案编辑**：李　硕
责任校对：刘亚男　　**责任印制**：李志强

出版发行／北京理工大学出版社有限责任公司
社　　址／北京市丰台区四合庄路 6 号
邮　　编／100070
电　　话／（010）68914026（教材售后服务热线）
　　　　　　（010）68944437（课件资源服务热线）
网　　址／http://www.bitpress.com.cn

版 印 次／2023 年 10 月第 1 版第 1 次印刷
印　　刷／三河市天利华印刷装订有限公司
开　　本／787 mm×1092 mm　1/16
印　　张／16.25
字　　数／377 千字
定　　价／90.00 元

前 言

党的二十大报告明确指出"加强基础学科、新兴学科、交叉学科建设"和"加强教材建设和管理"。物理化学作为化工、环境、材料、纺织、制药、食品、农林及相关专业的必修基础理论课程，在专业课程体系中，是联系其他课程的理论纽带，为后续专业课程的学习建立必要的理论与实验基础，同时在交叉学科发展中也发挥着重要的作用。但随着我国高等学校教育教学改革对课程体系和教学内容的要求，需要适当精简基础理论课程的教学，尤其是对于大学本科非化学专业的少学时物理化学课程来说，需要更精练的教材与之相适应。因此，在借鉴国内外优秀物理化学教材的基础上，专为材料类专业的教学需要而编写了本书。

在编写本书时，考虑到材料类专业的特点和学时有限等实际情况，在保持物理化学的学科系统性的同时，对一些经典的教学内容进行了适当精简，使教材更贴近材料类专业的需求。内容叙述由浅入深，力求深度广度适当，尽量避免繁杂的公式推导和数学计算，重点阐述物理化学的基本原理、方法及其在材料领域的应用，突出材料类专业教材的特色，体现本书的实用性。

本书在每一节的开头采用"核心内容"提示的形式，提纲挈领地列出该节的内容提要，便于学生抓住重点，深入掌握主要内容，同时也便于后续的记忆和复习。在部分章节后面以"拓展阅读"的形式插入与书中内容相关联的课外阅读知识，主要反映物理化学领域的新重要成果，扩大学生的视野，体现本书的可读性。

本书注重"学用结合"，在重点内容中择要举例，并注重例题、习题与材料类专业的联系，力求基本理论联系实际。每章最后附有相关的思考题和习题，便于学生深入思考、自学和复习，体现本书的实践性。

本书是辽宁工业大学的立项教材，并由辽宁工业大学资助出版。本书由尹

桂丽（辽宁工业大学）编写绪论、第 1 章、第 2 章、附录；由刘爱莲（黑龙江科技大学）编写第 3 章、第 4 章；由李青春（辽宁工业大学）编写第 5 章；由吴琼（辽宁工业大学）编写第 7 章；由仇兆忠（徐州工程学院）编写第 6 章、第 8 章。全书由尹桂丽统稿。

本书编写过程中参考了许多我们使用过或者拜读过的优秀物理化学教材，在此一并表示感谢！本书的整个出版过程得到了北京理工大学出版社编辑们的审校和帮助，在此致以诚挚的谢意！

由于编者学识和水平有限，书中难免存在疏漏和不妥之处，恳请读者批评指正。

编者

2023 年 1 月

目 录

绪　论

0.1　物理化学的研究对象、目的及内容

物理化学是化学学科的一个重要分支。几乎所有的化学变化中都伴随着物理变化的发生，例如一个化学反应过程中总是伴随着热、电、光、声等物理现象的产生。这说明物理现象和化学现象总是紧密联系着，是相辅相成的。因此，物理化学就是从研究化学现象和物理现象之间的相互联系着手，应用物理学原理、实验方法和必要的数学手段去研究化学变化的本质和规律的科学。物理化学的研究目的在于探讨化学变化的基本规律，用以解决生产实际和科学实验向化学提出的理论问题，从而更好地驾驭化学变化，使化学更好地为生产实际服务。

物理化学研究的内容非常丰富，大致可分为三大部分，即化学热力学、化学动力学和结构化学。

（1）化学热力学。化学热力学属于物理化学的一个分支。主要研究在给定条件下，一个化学反应能否向预定的方向自动进行，如果能够自动进行，它将达到什么限度，反应进行过程中有多少能量变化，外界条件（温度、压强、浓度）对反应方向和限度有何影响等。

（2）化学动力学。化学动力学属于物理化学的另一个分支。主要研究一个化学反应的速率究竟有多大，外界条件（温度、压强、浓度、催化剂等）因素对反应速率有何影响，一个复杂反应从反应物变到生成物的具体历程（反应机理）如何。

（3）结构化学。结构化学属于物理化学的又一个分支。物质的内部微观结构决定了物质的性质，化学热力学中化学反应的方向、限度和化学动力学中的速率等也都取决于物质的微观结构。因此，深入了解物质的内部结构，不仅可以更好地理解化学变化的内因，而且可以预见在适当改变外界条件下，物质的内部结构及性质将发生什么样的变化，可为合成人们所需特殊用途的新材料提供方向和线索。结构化学作为一个分支学科，一般根据不同专业的不同要求而单独设课，本书不包含这部分内容。

除了经典的化学热力学和化学动力学基本原理之外，本书还介绍它们在多组分系统、化学平衡、相平衡、电化学和表面现象等方面的应用，以便于了解物理化学与人们生产实际的密切联系。

0.2　物理化学的研究方法

物理化学研究的方法有宏观和微观之分，主要分为热力学方法、动力学方法和量子力学方法。

（1）热力学方法。热力学方法又分为经典热力学方法、统计热力学方法和非平衡热力学方法。经典热力学方法的研究对象是大量原子、分子的平均行为或其总体表现，而不涉及物质内部结构和过程的机理，根据热力学函数性质的特点，只从系统的始态和终态来研究系统的变化情况。这种宏观的研究方法就称为经典热力学方法。该方法不含时间的概念，许多情况下采取"无限缓慢"或"无限接近平衡"的理想过程来研究问题。统计热力学方法是对微观粒子的运动假设一个微观模型，结合量子力学规律，运用统计力学原理加以统计处理，研究大量微观粒子的运动、分布与系统宏观热力学量的关系。该种方法是联系微观和宏观的桥梁。非平衡态热力学方法是把平衡态热力学推广到非平衡态过程和敞开系统进行，描述系统的热力学函数时要考虑时间和空间坐标，这种研究方法属于微观的范畴，用来表征实际过程的热力学本质。

（2）动力学方法。研究化学反应速率的表示、测量外界因素对反应速率的影响和推测反应步骤、历程等，这种动力学方法称为经典化学动力学方法。从分子水平上研究基元反应的特征，利用交叉分子束反应等实验手段和磁共振、红外光谱等现代方法进行监测获得反应前后分子的能态，从而揭示化学反应中的能量变化和本质的动力学方法称为现代反应动力学方法。

（3）量子力学方法。当研究微观粒子时，以量子力学为基础，以原子和分子为研究对象，引入量子概念来描述其运动和分布，获取分子结构、化学键、电子能级和电荷分布等有关物理量，探讨物质的性质与其结构的内在关系，这种微观的研究方法称为量子力学方法。

0.3　物理化学的学习方法

物理化学是化工、环境、材料、焊接、冶金、食品工程及制药等专业的必修基础理论课，是金属学与热处理原理、焊接原理、铸造原理等课程的先修课程。这些专业课程与物理化学有着紧密的联系。例如，热处理中钢的氧化、渗碳、脱碳、腐蚀等；焊接中焊条或焊丝的熔化、表面脱氧、熔池的凝固及焊缝的腐蚀与防护等；铸造成型中金属的冶炼、浇注成型及砂型硬化等都涉及物理化学基本原理。因此，物理化学的学习对今后专业课的学习和工作实践都有重要的意义。物理化学学习中会用到一定的数学和物理知识，具有较强的逻辑推理性和学科交叉性，概念抽象、公式繁多、公式成立条件严格。因此，在学习物理化学的过程中，单靠死记硬背是行不通的，必须投入较多的精力，变被动学习为主动学习。结合物理化学课程的特点，提出以下几点注意事项供参考。

（1）要厘清基本概念和基本原理。物理化学的概念较多且抽象，因此，物理化学的学习应该从每一章节的基本概念和基本理论入手，只有彻底厘清了基本概念才能理解其基本理论，进而掌握其基本原理。

（2）注意公式、定律和结论的使用条件。物理化学中有很多公式、定律及结论是使用数学和物理的方法推导出来的，在推导过程中往往会引入一些限制条件，以致公式都有严格的使用条件。在学习中切忌死记硬背公式，要掌握公式的来龙去脉和引进的条件，对于重要的公式要养成自己动手推导公式的习惯，从而帮助准确记忆公式和掌握公式的使用条件。

（3）注重章节之间的联系。物理化学的章与章之间都有紧密的联系，呈现先基本原理后应用的特点。因此，在学习该课程的时候要把前后学到的知识联系起来，反复思考，才能逐步达到融会贯通的境界。

（4）重视习题和总结。做习题是培养独立思考和将所学的物理化学知识运用到实际中的重要环节。通过解答每章后面的思考题可以加深对基本概念的理解和记忆，通过做每章后面的习题可以领会到该习题中隐含了什么条件、用到了什么概念和解决了什么问题，达到理论联系实际的目的。当然，做习题不是越多越好，也不是得出正确答案就行，而是在做题中训练自己的分析能力，做到举一反三。另外，物理化学的学习还要注重对每一章节学习内容的归纳总结，抓住重点和要点，从而达到事半功倍的效果。

中国物理化学的奠基人——黄子卿

黄子卿是中国物理化学的奠基人之一，被誉为我国物理化学的一代宗师。他是中国科学院院士、物理化学家、化学教育家，主要从事电化学、生物化学、热力学和溶液理论等多方面的研究。在电化学研究方面，他通过实验考察了界面移动法测定电解质溶液中离子迁移数时震动、热效应、界面可见性条件及界面调节等因素对实验测定的影响，改进了此方法的实验装置，提高了实验测定的准确度，并拓宽了此方法的应用范围。在蛋白质变性研究方面，他制备了分别经酸、碱、尿素和乙醇作用而变性的蛋白质，利用渗透压测定了变性蛋白质的分子量。研究证明，蛋白质变性并不必然改变其分子量，天然的和变性的鸡蛋清蛋白、羊血红蛋白的分子量约为3.4万的倍数或亚倍数，与对蛋白质分子量研究得到的亚单位结果相符合。他曾寻求合适的状态方程以预示实际气体的热力学性质，探索等张比容与液体其他物性及与分子组成的关系。他精确测定了热力学温标的基准点——水的三相点，这一结果成为1948年国际实用温标（IPTS—1948）选择基准点的参照数据之一。他在溶液理论研究方面也颇有建树，研究了溶液中化学反应速率的介质效应和非电解质溶度的盐效应。他利用电导法研究酯在水二氧六环混合溶剂中的皂化反应动力学，得出反应速率常数与溶剂组成关系的经验规律，测定了间硝基苯甲酸的盐效应常数，提出了盐效应的相关机制。他毕生从事化学教育事业，不遗余力地培育人才。

第1章 热力学第一定律

热力学是自然科学的一个重要分支学科。热力学的主要基础是人们从长期的实践经验中总结出来的热力学第一定律、热力学第二定律和热力学第三定律。无数次科学实践都证明了这三大定律的可靠性。热力学第一定律就是能量守恒定律，给出了变化过程中各种能量相互转化的准则。热力学第二定律指出在一定条件下，过程自发进行的方向和限度。热力学第三定律总结了物质在低温下的运动状态、性质变化规律，为各种物质的热力学函数计算提供了科学方法，解决了化学平衡的计算问题。热力学基本原理在化学过程和与化学有关的物理过程中的应用构成化学热力学，化学热力学是物理化学的重要内容之一，主要研究化学过程及与化学过程相关的物理过程中的能量效应；判断某一热力学过程在一定条件下进行的可能性，确定已进行的某一化学过程中所能获得的产物的最大产量等。这些问题的解决，在化工、材料、冶金生产等领域中开发新工艺、新材料及提高效率、减少消耗等方面都具有重要的指导意义。

本章从热力学的研究对象出发，阐明热力学的某些重要概念，研究系统与环境间的能量传递和转化，建立了热力学第一定律的数学表达式，从而将其用于解决各种不同过程的能量转化问题。

1.1 热力学的研究对象、方法和局限性

核心内容

1. 热力学研究对象
(1) 研究在各种物理变化和化学变化过程中的能量转换关系；
(2) 判断在一定条件下，某过程自发进行的方向和可能达到的限度。

2. 热力学研究方法和局限性
热力学的研究对象是大数量质点的集合体，热力学只研究物质的宏观性质，是所有质

点的平均行为，具有统计意义。热力学只需知道系统的起始状态和最终状态，以及过程进行的外界条件，就可进行相应的计算，它不依赖于物质结构的知识，亦无须知道过程进行的机理。

热力学的局限性在于所研究的变量中，没有时间的概念，只能停留在对客观事物的表面了解而不知其内在原因。只能说明过程能不能进行，以及进行到什么程度为止，至于过程在什么时候发生，以怎样的速率进行，热力学无法预测。

热力学是研究能量相互转换过程中所应遵循的规律的科学。它研究在各种物理变化和化学变化中所发生的能量效应；研究在一定条件下某种过程能否进行，如果能进行，那么进行到什么程度为止，也就是变化的方向和限度问题。热力学在发展初期，只是研究热和机械功之间相互转换的关系，这个问题是随着蒸汽机的发明和使用而被提出的。焦耳（Joule）自 1840 年起，用各种不同方法研究热和功的转换关系，历经 20 余年，得出了热和功转换的准确数值：

$$1 \text{ cal} = 4.184 \text{ J}$$

这是著名的热功当量，为能量守恒定律奠定了基础。后来人们才把电能、化学能、辐射能等都纳入热力学的研究范围。

热力学的一切结论主要是建立在两个经验定律的基础上的。这两个定律就是热力学第一定律和热力学第二定律。这两个定律是人们经验的总结，它不能从逻辑上或用其他理论方法来加以证明，但它的正确性已由无数次的实验事实所证实。至于 20 世纪初所发现的热力学第三定律，它的基础虽没有第一定律和第二定律广泛，但是对于化学平衡的计算，却具有重要意义。

将热力学基本原理应用于化学过程或与化学有关的物理过程，便形成了化学热力学。化学热力学主要研究和解决的问题是：

（1）化学过程及与化学过程密切相关的物理过程中的能量转换关系；

（2）判断某一热力学过程在一定环境条件下是否可能进行，进行的方向，以及可能达到的最大限度，从而确定被研究物质的稳定性，确定从某一化学过程所能取得的产物的最大产量等。

热力学在解决问题时所用的方法是严格的数理逻辑的推理方法。热力学方法有以下几个特点。首先，热力学的研究对象是大数量质点的集合体，热力学只研究物质的宏观性质，是所有质点的平均行为，具有统计意义。对于物质的微观性质即个别或少数分子、原子的行为，无从作出解答。其次，热力学只需知道系统的起始状态和最终状态以及过程进行的外界条件，就可进行相应的计算，它不依赖于物质结构的知识，亦无须知道过程进行的机理，这是热力学能简易而方便地得到广泛应用的重要原因。但这也正是热力学研究方法的局限性，热力学对过程能否进行的判断，就只是知其然而不知其所以然，停留在对客观事物的表面了解而不知其内在原因，只研究可能性，不研究现实性。最后，热力学不涉及时间的概念，它只能说明过程能不能进行，以及进行到什么程度为止，至于过程进行的速率和进行的细节，热力学无法预测。而与时间有关的反应速率、反应机理、催化等问题都属于动力学范畴。

虽然化学热力学方法有上述局限性，但它仍然是一种非常有用的理论工具。它与化学动力学构成研究问题的两个方面，是相辅相成的。当合成一个新产品时，首先要用热力学方法判断该反应能否进行，若热力学认为不能进行，则不必去浪费精力研究反应速率和机理问题了。另外，热力学可以提示如何调整外界环境（如温度、压强和浓度等）因素使反应向人们期待的方向进行，为提高效率、降低生产成本给予理论指导，这些对指导科学研究和生产实践无疑是有重要意义的。

1.2 热力学的几个基本概念

核心内容

1. 系统和环境

要研究的那部分物质或空间称为系统；系统以外并与系统有相互作用的部分物体称为环境。

2. 状态和状态函数

热力学系统的状态是系统的物理性质和化学性质的综合表现，当系统所有物理性质和化学性质都有一个确定值时，就称系统处于一定状态。所有确定系统状态的性质称为状态性质，这些状态性质只决定系统当时所处的状态，而与系统如何达到这一状态无关，因此，这些仅仅取决于状态的状态性质，在热力学中又统称为状态函数。

3. 过程与途径

系统状态所发生的一切变化均称为过程；在系统状态发生变化时，由一始态到另一终态，可以经由不同的方式，这种由同一始态到达同一终态的具体步骤就称为"途径"。

4. 热力学平衡

若系统与环境之间没有任何物质和能量交换，系统中各个状态性质又均不随时间而变化，则称系统处于热力学平衡状态。真正的热力学平衡状态应当同时包括4个平衡：热平衡、机械平衡、化学平衡和相平衡。

1.2.1 系统和环境

系统：将所研究的物体想象地从其周围划分出来作为研究对象，即要研究的那部分物质或空间，称为系统。

环境：系统以外并与系统有相互作用的部分物质或空间称为环境。

系统和环境之间，通过一个边界得以分开，这个边界可以是实际存在的物理界面，亦可以是假想的界面。根据系统和环境之间物质和能量的交换情况不同，系统可分为3种：

（1）敞开系统，系统与环境之间既可以有物质的交换，也可以有能量的交换；

（2）密闭系统，或称封闭系统，系统与环境之间没有物质的交换，只有能量的交换；

（3）隔绝系统，或称孤立系统，系统与环境之间既没有物质的交换，也没有能量的交换。

在实际工作中，如何划分系统与环境，完全根据所研究问题的范围来决定。例如，当研究电阻炉中的热处理工件时，工件为系统，而与工件有相互作用的炉气、炉壁和炉体等为环境；当研究工件与炉气之间的作用时，则工件和炉气为系统，而炉壁和炉体等为环境。

1.2.2 状态和状态函数

某一热力学系统的状态是系统的物理性质和化学性质的综合表现。描述一个系统必须涉及它的一系列性质，如温度、质量、压强、体积、浓度、密度、组成等，当系统所有物理性质和化学性质都有一个确定值时，就称系统处于一定状态。所以确定系统状态的性质称为状态性质。这些状态性质只决定系统当时所处的状态，而与系统如何达到这一状态无关，因此，这些仅仅取决于状态的状态性质，在热力学中又统称为状态函数。在以后将要介绍的系统的热力学能（内能）、焓、熵等也是状态性质。当所有的状态性质都不随时间而发生变化时，则称系统处于一定的状态。这些状态性质中只要有任意一个发生了变化，就说系统的热力学状态发生了变化。

根据状态性质与系统中物质数量的关系不同，可将状态性质分为两类。

（1）容量性质，或称广度性质。这种性质的数值与系统中物质的量成正比；这种性质在系统中有加和性，即整个系统的容量性质的数值，是系统中各部分该性质数值的总和。例如，一个瓶中气体的体积是瓶中各个部分气体体积的总和，所以体积是系统的容量性质。另外如质量、热容等也是容量性质。

（2）强度性质。这种性质的数值与系统中物质的量无关；这种性质在系统中没有加和性，而是整个系统的强度性质的数值与各个部分的强度性质的数值相同。例如，一个瓶中的气体的压强与瓶中各个部分气体的压强是相同的，而不能说气体的压强是各个部分气体压强之和。所以压强是系统的强度性质。另外如温度、黏度、密度等亦是强度性质。

容量性质和强度性质之间虽然有所区别，但往往两个容量性质之比或容量性质除以物质的量就成为系统的强度性质。例如，密度是质量与体积之比；摩尔体积是体积与物质的量之比，这些均是强度性质。

状态函数的基本特征如下。

（1）状态一定，状态函数也一定。

（2）若状态发生变化，则状态函数的变化值仅取决于系统的始态和终态，与所经历的具体途径无关。当系统从某一始态变化到某一终态时，状态函数的变化 ΔZ 可表达为

$$\Delta Z = \int_{Z_1}^{Z_2} \mathrm{d}Z = Z_2 - Z_1$$

（3）若经历循环，状态复原，则 $\oint \mathrm{d}Z = 0$，状态函数没有发生变化。状态函数在数学处理时可应用全微分的概念，状态函数 Z 的无限小变化是全微分 $\mathrm{d}Z$。

1.2.3 过程和途径

过程：系统状态所发生的一切变化均称为过程。

途径：在系统状态发生变化时，由一始态到另一终态，可以经由不同的方式，这种由同一始态到达同一终态的具体步骤就称为途径。

常见的热力学变化过程有以下 7 种。

（1）定温（又称恒温、等温）过程：系统由始态变到终态，保持温度不变，且与环境温度相同，即 $T_1 = T_2 = T_e$。

（2）定压（又称恒压、等压）过程：系统的始态压强等于终态压强，且与环境压强相同，即 $p_1 = p_2 = p_e$。

（3）定容（又称恒容、等容）过程：系统的始态与终态的体积相同。在刚性容器中发生的变化，一般是定容过程，即 $V_1 = V_2$。

（4）绝热过程：系统在变化过程中，与环境没有热的交换。或者是由于有绝热壁的存在，或者是因为变化太快，与环境来不及发生热交换，或是热交换量太少而近似看作绝热过程，即 $Q=0$。

（5）循环过程：系统从始态出发，经过一系列变化，最后又回到了原来状态。在这个过程中，所有状态函数的变量都等于零，即 $\Delta p=0$，$\Delta T=0$，$\Delta U=0$ 等。

（6）对抗恒定外压过程：系统在体积膨胀过程中所对抗的环境压强 $p_e=$ 常数。

（7）自由膨胀过程（真空膨胀）：不对抗任何外压的过程，即 $p_e=0$。

1.2.4 热力学平衡

如果系统与环境之间没有任何物质和能量交换，系统中各个状态性质又均不随时间而变化，那么称系统处于热力学平衡状态。真正的热力学平衡状态应当同时包括以下 4 个平衡。

（1）热平衡。在系统中没有绝热壁存在的情况下，系统各个部分之间没有温度差。

（2）机械平衡。在系统中没有刚壁存在的情况下，系统各部分之间没有不平衡的力存在，即压强相同。

（3）化学平衡。在系统中没有化学变化的阻力因素存在时，系统的组成不随时间而变化。

（4）相平衡。在系统中各个相（包括气、液、固）的数量和组成不随时间而变化。

1.3 热力学第一定律

 核心内容

1. 热和功

（1）热：由于系统与环境之间的温度差而造成的能量传递称为热。系统吸热，Q 为正值；系统放热，Q 为负值。热是途径函数，所以热的无限小变化量用"δQ"来表示。

（2）功：除了热以外，在系统与环境之间其他形式的能量传递统称为功。环境对系统做功，W 为正值；而系统对环境做功，W 为负值。功是途径函数，所以功的无限小变化量用 δW 来表示。体积功的计算式为 $W=-\int_{V_1}^{V_2} p_e \mathrm{d}V$。

2. 热力学能

热力学能主要是指系统内分子运动的平动能、转动能、振动能、电子和核运动的能量，以及分子与分子相互作用的势能等能量的总和。热力学能的绝对值无法测定，只能测定其变化值。它是一个容量性质，与物质的数量成正比。热力学能是状态函数，它的变化值只取决于系统的始态和终态，而与变化的途径无关。

3. 热力学第一定律

一个封闭系统其热力学能的增加等于系统从环境所吸收的热量与环境对系统所做功之和。其数学表达式为 $\Delta U=Q+W$。

1.3.1 热和功

当系统的状态发生变化时，所引起系统的能量变化必须要依赖于系统和环境之间的能量传递来实现。系统与环境之间的能量传递形式有两种，即热和功。由于系统与环境之间的温度差而造成的能量传递称为热；除了热以外，在系统与环境之间其他形式的能量传递统称为功。热和功总是与系统所进行的具体过程相联系着的，没有过程就没有热和功，因此热和功不是状态函数，它们与途径有关。如果说系统的某一状态有多少热或有多少功，那么这是错误的表述。当传递过程结束时，热和功都转化为系统热力学能的改变。这就是热和功与热力学能在概念上的主要区别。

1. 热

在热力学中，热用符号 Q 来表示，其单位是 J。通常规定系统吸热，Q 为正值；系统放热，Q 为负值。热不是状态函数，而是途径函数，所以热的无限小变化量用"δ"来表示，即 δQ，以区别于状态函数用的全微分符号"d"。

2. 功

在热力学中，功用符号 W 来表示，其单位是 J。通常规定环境对系统做功为正值，而系统对环境做功为负值。功也不是状态函数，而是途径函数，所以功的无限小变化量用 δW 来表示，而不能用 dW 来表示。

功有多种形式，热力学中体积功是经常遇到的，占有特殊地位。常将它与其他功区分开来，功可分为体积功（W_V）和非体积功（W_f）两类。体积功是指因系统体积变化而引起的系统与环境间交换的功；而非体积功则指体积功以外的所有其他功，如机械功、电功、表面功等。

如图 1-1 所示，设有一个带有无质量、无摩擦力的理想活塞的圆筒，截面积为 A，筒内装有一定量的气体，圆筒活塞上环境压强为 p_e，今分别讨论气体膨胀或压缩的情况。若使活塞移动 dl，此时系统体积改变 dV，则气体膨胀和压缩两种功的对比如下。

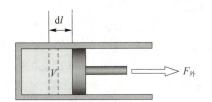

系统膨胀，系统对环境做功，则 $\delta W < 0$，$\delta W = F_{外} \cdot dl = p_e \cdot A dl = p_e \cdot dV$，而 $dV = Adl > 0$，则 $\delta W = -p_e dV$

（a）

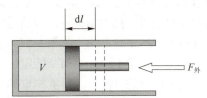

系统压缩，环境对系统做功，则 $\delta W > 0$，$\delta W = F_{外} \cdot dl = p_e \cdot A dl = p_e \cdot dV$，而 $dV = Adl < 0$，则 $\delta W = -p_e dV$

（b）

图 1-1 气体膨胀和压缩

（a）气体膨胀；（b）气体压缩

因此，无论是气体膨胀还是气体压缩，体积功的表达式都是

$$\delta W = -p_e dV \tag{1-1}$$

当计算整个途径的功时，要作定积分，即

$$W = -\int_{V_1}^{V_2} p_e dV \tag{1-2}$$

1.3.2　热力学能（内能）

焦耳自 1840 年起，历经多年，证明了这样一个事实：在绝热的条件下，一定量的物质无论以何种途径从同样的始态升高相同的温度达到同样的终态，所耗的各种形式的功（如机械功、电功等）在数量上是完全相同的。换言之，绝热过程中环境对系统所做功的大小只由系统的始态和终态所决定，而与途径无关。那么，在绝热过程中这个功值必然会等于系统某个状态函数在相同终态和始态的差值，即这个绝热过程中所做的功转化为蕴藏在系统内部的能量。于是称此状态函数为热力学能，或称为内能，用符号 U 表示，其单位为 J。

设在始态时热力学能为 U_1，终态时为 U_2，则在绝热的条件下，热力学能的改变量就等于绝热过程中的功，用公式表示为

$$\Delta U = U_2 - U_1 = W_{绝热} \tag{1-3}$$

热力学研究的是宏观静止的平衡系统，无整体运动，也不考虑电磁场、离心力场等外力场的影响。所以热力学能主要是指系统内分子运动的平动能、转动能、振动能、电子和核运动的能量，以及分子与分子相互作用的势能等能量的总和。热力学能的绝对值无法测定，只能测定其变化值。它是一个容量性质，与物质的数量成正比。热力学能是状态函数，它的变化值只取决于系统的始态和终态，而与变化的途径无关。

1.3.3　热力学第一定律的文字叙述

自然界中任何物质都具有能量，能量有各种形式，可以从一种形式转化为另一种形式，或从一个物体传递给另一个物体，而在转化和传递过程中能量的总量保持不变，这就是能量守恒定律。1840 年左右，焦耳通过机械能转化为热能的精确实验证明了能量可以以不同形式进行转化，并且测量了热功转化当量关系，即著名的热功当量。焦耳的热功当量为能量守恒定律提供了科学的实验证明。能量守恒定律是根据无数事实和实验总结出来的，不论在宏观世界还是在微观世界中，迄今还未发现有违背这条定律的情形。

对热力学系统而言，热力学第一定律就是宏观系统的能量守恒定律，是能量守恒定律在热现象领域所具有的特殊形式。热力学第一定律也可以表述为：第一类永动机是不可能制成的。所谓第一类永动机，是指不消耗燃料或能量，但却能连续不断地做功的机器。这显然违背了能量守恒定律，这种假想的机器是不可能制成的，这也进一步证明了热力学第一定律的正确性。

1.3.4　热力学第一定律的数学表达式

当一封闭系统的状态发生某一任意变化时，假设系统吸收的热量为 Q，同时得到的功为 W，那么根据热力学第一定律，应当有以下公式：

$$\Delta U = U_2 - U_1 = Q + W \tag{1-4}$$

当系统状态只发生一无限小量的变化时，因为热和功都不是状态函数，所以分别用 δQ 和 δW 表示它们的微小变化量。则式（1-4）可写为

$$dU = \delta Q + \delta W \tag{1-5}$$

式（1-4）和式（1-5）就是热力学第一定律的数学表达式。它表明了一个封闭系统其热力学能的增加等于系统从环境所吸收的热量与环境对系统所做功之和，即表明了热力学能、热和功相互转化时的定量关系。

例题 1 如图 1-2 所示，水中有一电炉丝，与电池相接，水池是绝热的。设该装置各部分都可近似看作密闭系统。如果按以下几种情况选择系统，试问 ΔU、W 和 Q 为正为负还是为零？

(1) 以水为系统；

(2) 以电炉丝为系统；

(3) 以水和电炉丝为系统；

(4) 以水、电炉丝和电池为系统。

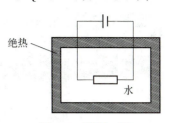
绝热

图 1-2 例题 1 图

解：(1) $Q>0$，$W=0$，$\Delta U>0$。因为水从电炉丝得到热，而无任何功的交换，水获得热量后使热力学能升高。

(2) $Q<0$，$W>0$，$\Delta U>0$。因为电池对系统做电功，电炉丝温度升高，热力学能增加，并向水放热。

(3) $Q=0$，$W>0$，$\Delta U>0$，因为水和电炉丝均为系统，系统之间的热交换是不计的，电池对系统做电功，系统热力学能增加。

(4) $Q=0$，$W=0$，$\Delta U=0$，因为这是个隔绝系统，系统内部的热、功交换是不计的。

例题 2 求在 101 325 Pa 下，1 mol 铁由 $\alpha\text{-Fe} \xrightarrow{1\,183\ \text{K}} \gamma\text{-Fe}$ 时所做的体积功 W。已知 $\alpha\text{-Fe}$ 的密度为 $\rho_\alpha =7\,575\ \text{kg} \cdot \text{m}^{-3}$，$\gamma\text{-Fe}$ 的密度为 $\rho_\gamma =7\,633\ \text{kg} \cdot \text{m}^{-3}$；铁的摩尔质量为 $55.85\ \text{g} \cdot \text{mol}^{-1}$。

解：此变化是在高温时铁的同素异构转变，该晶型转变是在定温定压下进行的，故体积功计算如下：

$$
\begin{aligned}
W &= -p_e \cdot \Delta V = -p_e(V_2 - V_1) \\
&= -101\,325 \times \left(\frac{55.85 \times 10^{-3}}{7\,633} - \frac{55.85 \times 10^{-3}}{7\,575} \right) \text{J} \\
&= 6.07 \times 10^{-3}\ \text{J}
\end{aligned}
$$

计算结果表明，在高温时铁的同素异构转变过程中，环境对系统做功。

拓展阅读

第一次工业革命的标志——蒸汽机

蒸汽机的发明和应用，标志着第一次工业革命的开始。1785 年，瓦特在纽科门蒸汽机的基础上，成功改良了蒸汽机，制造出世界第一台具有真正实用价值的蒸汽机。1814 年，英国的史蒂芬孙发明了蒸汽机车。蒸汽机的发明，使交通运输发生了质变。随着蒸汽机车、汽船的发明，人类交通运输进入新时代。如果没有蒸汽机的改良，便不可能有交通运输工具的诞生。

蒸汽机的工作原理是：利用燃烧燃料加热锅炉中的水，产生的蒸汽推动活塞往复运动，经连杆和曲轴转换成旋转运动（见图 1-3），在飞轮回转一圈时，活塞做一往返运动，而往与返都是动力冲程（都受蒸汽的推动）。图 1-3 中有一个可左右滑动的滑动阀，蒸汽先由左方 A 口进入汽缸左端，推动活塞向右移动，接着滑动阀向左移动封住 A 口，蒸汽转由右方 B 口进入汽缸右端，推动活塞向左，因此，活塞的往返运动完成一次做功，即将燃料的化学能转化为蒸汽的热能，然后蒸汽的热能转化为机械功。这就是热力学中能量转换中的两种形式——热与功。

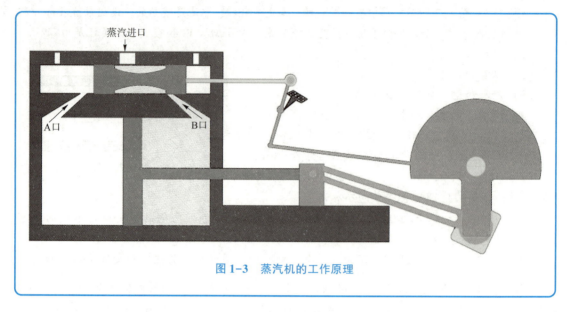

图1-3　蒸汽机的工作原理

1.4　体积功的计算、可逆过程

 **核心内容**

1. 自由膨胀过程

若外压为零，则这种膨胀过程称为自由膨胀过程。因为 $p_e = 0$，所以 $W = 0$。

2. 定容过程

因为 $\mathrm{d}V = 0$，所以 $W = 0$。

3. 对抗恒定外压过程

因为 $p_e =$ 常数，所以 $W = -\int_{V_1}^{V_2} p_e \mathrm{d}V = -p_e(V_2 - V_1)$。

4. 可逆过程

系统从始态变到终态，变化速度极其缓慢，每一步都基本接近于平衡态。若使系统由终态再次回到始态，系统恢复原状的同时，环境也能恢复原状而未留下任何永久性的变化，则称此过程为热力学可逆过程，简称可逆过程。定温可逆过程中，系统对环境所做的功为最大功；环境对系统所做的功为最小功。

功不是状态函数，而是一个与变化途径有关的物理量。由式（1-2）可以计算各种过程的体积功。

1. 自由膨胀过程

若外压为零，则这种膨胀过程称为自由膨胀过程。因为 $p_e = 0$，所以由式（1-2）得 $W = 0$。

2. 定容过程

因为 $\mathrm{d}V = 0$，由式（1-2）得 $W = 0$。

3. 对抗恒定外压过程

对抗恒定外压过程中，p_e ＝常数，由式（1-2）得 $W = -\int_{V_1}^{V_2} p_e \mathrm{d}V = -p_e(V_2 - V_1)$。

4. 可逆过程

在热力学中有一种极重要的过程称为可逆过程。现以气体膨胀、压缩为例来说明。

设有 1 mol 理想气体贮于气缸中，把气缸置于很大的定温容器中，使气缸在过程中温度始终保持 300 K，气缸上有个既无质量又无摩擦的活塞，活塞上放置 4 个砝码（相当于 4×10^5 Pa）用以调节外压。现在经过不同途径从 4×10^5 Pa 定温膨胀到 1×10^5 Pa，求下述不同途径的膨胀功。

途径 Ⅰ：将活塞上砝码同时取走 3 个，外压 p_1 一次性降低到 p_2，并在外压 p_2 下，气缸体积由 V_1 膨胀到 V_2，如图 1-4（a）所示。

途径 Ⅱ：将活塞上砝码分两次逐一取走，外压 p_1 分段经 p' 降到 p_2，气缺体积由 V_1 分段经 V' 膨胀到 V_2，如图 1-4（b）所示。

途径 Ⅲ：膨胀过程中，外压始终与系统内压相差无限小。为了使这个过程更形象，活塞上不放砝码，而是放相当于 4 个砝码压强（p_1）的一杯水，水不断蒸发，这样外压 p_e 始终比内压 p_i 小一个无穷小的值 $\mathrm{d}p$，体积膨胀 $\mathrm{d}V$ 后，气体压强降为（$p_1 - \mathrm{d}p$），直到膨胀到 V_2，内外压都是 p_2。这样的膨胀过程是无限缓慢的，每一步都接近于平衡态，如图 1-4（c）所示。

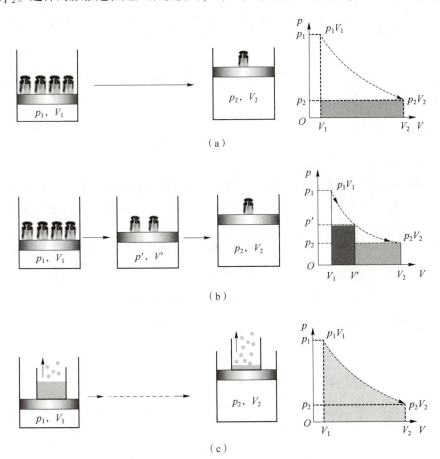

图 1-4 不同途径下气体定温膨胀示意图

当系统以上述 3 种途径达到终态后，再各自以其相反的过程压缩回到始态，这就构成了与原过程方向相反的 3 种途径。现分别计算其正、逆过程的体积功，并通过比较，引入可逆过程的概念。

途径 I：一次恒外压膨胀，则系统对环境做功为

$$W_I = -\int_{V_1}^{V_2} p_e \mathrm{d}V = -p_2(V_2 - V_1)$$

$$= -1\times10^5 \times \left(\frac{1\times8.314\times300}{1\times10^5} - \frac{1\times8.314\times300}{4\times10^5} \right) \mathrm{J} = -1.87 \ \mathrm{kJ}$$

若将外压一次性加到 $4\times10^5 \ \mathrm{Pa}$，将膨胀后的气体压缩回到原来的状态，则环境对系统做功为

$$W'_I = -\int_{V_2}^{V_1} p_e \mathrm{d}V = -p_1(V_1 - V_2)$$

$$= -4\times10^5 \times \left(\frac{1\times8.314\times300}{4\times10^5} - \frac{1\times8.314\times300}{1\times10^5} \right) \mathrm{J} = 7.48 \ \mathrm{kJ}$$

计算表明，在此过程中系统对环境做功 $-1.87 \ \mathrm{kJ}$，吸热 $1.87 \ \mathrm{kJ}$，逆过程环境对系统做功 $7.48 \ \mathrm{kJ}$，系统对环境放热 $7.48 \ \mathrm{kJ}$。正逆过程的总结果是：系统恢复了原态，但环境没有复原，而是在环境中留下了功变热的痕迹（环境得到 $5.61 \ \mathrm{kJ}$ 的热）。

途径 II：多次恒外压膨胀，则系统对环境所做的功为

$$W_{II} = -p'(V' - V_1) - p_2(V_2 - V')$$

$$= -2\times10^5 \left(\frac{1\times8.314\times300}{2\times10^5} - \frac{1\times8.314\times300}{4\times10^5} \right) \mathrm{J} - 1\times10^5 \left(\frac{1\times8.314\times300}{1\times10^5} - \frac{1\times8.314\times300}{2\times10^5} \right) \mathrm{J}$$

$$= -2.49 \ \mathrm{kJ}$$

若将外压分两次加到 $4\times10^5 \ \mathrm{Pa}$，将膨胀后的气体压缩回到原来的状态，则环境对系统做功为

$$W'_{II} = -p'(V' - V_2) - p_1(V_1 - V')$$

$$= -2\times10^5 \left(\frac{1\times8.314\times300}{2\times10^5} - \frac{1\times8.314\times300}{1\times10^5} \right) \mathrm{J} - 4\times10^5 \left(\frac{1\times8.314\times300}{4\times10^5} - \frac{1\times8.314\times300}{2\times10^5} \right) \mathrm{J}$$

$$= 4.99 \ \mathrm{kJ}$$

计算正逆过程的总结果是：系统恢复了原态，但环境没有复原，而是在环境中留下了功变热的痕迹（环境得到 $2.5 \ \mathrm{kJ}$ 的热）。与途径 I 比较可知，气体膨胀的推动力越小，系统恢复原态时给环境留下功变热的影响就越小。

途径 III：无限多次膨胀，在气体整个膨胀过程中，始终保持外压与内压相差无限小，即

$$p_e = p - \mathrm{d}p$$

$$W_{III} = -\int_{V_1}^{V_2} p_e \mathrm{d}V = -\int_{V_1}^{V_2} (p - \mathrm{d}p) \mathrm{d}V$$

因为 $\mathrm{d}p\mathrm{d}V$ 为二级无穷小，相对于 $p\mathrm{d}V$ 可以省略，所以

$$W_{III} = -\int_{V_1}^{V_2} p \mathrm{d}V$$

如果气体为理想气体，那么有

$$W_{III} = -\int_{V_1}^{V_2} p \mathrm{d}V = -\int_{V_1}^{V_2} \frac{nRT}{V} \mathrm{d}V = -nRT\ln\frac{V_2}{V_1} = -nRT\ln\frac{p_1}{p_2} \tag{1-6}$$

$$= -1\times8.314\times300\times\ln\frac{4\times10^5}{1\times10^5}\mathrm{J} = -3.46 \ \mathrm{kJ}$$

其逆过程为外压始终比内压大 $\mathrm{d}p$，将其压回原来状态，则有

$$W'_{\text{III}} = -\int_{V_2}^{V_1} p_e \mathrm{d}V = -\int_{V_2}^{V_1} (p+\mathrm{d}p)\,\mathrm{d}V$$

$$= -\int_{V_2}^{V_1} p\mathrm{d}V = -nRT\ln\frac{V_1}{V_2} = -nRT\ln\frac{p_2}{p_1}$$

$$= -1\times8.314\times300\times\ln\frac{1\times10^5}{4\times10^5}\mathrm{J} = 3.46\ \mathrm{kJ}$$

计算表明，气体膨胀过程中系统对环境做功 -3.46 kJ，吸热 3.46 kJ，压缩逆过程中环境对系统做功 3.46 kJ，系统对环境放热 3.46 kJ。正逆过程的总结果是：系统恢复到原态，环境也恢复到原态，没有在环境中留下任何影响。与途径Ⅰ、Ⅱ比较可知，途径Ⅲ中系统对环境所做的功最大，如图 1-5 所示。

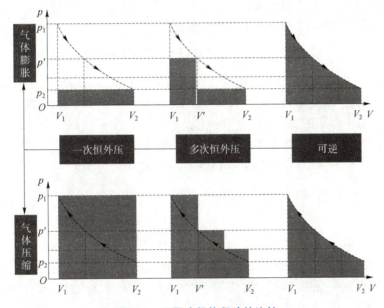

图 1-5　不同途径体积功的比较

上述三种膨胀途径中，第三种膨胀途径需要无限多次才能够完成，所以过程无限缓慢。这种无限缓慢的膨胀过程所做之功和无限缓慢的压缩过程所做之功，大小相等而符号相反，这就是说，当系统恢复到原状时，环境也恢复到原状。所以把某过程进行之后系统恢复原状的同时，环境也能恢复原状而未留下任何永久性变化的过程，称为可逆过程。反之，某过程进行后，如果用任何方法都不可能使系统和环境完全复原，那么此过程称为不可逆过程。

综上所述，可逆过程具有以下特点：

（1）可逆过程是以无限小的变化进行的，系统始终无限接近于平衡态；

（2）可逆过程进行时，过程的推动力与阻力只相差无穷小；

（3）系统进行可逆过程时，完成任一有限量变化均需无限长时间；

（4）在定温的可逆过程中，系统对环境所做的功最大，环境对系统所做的功最小。

上述是通过气体膨胀和压缩介绍了可逆过程和不可逆过程的概念，并在此基础上总结了可逆过程的特征。实际上，不只是气体的变化有可逆和不可逆两种方式，对于任何热力学过

程，例如相变化、化学变化等，都可以按照可逆和不可逆的两种不同方式进行，而且任意一个可逆过程均具有上述特征。但应指出的是，可逆过程是一种极限的理想过程，是一种科学的抽象，客观世界中并不真正存在可逆过程，但是从原理上说，任何一个实际过程在一定的条件下总可以无限接近于可逆过程。不能说因为自然界不存在可逆过程，可逆过程就没有实际意义。相反，它与科学中其他理想的概念，如理想气体、理想溶液等一样，在理论上和实际上都有着重大的意义。首先，在比较可逆过程和实际过程以后，可以确定提高实际过程的效率的可能性；其次，在用热力学解决问题时，往往需要计算状态函数的变量，状态函数的变化只与始、终态有关，而与途径无关。某些重要热力学函数的变化值，只有通过可逆过程才能求算，并且热力学中许多重要公式也是通过可逆过程建立的。因此它是热力学中极为重要的概念。

5. 可逆相变的体积功

一物质的相变化，如液体的蒸发、固体的升华、固体的熔化、固体晶型的转变等，在一定温度和一定压强下是可以可逆进行的。所以有

$$W=-\int_{V_1}^{V_2}p_e\mathrm{d}V=-\int_{V_1}^{V_2}(p-\mathrm{d}p)\mathrm{d}V=-\int_{V_1}^{V_2}p\mathrm{d}V=-p(V_2-V_1) \tag{1-7}$$

式中，p 为两相平衡时的压强；ΔV 为相变化时体积的变化。以液体的可逆蒸发为例，亦即液体的蒸发过程在每一瞬间系统都处于平衡态，此时式(1-7) 中的 p 应为液体的饱和蒸气压，ΔV 为蒸发过程中体积的变化，等于 V_g-V_1，V_g 是所产生蒸气的体积，V_1 是蒸发成蒸气的那一部分液体的体积，水的体积 V_1 比之水蒸气的体积 V_g 可忽略不计，则

$$W=-p(V_g-V_1)=-pV_g \tag{1-8}$$

假设蒸气是理想气体，则 $V_g=\dfrac{nRT}{p}$，得

$$W=-pV_g=-p\cdot\dfrac{nRT}{p}=-nRT \tag{1-9}$$

式中，n 为所蒸发的液体或所形成的蒸气的物质的量。式(1-8) 和式(1-9) 也可用于固体的升华，但对固液相变化和固体晶型转化却不能应用。因为对这些过程来说，两个相的体积差别不大，不能将其中一个体积忽略不计。

1.5 焓和热容

核心内容

1. 定容热

在定容过程中系统与环境之间交换的热称为定容热，用符号 Q_V 表示。当系统不做非体积功时，定容热与系统的热力学能的变化值相等，即 $Q_V=\Delta U$。

2. 定压热

在定压过程中系统与环境交换的热称为定压热，用符号 Q_p 表示。当系统不做非体积功时，定压热与系统焓变化值相等，即 $Q_p=\Delta H$。

3. 焓

因为 U、p、V 都是状态函数，所以 $U+pV$ 也是状态函数，将这一状态函数的代数组合定义为"焓"。焓是状态函数，具有容量性质。定义焓的意义在于系统不做非体积功时，定压热与系统的焓的变化值相等。

4. 热容

热容的定义是在不发生相变化、化学变化且不做非体积功的均相封闭系统中，一定量的物质温度升高单位热力学温度时所吸收的热量，用符号 C 表示。根据系统升温条件的不同，热容分为定容热容和定压热容。当温度变化区间不大时，热容可近似为常数；但当温度变化区间较大时，热容不能近似为常数，而是由许多科学家用实验方法测出的热容与温度关系的经验公式得出。

1.5.1　定容热

在定容过程（也称等容过程）中系统与环境交换的热称为定容热，用符号 Q_V 表示。前已述及，功有体积功 W_V 和非体积功 W_f 两种，当系统不做非体积功时，$W_f=0$。定容条件下，$\mathrm{d}V=0$，$W_V=0$，则根据热力学第一定律有

$$\mathrm{d}U=\delta Q+\delta W=\delta Q_V+\delta W_V+\delta W_f$$

$$\mathrm{d}U=\delta Q_V \text{ 或 } \Delta U=Q_V(\text{定容、}W_f=0) \tag{1-10}$$

式(1-10)说明在不做非体积功时，系统热力学能的变化值与定容热相等。因为热力学能是状态函数，ΔU 只取决于系统的始态和终态而与途径无关，所以定容过程的热 Q_V 也必然只取决于系统的始态和终态而与变化途径无关。

1.5.2　定压热

在定压过程（也称等压过程）中系统与环境交换的热称为定压热，用符号 Q_p 表示。根据热力学第一定律有

$$\mathrm{d}U=\delta Q+\delta W=\delta Q_p+\delta W_V+\delta W_f$$

其中，体积功 $\delta W_V=-p\mathrm{d}V$，当不做非体积功时，$\delta W_f=0$，因为是定压过程，$\mathrm{d}p=0$，则

$$\mathrm{d}U=\delta Q_p-p\mathrm{d}V$$

移项整理得

$$\delta Q_p=\mathrm{d}U+p\mathrm{d}V=\mathrm{d}(U+pV)$$

由于 U、p、V 都是状态函数，因此 $U+pV$ 也是状态函数，这一新的状态函数定义为"焓"，用符号 H 表示，即

$$H=U+pV \tag{1-11}$$

则

$$\Delta H=H_2-H_1=\Delta U+\Delta(pV) \tag{1-12}$$

压强一定时，有

$$\Delta H=\Delta U+p\Delta V \tag{1-13}$$

$$\delta Q_p=\mathrm{d}H \text{ 或 } Q_p=\Delta H(\text{定压、}W_f=0) \tag{1-14}$$

式（1-13）说明在不做非体积功的定压过程中，定压热与系统的焓变在数值上相等。因为 H 是状态函数，ΔH 只取决于系统的始态和终态而与途径无关，所以定压热 Q_p 也必然只取决于系统的始态和终态而与变化途径无关。

1.5.3 焓

由式（1-11）可知，焓是根据需要被定义出来的。U 和 V 的数值都与系统中物质的量成正比，故 H 必然也是系统的容量性质，单位是 J。还必须着重指出的是，U 和 H 是系统的状态函数，系统不论发生什么过程，都有 ΔU 和 ΔH。上面的讨论是说明通过热的测定，就可确定定容过程的 ΔU 和定压过程的 ΔH，而不是说只有定容过程和定压过程才有 ΔU 和 ΔH。例如，定压过程中的 ΔH 可以用式（1-13）计算；但是在非定压过程中不是没有 ΔH，只是 ΔH 不能用式（1-13）计算，而应当用式（1-12）计算。

式（1-11）中的 pV 不是功，在系统发生微小变化时，有

$$dH = dU + pdV + Vdp$$

系统从状态 1 变到状态 2 时，有

$$\Delta H = \Delta U + \Delta(pV), \quad \Delta(pV) = p_2V_2 - p_1V_1$$

如果系统是固相或液相等凝聚态，那么 $\Delta(pV)$ 值较小可忽略，则近似有 $\Delta H \approx \Delta U$。

如果系统是理想气体，那么

$$\Delta H = \Delta U + \Delta(nRT) \tag{1-15}$$

焓的特性：

（1）焓是状态函数，是容量性质，绝对值无法确定，但可确定焓变 ΔH；

（2）焓是系统的状态性质，系统的状态发生变化，就有相应的变化值 ΔH；

（3）并不是说只有定压过程才有 ΔH，而非定压过程就没有 ΔH，只是在无非体积功时，焓变等于定压热，即 $\Delta H = Q_p$。

1.5.4 热容

1. 定容热容和定压热容

热容的定义是在不发生相变化和化学变化且不做非体积功的均相封闭系统中，一定量的物质温度升高单位热力学温度时所吸收的热量，用符号 C 表示。单位质量物质的热容称为比热容，其单位为 $J \cdot K^{-1} \cdot kg^{-1}$，1 mol 物质的热容称为摩尔热容，其单位为 $J \cdot K^{-1} \cdot mol^{-1}$。显然，热容与系统的物质的量和升温条件有关。由于热容是随着温度不同而变化的，因此热容可表示为

$$C = \frac{\delta Q}{dT} \tag{1-16}$$

热与途径有关，根据升温途径的不同，热容分为定容热容 C_V 和定压热容 C_p，分别为

$$C_V = \frac{\delta Q_V}{dT} \tag{1-17}$$

$$C_p = \frac{\delta Q_p}{dT} \tag{1-18}$$

在这些特定过程中，将 $\delta Q_V = \mathrm{d}U$，$\delta Q_p = \mathrm{d}H$ 代入上两式，得到

$$C_V = \frac{\delta Q_V}{\mathrm{d}T} = \left(\frac{\partial U}{\partial T}\right)_V \tag{1-19}$$

$$C_p = \frac{\delta Q_p}{\mathrm{d}T} = \left(\frac{\partial H}{\partial T}\right)_p \tag{1-20}$$

这两式分别表明：C_V 是定容条件下系统的热力学能随温度增加的变化率，C_p 是定压条件下系统的焓随温度增加的变化率。当系统状态确定时，上述两个偏微商也确定，因此，这些都是状态函数，即 C_V、C_p 都是状态函数，也都是容量性质。1 mol 物质升高单位热力学温度所需的热量为摩尔热容，则定容摩尔热容和定压摩尔热容分别为

$$C_{V,\mathrm{m}} = \frac{1}{n}\frac{\delta Q_V}{\mathrm{d}T} = \frac{1}{n}\left(\frac{\partial U}{\partial T}\right)_V \tag{1-21}$$

$$C_{p,\mathrm{m}} = \frac{1}{n}\frac{\delta Q_p}{\mathrm{d}T} = \frac{1}{n}\left(\frac{\partial H}{\partial T}\right)_p \tag{1-22}$$

当温度从 T_1 变化到 T_2 时，式(1-19)~式(1-22) 积分得

$$Q_V = \Delta U = \int_{T_1}^{T_2} C_V \mathrm{d}T = n\int_{T_1}^{T_2} C_{V,\mathrm{m}}\mathrm{d}T \tag{1-23}$$

$$Q_p = \Delta H = \int_{T_1}^{T_2} C_p \mathrm{d}T = n\int_{T_1}^{T_2} C_{p,\mathrm{m}}\mathrm{d}T \tag{1-24}$$

2. 理想气体的热容

由式(1-23) 和式(1-24) 可知，热力学能和焓的微小变化可表示为

$$\mathrm{d}U = C_V \mathrm{d}T \tag{1-25}$$

$$\mathrm{d}H = C_p \mathrm{d}T \tag{1-26}$$

根据焓的定义 $H = U + pV$，将其微分可得

$$\mathrm{d}H = \mathrm{d}U + \mathrm{d}(pV)$$

将式(1-25) 和式(1-26) 及理想气体状态方程代入上式可得

$$C_p \mathrm{d}T = C_V \mathrm{d}T + nR\mathrm{d}T$$

整理得

$$C_p - C_V = nR \tag{1-27}$$

对于 1 mol 理想气体来说，定压摩尔热容 $C_{p,\mathrm{m}}$ 和定容摩尔热容 $C_{V,\mathrm{m}}$ 的关系为

$$C_{p,\mathrm{m}} - C_{V,\mathrm{m}} = R \tag{1-28}$$

根据分子运动论和能量均分定理，对理想气体来说，定容摩尔热容和定压摩尔热容为：

（1）单原子分子系统，$C_{V,\mathrm{m}} = \frac{3}{2}R$，$C_{p,\mathrm{m}} = \frac{5}{2}R$；

（2）双原子分子系统，$C_{V,\mathrm{m}} = \frac{5}{2}R$，$C_{p,\mathrm{m}} = \frac{7}{2}R$；

（3）多原子分子系统，$C_{V,\mathrm{m}} = 3R$，$C_{p,\mathrm{m}} = 4R$。

由此可以看出，通常温度下，理想气体的 $C_{V,\mathrm{m}}$ 和 $C_{p,\mathrm{m}}$ 均可视为常数。

3. 热容与温度的关系

物质在不同聚集状态（如气体、液体及固体）的热容都与温度有关，其值随温度的升高而逐渐增大。但是，热容与温度的关系不是用一简单的数学式所能表示的，而热容

的数据对计算热来说又非常重要。因此，许多科学家用实验方法精确测定了各种物质在各个温度下的 $C_{p,m}$ 数值，求得了它与温度关系的经验表达式，通常所采用的经验公式有以下两种形式：

$$C_{p,m} = a + bT + cT^2 \tag{1-29}$$

$$C_{p,m} = a + bT + c'T^{-2} \tag{1-30}$$

式中，T 是热力学温度；a、b、c、c' 是经验常数，随物质的不同及温度范围的不同而异。各种物质的热容经验公式中的常数值可参看本书附录，或参看有关的参考书及手册。

使用上述热容的经验公式应注意以下几点：

（1）从参考书或手册上查阅到的数据通常均指定压摩尔热容，在计算具体问题时，应乘上物质的量；

（2）所查到的常数值只能在指定的温度范围内应用，如果超出指定温度范围太远，就不能应用；

（3）有时从不同的书或手册上查到的经验公式或常数值不尽相同，但在多数情况下其计算结果差不多是相符的；在高温下不同公式之间的误差可能较大。

1.6　热力学第一定律对理想气体的应用

 核心内容

1. 理想气体的热力学能和焓

通过焦耳实验得出的结论是：理想气体的热力学能和焓只是温度的函数，不随系统体积和压强的变化而变化。

2. 热力学第一定律对理想气体简单状态变化过程的应用

（1）理想气体简单状态变化过程中 ΔU 和 ΔH 的计算式为

$$\Delta U = \int_{T_1}^{T_2} n C_{V,m} \, dT \quad \Delta H = \int_{T_1}^{T_2} n C_{p,m} \, dT$$

（2）理想气体在不做非体积功的绝热可逆过程中，有关于 p、V、T 关系的 3 个绝热方程，即

$$C_{V,m} \ln \frac{T_2}{T_1} = -R \ln \frac{V_2}{V_1}; \quad C_{V,m} \ln \frac{p_2}{p_1} = -C_{p,m} \ln \frac{V_1}{V_2}; \quad C_{p,m} \ln \frac{T_2}{T_1} = -R \ln \frac{p_2}{p_1}$$

3. 热力学第一定律对相变过程的应用

相变是指物质由一种聚集状态转变为另一种聚集状态的过程，如熔化、蒸发、升华及晶型转变等。发生相变对应的平衡温度称为相变点，相变过程吸收或放出的热则称为相变潜热。在相平衡的温度和压强下，纯物质的相变过程可认为是可逆相变过程，即定压且在相变点进行的相变一定为可逆相变；而定压不在相变点或在相变点而非定压的相变一定是不可逆相变。

当纯物质相变为可逆相变且不做非体积功时，相变潜热在数值上等于相变时的焓变，即 $Q_p = \Delta H_{\alpha-\beta}$；当相变为不可逆相变时，可以设计几步可逆过程来计算其状态函数的变化值，如 ΔU、ΔH 等。

1.6.1　理想气体的热力学能和焓

生产上经常遇到气体压缩与膨胀，以及有气体参加的反应。这些实际气体在一般热加工的条件（低压、高温）下，都可近似地看作理想气体。为此研究理想气体的相关热力学问题是十分必要的。

焦耳在1843年设计了低压气体的自由膨胀实验，如图1-6所示，连通器的一侧装有低压气体，另一侧抽成真空，整个连通器放在有绝热壁的水浴中，水中插有温度计用于测量水温，低压气体为系统。打开连通器中间的活塞，使低压气体向真空膨胀，达到稳态时，观察水浴的温度没有变化。这说明在此膨胀过程中系统和环境之间没有热交换，即 $Q=0$；又因为此过程为真空膨胀，故膨胀过程没有对外做功，即 $W=0$。由热力学第一定律的数学表达式可知，此过程的 $\Delta U=0$。这一实验事实证明，低压气体向真空膨胀时，温度不变，热力学能亦不变，但压强减小，体积增大。实验结论为：当温度一定时，理想气体的热力学能 U 是一定值，而与体积和压强无关。这个结论也可结合焦耳实验结果，采用数学形式推导如下。

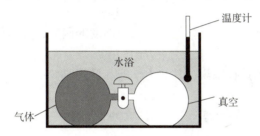

图1-6　低压气体的自由膨胀实验

对一定量纯物质单相密闭系统来说，所发生的任意过程，其热力学能由 p、V、T 中任意两个独立变量所确定，可表示为

$$U=f(T,V)，\quad U=f(T,p)$$

上式的全微分形式为

$$\mathrm{d}U=\left(\frac{\partial U}{\partial T}\right)_V\mathrm{d}T+\left(\frac{\partial U}{\partial V}\right)_T\mathrm{d}V，\quad \mathrm{d}U=\left(\frac{\partial U}{\partial T}\right)_p\mathrm{d}T+\left(\frac{\partial U}{\partial p}\right)_T\mathrm{d}p$$

将此公式应用于焦耳实验，因 $\mathrm{d}U=0$，所以

$$\left(\frac{\partial U}{\partial T}\right)_V\mathrm{d}T+\left(\frac{\partial U}{\partial V}\right)_T\mathrm{d}V=0，\quad \left(\frac{\partial U}{\partial T}\right)_p\mathrm{d}T+\left(\frac{\partial U}{\partial p}\right)_T\mathrm{d}p=0$$

而焦耳实验中，$\mathrm{d}T=0$，$\mathrm{d}V>0$，$\mathrm{d}p<0$，故

$$\left(\frac{\partial U}{\partial V}\right)_T=0，\quad \left(\frac{\partial U}{\partial p}\right)_T=0 \tag{1-31}$$

式(1-31)的意义是：在定温条件下，气体的热力学能不随气体体积、压强而变化，即气体的热力学能只是温度的函数，即

$$U=f(T) \tag{1-32}$$

事实上式(1-32)只有对理想气体才是正确的，因为精确实验证明实际气体向真空膨胀时气体的温度略有改变。而且起始压强越低，温度变化越小，气体越接近理想气体。理想气体的热力学能只是温度的函数的结论可用分子运动论的观点来解释：热力学能主要是指系统

内分子运动的平动能、转动能、振动能、电子和核运动的能量，以及分子与分子相互作用的势能等能量的总和。但理想气体的微观实质是分子间没有引力，所以分子间没有相互作用的势能，理想气体的热力学能只是指分子的动能。因此，体积改变而引起的分子间距离的改变不会因影响势能而改变热力学能的数值，而动能又只与温度有关，所以理想气体的热力学能只是温度的函数，与体积或压强无关。对非理想气体来说，有

$$\left(\frac{\partial U}{\partial V}\right)_T \neq 0, \quad \left(\frac{\partial U}{\partial p}\right)_T \neq 0$$

根据焓的定义 $H=U+pV$，以及理想气体状态方程 $pV=nRT$，可得

$$H=U+pV=U+nRT$$

全微分得

$$\left(\frac{\partial H}{\partial V}\right)_T = \left(\frac{\partial U}{\partial V}\right)_T + \left(\frac{\partial(nRT)}{\partial V}\right)_T = 0, \quad \left(\frac{\partial H}{\partial p}\right)_T = \left(\frac{\partial U}{\partial p}\right)_T + \left(\frac{\partial(nRT)}{\partial p}\right)_T = 0$$

在定温条件下，可得

$$\left(\frac{\partial H}{\partial V}\right)_T = 0, \quad \left(\frac{\partial H}{\partial p}\right)_T = 0 \tag{1-33}$$

这就说明，在定温条件下，理想气体的焓也只是温度的函数，而与体积或压强无关，即

$$H=f(T) \tag{1-34}$$

所以，对理想气体的定温过程来说，其热力学能和焓的改变量为

$$\Delta U=0, \quad \Delta H=0$$

又根据热力学第一定律的数学表达式 $\Delta U=Q+W$，有

$$Q=-W$$

当理想气体进行定温可逆膨胀时，结合式(1-6)可得

$$Q=-W=-nRT\ln\frac{V_2}{V_1}=-nRT\ln\frac{p_1}{p_2} \tag{1-35}$$

1.6.2　热力学第一定律对理想气体简单状态变化过程的应用

简单状态变化过程是指没有化学变化，没有相变化，而且不做非体积功的 $p-V-T$ 变化过程。在此条件下，热力学第一定律表达式变为

$$dU=\delta Q - p_e dV$$

下面讨论理想气体简单状态变化过程的 Q、W、ΔU、ΔH 的计算。

1. 定温过程

前已证明，理想气体定温过程的 $\Delta U=0$，$\Delta H=0$。

若过程是可逆的，系统的压强近似等于外压（因为内压和外压始终相差无限小量），用 p 来表示，则

$$W=-\int_{V_1}^{V_2} p dV = -\int_{V_1}^{V_2} \frac{nRT}{V} dV = -nRT\ln\frac{V_2}{V_1}$$

因为不做非体积功，所以有

$$Q=-W=nRT\ln\frac{V_2}{V_1}$$

2. 定容过程

因为 $dV=0$，所以 $W=-p_e\Delta V=0$。

设 $C_{V,m}$ 在 $T_1\sim T_2$ 范围内为常数，结合式（1-23），有

$$Q_V=\Delta U=\int_{T_1}^{T_2}nC_{V,m}dT=nC_{V,m}(T_2-T_1)=nC_{V,m}\Delta T$$

$$\Delta H=\Delta U+\Delta(pV)=\Delta U+p_2V_2-p_1V_1=nC_{V,m}\Delta T+nR\Delta T=nC_{p,m}\Delta T$$

上式说明，$\Delta H=nC_{p,m}\Delta T$（或 $dH=nC_{p,m}dT$）不仅限于定压过程，对于理想气体的任何过程都适用。

3. 定压过程

因为 $dp=0$，即 $p_1=p_2=p_e$，所以

$$W=-\int_{V_1}^{V_2}p_edV=-p(V_2-V_1)=-p_2V_2+p_1V_1=-(nRT_2-nRT_1)=-nR\Delta T$$

设 $C_{p,m}$ 在 $T_1\sim T_2$ 范围内为常数，结合式（1-24），有

$$Q_p=\Delta H=\int_{T_1}^{T_2}nC_{p,m}dT=nC_{p,m}(T_2-T_1)=nC_{p,m}\Delta T$$

$$\Delta U=\Delta H-\Delta(pV)=nC_{p,m}\Delta T-nR\Delta T=nC_{V,m}\Delta T$$

上式说明，$\Delta U=nC_{V,m}\Delta T$（或 $dU=nC_{V,m}dT$）不仅限于定压过程，对于理想气体的任何过程都适用。

4. 绝热过程

绝热过程是指系统与环境之间没有热交换。绝热过程可以可逆进行，也可以不可逆进行。绝热过程与定温过程不同，定温过程为了保持系统温度恒定，系统与环境之间有热交换，而绝热过程没有热交换，所以系统温度会有变化。气体进行绝热膨胀时，因为不能从环境中吸热，所以系统对环境做功所消耗的能量无法从环境得到补偿，做功所需的能量一定来自系统中的热力学能，即只能依靠降低系统自己的热力学能来做功，这必然造成系统温度的降低；同理，气体进行绝热压缩时，系统热力学能增加，系统温度将升高。在绝热过程中，由于 $\delta Q=0$，根据热力学第一定律，则有

$$dU=\delta W \tag{1-36}$$

对一理想气体的无限小的绝热可逆过程来说，因为理想气体的任何过程均有 $dU=nC_{V,m}dT$，理想气体状态方程 $p=nRT/V$，而 $\delta W=-pdV$，代入式（1-36）可得

$$nC_{V,m}dT=-pdV=-\frac{nRT}{V}dV$$

分离变量积分得

$$nC_{V,m}\cdot\frac{1}{T}dT=-nR\cdot\frac{1}{V}dV$$

因为理想气体的定容摩尔热容 $C_{V,m}$ 是常数，不随温度而变化，而且 R 是一常数，故上式积分结果如下：

$$C_{V,m}\int_{T_1}^{T_2}d(\ln T)=-R\int_{V_1}^{V_2}d(\ln V)$$

$$C_{V,m}\ln\frac{T_2}{T_1}=-R\ln\frac{V_2}{V_1} \tag{1-37}$$

又因为理想气体的 $\dfrac{T_2}{T_1}=\dfrac{p_2V_2}{p_1V_1}$，$\dfrac{V_2}{V_1}=\dfrac{p_1T_2}{p_2T_1}$，且 $C_{p,\mathrm{m}}-C_{V,\mathrm{m}}=R$，代入式（1-37）分别得

$$C_{V,\mathrm{m}}\ln\frac{p_2}{p_1}=C_{p,\mathrm{m}}\ln\frac{V_1}{V_2} \qquad (1-38)$$

$$C_{p,\mathrm{m}}\ln\frac{T_2}{T_1}=R\ln\frac{p_2}{p_1} \qquad (1-39)$$

式（1-37）、式（1-38）、式（1-39）分别表示了理想气体绝热可逆过程中 T 和 V、p 和 V、T 和 p 的关系式，称为理想气体绝热可逆过程方程。这种方程只能适用于理想气体的绝热可逆过程。如果在理想气体中发生的绝热过程是不可逆的话，那么系统的 T 和 V、p 和 V、T 和 p 的关系不遵守这些公式，即式（1-37）、式（1-38）、式（1-39）不成立。因为式（1-36）对于可逆和不可逆过程均成立，故当绝热不可逆过程是恒外压膨胀或压缩时，根据式（1-36）有

$$C_V(T_2-T_1)=-p_{\mathrm{e}}(V_2-V_1) \qquad (1-40)$$

综上所述，可将热力学第一定律对理想气体在简单状态变化过程中的应用公式进行总结，如表 1-1 所示。

表 1-1　热力学第一定律对理想气体在简单状态变化过程中的应用公式

变量	定温过程	定容过程	定压过程	绝热过程
ΔU	$\Delta U=0$	$\Delta U=nC_{V,\mathrm{m}}\Delta T$	$\Delta U=nC_{V,\mathrm{m}}\Delta T$	$\Delta U=nC_{V,\mathrm{m}}\Delta T$
ΔH	$\Delta H=0$	$\Delta H=nC_{p,\mathrm{m}}\Delta T$	$\Delta H=nC_{p,\mathrm{m}}\Delta T$	$\Delta H=nC_{p,\mathrm{m}}\Delta T$
Q	$Q=-W$	$Q_V=\Delta U$	$Q_p=\Delta H$	$Q=0$
W	$W=-\displaystyle\int_{V_1}^{V_2}p_{\mathrm{e}}\mathrm{d}V$ $W_{可逆}=-nRT\ln\dfrac{V_2}{V_1}$	$W=0$	$W=-p\Delta V=-nR\Delta T$	$\Delta U=nC_{V,\mathrm{m}}\Delta T$

例题 3　现有 0.1 kg 双原子理想气体 N_2，其 $C_{V,\mathrm{m}}=20.79\ \mathrm{J\cdot K^{-1}\cdot mol^{-1}}$，温度为 273.15 K，压强为 101 325 Pa，分别进行下列过程，求 ΔU、ΔH、Q 及 W。

（1）定容加热至压强为 151 987.5 Pa；

（2）定压膨胀至原体积的 2 倍；

（3）定温可逆膨胀至原体积的 2 倍；

（4）绝热可逆膨胀至原体积的 2 倍。

解：（1）$W=0$，末态温度 $T_2=1.5T_1=1.5\times273.15$ K（利用 $pV=nRT$ 求），所以

$\Delta U=Q_V=nC_{V,\mathrm{m}}(T_2-T_1)=(100/28)\times20.79\times(1.5\times273.15-273.15)\mathrm{J}=1.01\times10^4\ \mathrm{J}$

$\Delta H=nC_{p,\mathrm{m}}(T_2-T_1)=(100/28)\times29.10\times(1.5\times273.15-273.15)\mathrm{J}=1.42\times10^4\ \mathrm{J}$

（2）末态温度 $T_2=2T_1=2\times273.15$ K（利用 $pV=nRT$ 求），所以

$\Delta H=Q_p=nC_{p,\mathrm{m}}(T_2-T_1)=(100/28)\times29.10\times(2\times273.15-273.15)\mathrm{J}=28\ 388\ \mathrm{J}=28.4\ \mathrm{kJ}$

$\Delta U=nC_{V,\mathrm{m}}(T_2-T_1)=(100/28)\times20.79\times273.15\ \mathrm{J}=20\ 201\ \mathrm{J}=20.20\ \mathrm{kJ}$

$W = -p\Delta V = -101\ 325 \times (100/28) \times 8.314 \times 273.15/101\ 325\ \text{J} = -8\ 110\ \text{J} = -8.11\ \text{kJ}$

（3）理想气体定温，$\Delta H = \Delta U = 0$，则

$W = -Q = -nRT\ln(V_2/V_1) = -(100/28) \times 8.314 \times 273.15 \times \ln 2\ \text{J} = -5\ 622\ \text{J} = -5.62\ \text{kJ}$

（4）运用理想气体绝热过程方程：$C_{V,\text{m}}\ln\dfrac{T_2}{T_1} = -R\ln\dfrac{V_2}{V_1}$，得

$$20.79 \times \ln\frac{T_2}{273.15} = -8.314 \times \ln 2, \quad T_2 = 207\ \text{K}$$

$Q = 0, \quad W = \Delta U = nC_{V,\text{m}}\Delta T = (100/28) \times 20.79 \times (207 - 273.15)\ \text{J} = -4\ 911\ \text{J} = -4.911\ \text{kJ}$

$\Delta H = (100/28) \times 29.10 \times (207 - 273.15)\ \text{J} = -6\ 875\ \text{J} = -6.875\ \text{kJ}$

1.6.3　热力学第一定律对相变过程的应用

相变是指物质由一种聚集状态转变为另一种聚集状态的过程，如熔化、蒸发、升华及晶型转变等。发生相变对应的平衡温度称为相变点，相变过程吸收或放出的热则称为相变潜热。因相变一般都是在定压下进行的，所以若相变过程中不做非体积功，则该过程的焓变称为相变焓，如熔化焓用 $\Delta_{\text{fus}}H_{\text{m}}$ 表示，蒸发焓用 $\Delta_{\text{vap}}H_{\text{m}}$ 表示，升华焓用 $\Delta_{\text{sub}}H_{\text{m}}$ 表示，晶型转变焓用 $\Delta_{\text{trs}}H_{\text{m}}$ 表示。如果相变前后物质温度相同且均处于热力学标准状态（指在标准压强和某一指定温度下纯物质的物理状态，称为热力学标准状态，用右上角$\ominus$表示。其中标准压强为 100 kPa，用符号 $p^{\ominus}$ 表示），则此时的焓变称为"标准相变焓"。分别用 $\Delta_{\text{fus}}H_{\text{m}}^{\ominus}$、$\Delta_{\text{vap}}H_{\text{m}}^{\ominus}$、$\Delta_{\text{sub}}H_{\text{m}}^{\ominus}$、$\Delta_{\text{trs}}H_{\text{m}}^{\ominus}$ 表示。

纯物质的相变是在定温、定压条件下进行的，熔点、沸点、晶型转变点等都是指在大气压强下两相达成平衡时的温度。因此，在相平衡的温度和压强下，纯物质的相变过程可认为是可逆相变过程，即定压且在相变点进行的相变一定为可逆相变；而定压不在相变点或在相变点而非定压的相变一定是不可逆相变。

当纯物质相变为可逆相变且不做非体积功时，相变潜热在数值上等于相变时的焓变，即 $Q_p = \Delta H_{\alpha \to \beta}$；当相变为不可逆相变时，可以设计几步可逆过程来计算其状态函数的变化值如 ΔU、ΔH 等。例如在 298 K、101.325 kPa 条件下，1 mol 过冷水蒸气变为同温同压下的液态水，该过程为定压下不在相变点发生的不可逆相变过程，可分为几步可逆过程来计算，设计途径如图 1-7 所示。

其中，$\Delta U = \Delta U_1 + \Delta U_2 + \Delta U_3$，$\Delta H = \Delta H_1 + \Delta H_2 + \Delta H_3$。

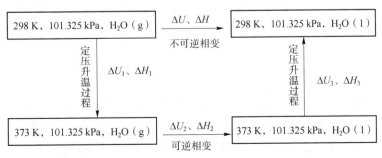

图 1-7　相变过程的设计途径

焦耳

詹姆斯·普雷斯科特·焦耳（James Prescott Joule），1818年出生于曼彻斯特近郊的沙弗特，英国物理学家，英国皇家学会会员。焦耳自幼跟随父亲参加酿酒劳动，没有受过正规的教育。青年时期，在别人的介绍下，焦耳认识了著名的化学家道尔顿。道尔顿给予了焦耳热情的教导，教给了他数学、哲学和化学方面的知识，这些知识为焦耳后来的研究奠定了理论基础。道尔顿教会了焦耳理论与实践相结合的科研方法，激发了焦耳对化学和物理的兴趣，并在他的鼓励下决心从事科学研究工作。

焦耳在研究热的本质时，发现了热和功之间的转换关系，并由此得到了能量守恒定律，最终发展出热力学第一定律。国际单位制导出单位中，能量的单位——焦耳，就是以他的名字命名的。他和开尔文合作研究了温度的绝对尺度。他还观测过磁致伸缩效应，发现了导体电阻、通过导体电流及其产生热能之间的关系，也就是常称的焦耳定律。

由于焦耳在热学、热力学和电方面的贡献，皇家学会授予他最高荣誉的科普利奖章（Copley Medal）。后人为了纪念他，把能量或功的单位命名为焦耳，简称焦。

1.7 热力学第一定律对化学反应的应用

1. 化学反应热效应

在定压或定容条件下，当产物的温度与反应物的温度相同而在反应过程中只做体积功不做其他功时，化学反应所吸收或放出的热，称为此过程的化学反应热效应，通常也称为反应热。定容下的反应热叫定容反应热，定压下的反应热叫定压反应热。

2. 反应进度

$$\xi = \frac{n_i - n_i(0)}{\nu_i}$$

1.7.1 化学反应热效应

1. 化学反应热效应的概念

化学反应进行时通常有放热或吸热现象，在定容或定压条件下，当产物的温度与反应物的温度相同而在反应过程中只做体积功不做其他功时，化学反应所吸收或放出的热，称为此过程的化学反应热效应，通常也称为反应热。研究化学反应热效应的科学叫作热化学。热化学对实际工作有很大的意义。例如，确定化工设备的设计及生产程序、可控气氛热处理新工艺或其他热处理工艺及设备的设计等，常常都需要有关热化学的数据；计算平衡常数时，热化学的数据更是必要的。

2. 定容反应热与定压反应热

反应热分为定容反应热 Q_V 和定压反应热 Q_p，分别对应于定容和定压化学反应，在不做非体积功的条件下，根据式（1-10）和式（1-14）有下述关系：

$$Q_V = \Delta_r U$$

$$Q_p = \Delta_r H$$

$\Delta_r U$ 代表在一定温度和一定体积下，一个化学反应的生成物（即产物）的总热力学能与反应物总热力学能之差，即

$$\Delta_r U = \sum U(生成物) - \sum U(反应物) \tag{1-41}$$

$\Delta_r H$ 代表在一定温度和一定压强下，一个化学反应的生成物的总焓与反应物的总焓之差，即

$$\Delta_r H = \sum H(生成物) - \sum H(反应物) \tag{1-42}$$

反应热可以由实验来测定，通常采用弹式量热计测量，但用弹式量热计测量的是定容反应热，而大多数化学反应是在定压条件下完成的，并且热力学数据表里列出的一般也都是定压反应热，因此，有必要知道定容反应热和定压反应热之间的换算关系。

设有一不做非体积功的化学反应分别在定温定压和定温定容条件下发生，虽然温度相同、生成物相同，但终态生成物所处的压强和体积不同，故实验设计途径如图 1-8 所示。

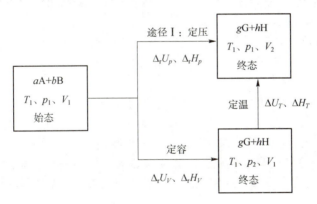

图 1-8 实验设计途径

因为状态函数不随途径的变化而变化，所以有

$$\Delta_r U_p = \Delta_r U_V + \Delta U_T$$

式中，ΔU_T 是生成物在定温条件下发生简单状态变化过程的热力学能的改变量。当生成物为理想气体时，定温条件下，热力学能数值不变，即 $\Delta U_T = 0$；当生成物为凝聚相（液体或固体）时，体积和压强的变化对热力学能的影响极微弱，可忽略不计，故 $\Delta U_T \approx 0$。由此上式变为

$$\Delta_r U_p = \Delta_r U_V$$

在途径 I 中，因为定压，由式（1-13）得

$$\Delta_r H_p = \Delta_r U_p + p\Delta V$$

将 $\Delta_r U_p = \Delta_r U_V$ 代入上式得

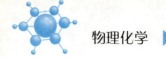

$$\Delta_r H_p = \Delta_r U_V + p\Delta V$$

简写为

$$\Delta_r H = \Delta_r U + p\Delta V \tag{1-43}$$

即

$$Q_p = Q_V + p\Delta V \tag{1-44}$$

式（1-43）、式（1-44）即为定压反应热与定容反应热的换算关系。

当反应物和生成物均可视为理想气体时，则在定温条件下有

$$Q_p = Q_V + \Delta nRT \tag{1-45a}$$

$$\Delta_r H = \Delta_r U + \Delta nRT \tag{1-45b}$$

式中，Δn 为生成物中理想气体的总物质的量与反应物中理想气体总物质的量之差。

当反应物和生成物是液体或固体时，在一般压强下，体积变化不大，可忽略其体积的变化，即 $p\Delta V \approx 0$，则定压反应热和定容反应热近似相等，即 $Q_p = Q_V$。

1.7.2 反应进度

反应热的大小与反应进行的程度有关，因此，为了比较不同反应的反应热，需要引入反应进度的概念。对于任意一化学反应，反应方程式可写为

$$aA \quad + \quad bB \Longrightarrow gG \quad + \quad hH$$

反应前各物质的物质的量 $\quad n_A(0) \quad\quad n_B(0) \quad\quad n_G(0) \quad\quad n_H(0)$
某时刻各物质的物质的量 $\quad n_A \quad\quad n_B \quad\quad n_G \quad\quad n_H$

该时刻的反应进度以 ξ 表示，定义为

$$\xi = \frac{n_i - n_i(0)}{\nu_i} \tag{1-46}$$

式中，i 表示参与反应的任一种物质；ν_i 为反应方程式中的化学计量数，对于产物，ν_i 取正值，对于反应物，ν_i 取负值；ξ 的单位为 mol。显然，对于同一化学反应，ξ 的量值与反应计量方程式的写法有关，而与选取参与反应的哪一种物质来求算无关。

由于 U 和 H 都是系统的容量性质，因此反应热的量值必然与反应进度成正比。当反应进度 ξ 为 1 mol 时，其定容反应热和定压反应热分别以 $\Delta_r U_m$ 和 $\Delta_r H_m$ 表示，显然

$$\Delta_r U_m = \frac{\Delta_r U}{\xi}, \Delta_r H_m = \frac{\Delta_r H}{\xi} \tag{1-47}$$

1.8 生成焓及燃烧焓

核心内容

1. 盖斯定律

化学反应不管是一步完成还是分几步完成，其反应热是相同的。

2. 标准摩尔生成焓

在标准压强和指定温度下，由最稳定的单质生成单位物质的量某物质的定压反应热，称该物质的标准摩尔生成焓，以符号 $\Delta_f H_m^{\ominus}$ 表示。用生成焓求算反应焓时，有这样的一条

原则：任意一反应的标准摩尔反应焓变 $\Delta_r H_m^{\ominus}$ 等于生成物的标准摩尔生成焓之和减去反应物的标准摩尔生成焓之和，即

$$\Delta_r H_m^{\ominus} = \sum \nu_i \Delta_f H_m^{\ominus}(i)$$

3. 标准摩尔燃烧焓

在标准压强及指定温度下，单位物质的量的某种物质被氧完全氧化时的反应焓，称为该物质的标准摩尔燃烧焓，以符号 $\Delta_c H_m^{\ominus}$ 表示。用燃烧焓求算反应焓时，有这样一条规则：任意一反应的标准摩尔反应焓变 $\Delta_r H_m^{\ominus}$，等于反应物的标准摩尔燃烧焓之和减去生成物的标准摩尔燃烧焓之和，即

$$\Delta_r H_m^{\ominus} = \sum \nu_i \Delta_c H_m^{\ominus}(i)$$

1.8.1　盖斯定律

盖斯在 1840 年通过大量的实验提出了一条计算反应热的规律：化学反应不管是一步完成还是分几步完成，其反应热是相同的。这就是盖斯定律，即反应热只与反应的始态和终态有关，而与所经历的途径无关。盖斯定律是热力学第一定律的必然结果，因为定容反应的 $Q_V = \Delta_r U$，定压反应的 $Q_p = \Delta_r H$，而 $\Delta_r U$ 和 $\Delta_r H$ 只由始态和终态决定，与具体的途径无关，因此任一化学反应，无论其反应是通过定容的途径来完成还是通过定压的途径来完成，只要始态和终态相同，其反应热就必然是相同的。

当化学反应速率太小或化学反应不能进行完全时，其反应热难于测准甚至无法测量，此时就体现出盖斯定律的重要意义：可以使热化学方程式像普通代数方程式一样进行运算，即根据已知的反应热求算难于测量甚至无法测量的反应热。

例如，钢铁在渗碳过程中所用到的 CO 是由碳（石墨）和氧气燃烧反应得到的，反应如下。

（1）$C(s) + \dfrac{1}{2}O_2(g) = CO(g)$，　$\Delta_r H_m^{\ominus}(1)$ 不易测定。

因为碳的燃烧反应中产生的 CO 气体随时都可能被继续氧化为 CO_2 气体，也就是说反应中很难控制只生成 CO 气体，因此这个反应的反应热很难测定。但 C 与 O_2、CO 与 O_2 反应生成 CO_2 气体的反应热容易测定，所以可以利用这两个反应的反应热，运用盖斯定律计算得到。

（2）$C(s) + O_2(g) = CO_2(g)$，　$\Delta_r H_m^{\ominus}(2)$ 容易测定。

（3）$CO + \dfrac{1}{2}O_2(g) = CO_2(g)$，　$\Delta_r H_m^{\ominus}(3)$ 容易测定。

因为 3 个反应的代数关系是（1）=（2）-（3），所以根据盖斯定律，反应热也具有相应的代数关系，即 $\Delta_r H_m^{\ominus}(1) = \Delta_r H_m^{\ominus}(2) - \Delta_r H_m^{\ominus}(3)$。

1.8.2　标准摩尔生成焓

由式（1-42）可知，任一化学反应的 $\Delta_r H$ 为生成物的总焓与反应物的总焓之差，即

$$\Delta_r H = \sum H(生成物) - \sum H(反应物)$$

从理论上讲,这种计算反应焓变的方法最为简便,但实际上,焓的绝对值是无法测量的。于是人们就采用一种相对标准,如物质的标准摩尔生成焓和标准摩尔燃烧焓,利用它们结合盖斯定律,就可以求算出反应焓变。

标准摩尔生成焓是指在标准压强和指定温度下,由最稳定的单质生成单位物质的量的生成 B 的定压反应热,称为 B 物质的标准摩尔生成焓。以符号 $\Delta_f H_m^{\ominus}$ 表示,单位为 kJ·mol^{-1},下标 f 表示生成。根据该定义,规定所有稳定单质的标准摩尔生成焓均为零。例如,在 298 K 及标准压强下:

$$C(s) + 2H_2(g) = CH_4(g) \quad \Delta_r H_m^{\ominus} = -74.81 \text{ kJ·mol}^{-1}$$

则 $CH_4(g)$ 的标准摩尔生成焓 $\Delta_f H_m^{\ominus} = -74.81$ kJ·mol^{-1}。

结合盖斯定律,根据标准摩尔生成焓的定义,就可以方便地计算出一个化学反应的反应焓变(反应热)。其求算规则是:任意一个定压反应的反应焓变等于产物的标准摩尔生成焓之和减去反应物的标准摩尔生成焓之和。例如,有一个任意反应:

$$aA + bB = gG + hH$$

则

$$\Delta_r H_m^{\ominus} = (g\Delta_f H_m^{\ominus}(G) + h\Delta_f H_m^{\ominus}(H)) - (a\Delta_f H_m^{\ominus}(A) + b\Delta_f H_m^{\ominus}(B))$$

写成通式为

$$\Delta_r H_m^{\ominus} = \sum \nu_i \Delta_f H_m^{\ominus}(i) \tag{1-48}$$

式中,ν_i 为物质 i 在化学方程式中的化学计量数,生成物取正值,反应物取负值。

注意以下 3 点。

(1)同一单质可以有多种形态,一般取最稳定的一种。例如,碳的最稳定单质是石墨而不是金刚石;磷的最稳定单质是白磷而不是红磷;Br_2 的最稳定单质是液态而不是气态;铁的同素异构体 α-Fe、γ-Fe、δ-Fe 中,α-Fe 最为稳定。

(2)生成物为化合物,且以 1 mol 计。

(3)标准摩尔生成焓与反应的条件有关,条件不同,热效应数值也不同。手册上的数据大都是在 298 K、标准压强(100 kPa)下获得的。

例题 4 根据标准摩尔生成焓数据,计算下面反应的 $\Delta_r H_m^{\ominus}$(298 K)。

$$CH_4(g) + 2O_2(g) \longrightarrow CO_2(g) + 2H_2O(l)$$

解:查本书附录得

$$\Delta_f H_m^{\ominus}(CH_4, g, 298 \text{ K}) = -74.8 \text{ kJ·mol}^{-1}$$

$$\Delta_f H_m^{\ominus}(CO_2, g, 298 \text{ K}) = -393.5 \text{ kJ·mol}^{-1}$$

$$\Delta_f H_m^{\ominus}(H_2O, l, 298 \text{ K}) = -285.8 \text{ kJ·mol}^{-1}$$

因此 $\Delta_f H_m^{\ominus}(298 \text{ K}) = [(-393.5 - 2 \times 285.8) - (-74.8 + 0)]$ kJ·mol$^{-1} = -890.3$ kJ·mol^{-1}

1.8.3　标准摩尔燃烧焓

标准摩尔燃烧焓是指在标准压强及指定温度下,单位物质的量的 B 物质完全氧化时的定压反应焓变,称为 B 物质的标准摩尔燃烧焓,以 $\Delta_c H_m^{\ominus}$ 表示,单位为 kJ·mol^{-1},下标 c 表示燃烧。所谓完全氧化是指物质分子中元素变成了最稳定的氧化物或单质,即 C 元素变为$CO_2(g)$，H元素变为$H_2O(l)$，N元素变为$N_2(g)$，S元素变为$SO_2(g)$，Cl元素变为$HCl(aq)$等。根据定义，规定稳定氧化物或单质的标准摩尔燃烧焓为零。例如，在298 K及标准压强下：

$$H_2(g)+\frac{1}{2}O_2(g)\longrightarrow H_2O(l)\quad \Delta_rH_m^{\ominus}(298\ K)=-285.83\ kJ\cdot mol^{-1}$$

则$H_2(g)$的标准摩尔燃烧焓$\Delta_cH_m^{\ominus}(298\ K)=-285.83\ kJ\cdot mol^{-1}$，且由定义可知，$H_2(g)$的标准摩尔燃烧焓就是$H_2O(l)$的标准摩尔生成焓。

　　标准摩尔燃烧焓对于绝大部分有机化合物特别有用，因绝大部分有机物不能由元素直接化合而成，而且反应过程中还有副反应，因而它们的生成焓不能直接测定。但绝大部分有机化合物均可燃烧，其燃烧焓容易准确测出，故不仅可以应用燃烧焓计算有机化合物的生成焓，还可以计算反应的反应焓变（反应热）。利用燃烧焓求算反应的反应焓变规则是：任意一个定压反应的反应焓变等于反应物的标准摩尔燃烧焓之和减去产物的标准摩尔燃烧焓之和，即对于一个任意反应

$$a\text{A}+b\text{B}\Longrightarrow g\text{G}+h\text{H}$$

有

$$\Delta_rH_m^{\ominus}=(a\Delta_cH_m^{\ominus}(\text{A})+b\Delta_cH_m^{\ominus}(\text{B}))-(g\Delta_cH_m^{\ominus}(\text{G})+h\Delta_cH_m^{\ominus}(\text{H}))$$

写成通式为

$$\Delta_rH_m^{\ominus}=-\sum \nu_i\Delta_cH_m^{\ominus}(i)\tag{1-49}$$

式中，ν_i为物质i在化学方程式中的化学计量数，生成物取正值，反应物取负值。

　　例题5　已知298 K时，有反应$(\text{COOH})_2(s)+2CH_3OH(l)\Longrightarrow(\text{COOCH}_3)_2(l)+2H_2O(l)$，试求算该反应的标准摩尔反应焓变$\Delta_rH_m^{\ominus}$。

　　解：查本书附录得

$$\Delta_cH_m^{\ominus}[(\text{COOH})_2(s)]=-246.0\ kJ\cdot mol^{-1}$$

$$\Delta_cH_m^{\ominus}[CH_3OH(l)]=-726.5\ kJ\cdot mol^{-1}$$

$$\Delta_cH_m^{\ominus}[(\text{COOCH}_3)_2(l)]=-1\ 678\ kJ\cdot mol^{-1}$$

$$\Delta_rH_m^{\ominus}=\Delta_cH_m^{\ominus}[(\text{COOH})_2(s)]+2\Delta_cH_m^{\ominus}[CH_3OH(l)]-\Delta_cH_m^{\ominus}[(\text{COOCH}_3)_2(l)]-0$$

$$=[-246.0-2\times726.5-(-1\ 678)]\ kJ\cdot mol^{-1}$$

$$=-21\ kJ\cdot mol^{-1}$$

　　有机化合物的燃烧焓有着重要的意义。例如，工业上一燃料的热值（即燃烧焓），往往就是燃料品质好坏的一个重要标志。而脂肪、碳水化合物和蛋白质的燃烧焓，在营养学的研究中也很重要，因为这些物质是食物中提供能量的来源。

清洁能源

　　西气东输工程中采用的天然气管通是我国距离最长、口径最大、投资最多、输气量最大、施工条件最复杂的天然气管道；其西起塔里木盆地的轮南，东至上海，全线采用自动化控制。西气东输工程投资巨大，整个工程预算超过1 500亿人民币，那么国家花费巨大的人力和物力来实施该项目的意义何在呢？改革开放以来，中国能源工业发展迅速，但结构很不合理，煤炭在一次能源生产和消费中的比重均高达72%。大量燃煤使大气环

境不断恶化，发展清洁能源、调整能源结构已迫在眉睫。据初步测算，与进口液化天然气相比，塔里木天然气到上海的价格更便宜，具有很强的竞争力。与东部地区大量使用的人工煤气相比，其热值要大得多。按同等热值计算，塔里木天然气到东部的供气价只相当于煤气的三分之二。

天然气的主要成分是甲烷，还含有少量的乙烷、丙烷和丁烷，而煤气的主要成分是一氧化碳，还含有少量的氢、烷烃、烯烃、芳烃等，那么单位质量的天然气和煤气在燃烧时哪个产热量较多呢？这就需要比较单位质量的天然气和煤气燃烧化学反应的反应热。它们的燃烧反应分别如下：

$$CH_4(g) + 2O_2(g) \longrightarrow CO_2(g) + 2H_2O(l)$$

$$2CO(g) + O_2(g) \longrightarrow 2CO_2(g)$$

因此，可以通过查表查出反应中各物质的生成焓或燃烧焓来直接求出这两个反应的反应热，即单位质量的天然气燃烧反应产热为 $-55.63\ kJ \cdot g^{-1}$，而单位质量的煤气燃烧反应产热为 $-22.21\ kJ \cdot g^{-1}$，所以，单位质量的天然气燃烧产生的热量要大于煤气，即其天然气的热值高于煤气的热值。

1.9　反应热与温度的关系——基尔霍夫方程

 **核心内容**

1. 基尔霍夫方程的微分式

$$\left(\frac{\partial \Delta_r H}{\partial T} \right)_p = C_p(B) - C_p(A) = \Delta C_p$$

2. 基尔霍夫方程的积分式

$$\int_{\Delta_r H(T_1)}^{\Delta_r H(T_2)} d(\Delta_r H) = \Delta_r H(T_2) - \Delta_r H(T_1) = \int_{T_1}^{T_2} \Delta C_p dT$$

反应热是随着温度的改变而改变的。利用热力学手册中的标准摩尔生成焓和标准摩尔燃烧焓只能求出 298 K 下的反应热。大多数化学反应并不是在常温下进行的，而是在高温下进行的，高温下发生的反应用实验方法直接测量其反应热远没有常温下的反应容易，并且误差也极大。因此必须了解化学反应焓变与温度的关系。

设在温度 T、压强 p 下有任意一化学反应：

$$A \longrightarrow B$$

A 是始态即反应物，B 是终态即生成物，此反应的反应焓变可表示为

$$\Delta_r H = H_B - H_A$$

如果此反应在压强保持不变的条件下，在另一温度 T_2 下进行，那么要确定 $\Delta_r H$ 随温度变化的关系，可以将上式在定压下对温度 T 求偏微商，即

$$\left(\frac{\partial \Delta_r H}{\partial T}\right) = \left(\frac{\partial H_B}{\partial T}\right) - \left(\frac{\partial H_A}{\partial T}\right)$$

根据热容的定义式 $\left(\frac{\partial H}{\partial T}\right)_p = C_p$，则上式可写为

$$\left(\frac{\partial \Delta_r H}{\partial T}\right)_p = C_p(B) - C_p(A) = \Delta C_p \qquad (1-50)$$

式中，ΔC_p 为生成物的定压热容总和与反应物定压热容总和之差。当反应物和生成物不止一种物质时，其通式为

$$\Delta C_p = \sum \nu_i C_{p,m}(i) \qquad (1-51)$$

式（1-50）是由基尔霍夫（G. R. Kirchhoff）导出的，故通常称为基尔霍夫方程。由此可以看出，反应热随温度而变化是由于生成物和反应物的热容不同。

式（1-50）仅仅是反应焓变随温度变化的微分式，在实际计算中，需在 T_1 和 T_2 之间进行积分，即

$$\int_{\Delta_r H(T_1)}^{\Delta_r H(T_2)} d(\Delta_r H) = \Delta_r H(T_2) - \Delta_r H(T_1) = \int_{T_1}^{T_2} \Delta C_p dT \qquad (1-52)$$

式中，$\Delta_r H(T_1)$ 和 $\Delta_r H(T_2)$ 分别为 T_1 和 T_2 时的反应焓变。在温度变化范围不大时，可将 ΔC_p 近似看作常数，则式（1-52）可以写为

$$\Delta_r H(T_2) - \Delta_r H(T_1) = \Delta C_p(T_1 - T_2) \qquad (1-53)$$

此时各物质的 C_p 应当是在 $T_1 \sim T_2$ 温度区间内的平均定压热容。

例题6 在25 ℃时，液体水的生成焓为 -285.8 kJ·mol^{-1}，又知在25~100 ℃的温度区间内，$H_2(g)$、$O_2(g)$、$H_2O(l)$ 的平均定压摩尔热容分别为 28.83、29.16、75.31 J·K^{-1}·mol^{-1}，试计算 100 ℃时液体水的生成焓。

解： 反应方程式为

$$H_2(g) + \frac{1}{2}O_2(g) \Longrightarrow H_2O(l)$$

$$\Delta C_p = \left[75.31 - \left(28.83 + \frac{1}{2} \times 29.16\right)\right] \text{J·K}^{-1}\text{·mol}^{-1}$$

$$= 31.90 \text{ J·K}^{-1}\text{·mol}^{-1}$$

$$\Delta_r H_m(373 \text{ K}) = \Delta_r H_m(298 \text{ K}) + \Delta C_{p,m}(T_2 - T_1)$$

$$= \left[-258.8 \times 10^3 + 31.90 \times (373 - 298)\right] \text{J·mol}^{-1}$$

$$= -2.83 \times 10^5 \text{ J·mol}^{-1}$$

根据生成焓的定义，液体水的生成焓等于反应的焓变。

当反应物和生成物的定压热容不是常数而是与温度有关时，应将反应物和生成物的 $C_p - T$ 的关系式代入式（1-52）中积分。例如采用式（1-29）表示 $C_p - T$ 关系，即

$$C_{p,m} = a + bT + cT^2$$

则有

$$\Delta C_p = \Delta a + (\Delta b) T + (\Delta c) T^2 \tag{1-54}$$

式中，

$$\Delta a = \sum \nu_i a_i$$

$$\Delta b = \sum \nu_i b_i$$

$$\Delta c = \sum \nu_i c_i$$

将式(1-54)代入式(1-52)积分可得

$$\Delta_r H(T_2) = \Delta_r H(T_1) + \Delta a (T_2 - T_1) + \frac{1}{2}\Delta b (T_2^2 - T_1^2) + \frac{1}{3}\Delta c (T_2^3 - T_1^3) \tag{1-55}$$

温度 T_1 通常指 298 K，如果在 T_1 和 T_2 之间反应物或生成物有相变发生，那么此时 C_p 会有突变，则必须在相变前后进行分段积分，并加上相变潜热。

基尔霍夫

古斯塔夫·罗伯特·基尔霍夫（Gustav Robert Kirchhoff），德国物理学家，1824 年出生于柯尼斯堡（今天的加里宁格勒）。基尔霍夫在柯尼斯堡大学读物理，1847 年毕业后去柏林大学任教，3 年后去布雷斯劳做临时教授。1854 年由化学家罗伯特·威廉·本生推荐任海德堡大学教授。1875 年到柏林大学做理论物理教授，直到逝世。

基尔霍夫在电路、光谱学的基本原理上有重要贡献，提出了稳恒电路网络中电流、电压、电阻关系的两条电路定律，即著名的基尔霍夫电流定律（KCL）和基尔霍夫电压定律（KVL），解决了电器设计中电路方面的难题。直到现在，基尔霍夫电路定律仍旧是解决复杂电路问题的重要工具，因此基尔霍夫被称为"电路求解大师"。

基尔霍夫于 1859 年制成分光仪，并与化学家本生一同创立光谱化学分析法，从而发现了铯和铷两种元素。同年基尔霍夫做了用灯焰烧灼食盐的实验，提出热辐射中的基尔霍夫辐射定律，这是辐射理论的重要基础。

1862 年基尔霍夫又进一步得出绝对黑体的概念，创造了"黑体"一词。他的热辐射定律和绝对黑体概念是开辟 20 世纪物理学新纪元的关键之一。1900 年普朗克的量子论就发轫于此。基尔霍夫还给出了惠更斯-菲涅耳原理的更严格的数学形式，对德国理论物理学的发展有重大影响。

思考题

1. 下列公式各应用于什么条件下？

(1) $\Delta H = \Delta U + \Delta(pV)$　　(2) $\Delta H = \Delta U + \Delta n \cdot RT$　　(3) $\Delta H = Q_p$

(4) $\Delta U = Q_V$　　　　　　　(5) $W = nRT\ln(V_1/V_2)$

2. 对于一定量的理想气体，温度一定时，热力学能与焓是否一定？压强与体积是否一定？是否对所有气体来说温度一定，热力学能与焓都一定呢？

3. 在 100 ℃、1 个大气压下，水的汽化是定温定压相变过程，始、终态的温度、压强相等；如果把水蒸气看成理想气体，则因理想气体的热力学能只是温度的函数，所以 ΔU 应等于零。上面的说法有什么不对？应如何解释？

4. 公式 $dH = nC_p dT$，$dU = nC_V dT$ 对于理想气体可用于任何过程，为什么不必限制在定压或定容条件下？在发生了化学变化、相变或做了非体积功的情况下，上两式还能应用吗？

5. 1 mol 理想气体从 0 ℃ 定容加热至 100 ℃ 和从 0 ℃ 定压加热至 100 ℃，ΔU 是否相同？Q 是否相同？W 是否相同？

6. 在 298 K、101 kPa 下，一杯水蒸发为同温同压的水蒸气是不可逆过程。试将它设计成可逆过程。

7. 一个绝热气缸有一理想绝热活塞（无摩擦、无质量），其中含有理想气体，内壁绕有电阻丝，当通电时，气体就慢慢膨胀。因为是一定压过程，$Q_p = \Delta H$，又因是绝热过程，$Q_p = 0$，所以 $\Delta H = 0$。这个结论对吗？为什么？

8. 什么叫生成焓和燃烧焓？利用生成热或燃烧热来计算反应热时，二者有何不同？

9. 因为 $\Delta U = Q_V$，$\Delta H = Q_p$，所以 Q_V，Q_p 是特定条件下的状态函数。这种说法对吗？

10. 在一装有大量水的绝热箱内，水中有一电炉丝，与外电源相接，设该装置各部分都近似可看作封闭系统。如果按以下几种情况选择系统，试判断 Q，W 和 ΔU 的符号（为正为负还是为零）。

（1）以水为系统；

（2）以水和电炉丝为系统；

（3）以水、电炉丝、外电源及其他一切有影响的部分为系统。

11. "功、热与热力学能均是能量，所以它们的性质相同。"这句话是否正确？

12. 为什么无非体积功的定压过程的热，只取决于体系的始、终态？

13. "因 $\Delta H = Q_p$，所以只有定压过程才有 ΔH。"这句话是否正确？

14. 反应 A(g) + 2B(g) ⟶ C(g) 的 $\Delta_r H_m(298.2\ K) > 0$，则此反应进行时必定吸热，这种说法对吗？为什么？

15. 气体从同一始态 (p_1, V_1) 出发，分别经定温可逆压缩与绝热可逆压缩至终态，终态体积都是 V_2，哪一个过程所做压缩功大些？为什么？

16. 从同一始态 (p_1, V_1) 出发，分别经可逆绝热膨胀与不可逆绝热膨胀至终态，终态体积都是 V_2 时，气体压强相同吗？为什么？

17. 在标准压强和 100 ℃ 下，1 mol 水定温蒸发为水蒸气。假设水蒸气为理想气体。因为这一过程中系统的温度不变，所以 $\Delta U = 0$；$Q_p = \int C_p dT = 0$。这一结论对吗？为什么？

习 题

1. 2 mol 单原子理想气体自 298.2 K、15.00 dm³ 分别经下列过程膨胀，求各过程的 W 和 Q、ΔU、ΔH。

（1）定温可逆膨胀到 40.00 dm^3；

（2）外压保持在 101.325 kPa 定温膨胀到 40.00 dm^3；

（3）外压保持气体的初始压强，将气体从 298.2 K 加热到 795.2 K，使其膨胀到 40.00 dm^3。

2. 有 1 mol 单原子分子理想气体在 0 ℃、10^5 Pa 时经一变化过程，体积增大一倍，$\Delta H = 2\ 092$ J，$Q = 1\ 674$ J。

（1）试求算终态的温度、压强及此过程的 ΔU 和 W；

（2）如果该气体经定温和定容两步可逆过程到达上述终态，试计算 Q、W、ΔU 和 ΔH。

3. 设有 4.41 mol 某单原子理想气体从始态 273 K、1 000 kPa、10 dm^3，分别经以下三种变化，求各过程的 Q、W、ΔU、ΔH。

（1）定温可逆膨胀到最后压强为 100 kPa；

（2）绝热可逆膨胀到最后压强为 100 kPa；

（3）在外压恒定为 100 kPa 下作绝热不可逆膨胀。

4. 1 mol H$_2$ 在 25 ℃、10^5 Pa 下，经绝热可逆过程压缩到体积为 5 dm^3，试求：

（1）终态温度 T_2；

（2）终态压强 p_2；

（3）过程的 Q、W、ΔU、ΔH。

（H$_2$ 的 $C_{V,m}$ 可根据它是双原子分子的理想气体求算。）

5. （1）2.2 mol 理想气体氮自 0 ℃、5×10^5 Pa、10 dm^3 的始态，经过一绝热可逆过程膨胀至 10^5 Pa，试计算该过程终态的温度 T_2 及过程的 Q、W、ΔU、ΔH；

（2）若此气体经过一绝热不可逆过程，在恒定外压 10^5 Pa 下快速膨胀到气体压强为 10^5 Pa，试计算此过程终态的温度 T_2。

6. 在 101.325 Pa 下，将一小块冰投入过冷的 −5 ℃ 的 100 g 水中，使过冷水有一部分凝结为冰，同时使温度回升到 0 ℃。由于此过程进行得较快，体系及环境间来不及发生热交换，可近似看作是一绝热过程。试计算此过程中析出冰的质量。已知冰的熔化热为 333.5 J·g^{-1}；0 到 −5 ℃ 水的比热容为 4.314 J·K^{-1}·g^{-1}。

第2章　热力学第二定律

自然界发生的一切过程都遵守热力学第一定律，热力学第一定律的核心内容是能量守恒，违背这一核心内容的过程是不可能发生的。不过，许多过程虽然不违背热力学第一定律，却也不能实现。例如，两块温度不同的铁块相接触，热必然会从高温铁块自动地向低温铁块传递，直至两铁块的温度相同，但反过来，在能量守恒的条件下，热却不能自动地从低温铁块向高温铁块传递。这也就是说，热力学第一定律无法区分不同能量形式（如热和功）之间在本质上的差异，而恰恰是不同能量形式的差异导致了自然界一切宏观过程具有明确的方向性。这些热力学第一定律无法解决的问题，需要由热力学第二定律来解决，即判断一个过程自动发生的方向和限度属于热力学第二定律的范畴。

本章由卡诺循环推导出应用于隔绝系统的熵判据，并建立了热力学第二定律的数学表达式。为了便于分析问题，又引入了亥姆霍兹函数与吉布斯函数两个辅助热力学函数，利用这两个函数的变化量和分别作为定温定容和定温定压过程的判据，可以在特定条件下判断变化过程进行的方向和限度。

2.1　热力学第二定律的经典表述

 **核心内容**

1. 自发过程及特征

在一定条件下，不需要外力推动，任其自然就能自动发生的过程，称为自发过程。

2. 热力学第二定律的经典表述

（1）克劳修斯说法：不可能把热从低温物体传到高温物体，而不引起其他变化。

（2）开尔文说法：不可能从单一热源取出热使之完全变为功，而不发生其他变化，或第二类永动机是不可能制成的。

2.1.1　自发过程及特征

热力学第一定律指出了能量守恒和转化，以及在转化过程中系统和环境之间做功、热传递和系统热力学能变化之间的关系，但在一定条件下，化学变化或物理变化能不能自动发生，如果能发生，它能进行到什么程度等问题是热力学第一定律所不能解决的。而这些正是热力学第二定律所要探讨的，因此，解决反应的方向和限度问题有赖于热力学第二定律，其核心就是寻找过程进行的方向和限度的判据。

为了寻找决定一切热力学过程的方向及限度的共同因素，就要弄清楚所有的自发过程具有什么共同特征。在一定条件下，不需要外力推动，任其自然就能自动发生的过程，称为自发过程。两个典型的例子如下。

1）理想气体向真空膨胀

理想气体向真空膨胀是自发进行的，其中 $Q=0$；$W=0$；$\Delta U=0$；$\Delta T=0$。如果要让膨胀后的气体恢复原状，只要经过一个定温压缩过程就可达到目的。但其结果是环境对系统做了 W 的功，同时系统对环境放了 Q 的热，而且二者在数值上相等，$W=Q$。这说明当系统恢复原状时，在环境中发生了功转变为热的变化。要想使环境恢复原状，则必须将环境中得到的热 Q 完全转换为功 W 且不使环境发生任何变化。但实际经验证明这是不可能的，因此理想气体向真空膨胀是不可逆的。

2）热从高温物体传向低温物体

当把一杯热饮料放在冰箱中时，热会从饮料流向冰箱中的冷空气，最后达到二者温度相等，这无疑是一个自发过程。而其逆过程，即使饮料和冰箱中的冷空气恢复原状的过程是绝不会自动发生的。虽然可利用冰箱中的冷冻机将热从冷空气中取出传递给饮料，使饮料恢复原状，但结果是环境做了电功的同时也得到了热，而要将环境得到的热全部变为功而不留痕迹，事实证明也是不可能实现的。

常见的自发过程的例子还有很多，如气体总是由高压容器向低压容器中扩散，直至二者压强相等；电流总是由高电势的导体流向低电势的导体，直至两个导体的电势相等。由以上例子可知，自发过程有一个共同特征，即单向性，也就是不可逆性，自发过程的不可逆性，最终归结为热功转换的不可逆性，即"功可自发地全部变为热，但热不可能全部转变为功而不引起任何其他变化"。自发过程的逆过程不可能自动发生，当借助外力干预使一个自发过程逆转时，系统恢复原状的同时，在环境中一定会留下功变热的永久性变化。

2.1.2　热力学第二定律的经典表述

人们对自发过程之所以感兴趣，是因为一切自发过程在适当的条件下都伴随着对外做功，能为人们提供各种形式的能量，如水在自发流动的过程中可用于水力发电来提供电能，热传递过程可使热机做功来提供机械能。这些无疑对化学研究和人类生产、生活是十分重要的。日常生活和生产实际中会遇到许多有明确变化方向的自发过程，而这些自发过程的不可逆性都可归结为热功转换的不可逆性，即自发过程的方向性都可用热功转换的方向性来表达。这个普遍的规律就是热力学第二定律，由于自发过程繁多，因此热力学第二定律的表述有多种形式，但各种表示在本质上都是一致的。下面介绍两种比较经典的表述。

（1）克劳修斯（Clausius）说法：不可能把热从低温物体传到高温物体，而不引起其他变化。

（2）开尔文（Kelvin）说法：不可能从单一热源取出热使之完全变为功，而不发生其他变化，或第二类永动机是不可能制成的。

这两种表述中的重点是每句话的后半部分"不引起其他变化"，即可以实现热从低温物体传到高温物体，但会引起其他变化，如空调压缩机的制冷就是把热从低温物体传向高温物体，但使环境的温度升高了；热可以全部转化为功，如理想气体的定温膨胀，$\Delta U = 0$，$Q = W$，它所留下的变化就是系统体积增大，压强减小。另外，开尔文所述的第二类永动机是指能从单一热源吸收热量，并使之全部转化为功而不引起其他变化的机器。与第一类永动机的区别是第二类永动机不违反能量守恒定律，但此类机器是永远无法实现的。因为假设这种机器能够存在，把它装在海轮上，它就可以无限制地连续从海洋中提取热转变为功，那么海轮航行就无须携带燃料了。或者利用这种机器从地球上约 1×10^9 km^3 的水中吸取热量，水温仅下降 1/1 000 ℃ 就能得到约 1×10^{15} kW·h 的电能，如此巨大的能源正是当今社会迫切需要的，但遗憾的是，第二类永动机违背热力学第二定律，是永远不可能制成的。

2.2　熵函数

核心内容

1. 卡诺循环

在两个热源间的热机工作时，由两个定温可逆过程和两个绝热可逆过程组成一循环过程，这种循环过程称为卡诺循环。

2. 卡诺热机的效率

$$\eta = \frac{-W}{Q_1} = \frac{Q_1 + Q_2}{Q_1} = \frac{T_1 - T_2}{T_1}$$

3. 卡诺定理

（1）在两个不同温度的热源之间工作的任意热机，以卡诺热机的效率为最大。

（2）卡诺热机的效率只与两个热源的温度有关，而与工作物质无关。

4. 熵函数

$$dS = \frac{\delta Q_r}{T} \quad \Delta S = S_B - S_A = \int_A^B \frac{\delta Q_r}{T}$$

5. 克劳修斯不等式

$$dS \geqslant \frac{\delta Q}{T} \begin{cases} > \text{不可逆过程} \\ = \text{可逆过程} \end{cases}$$

6. 熵增原理

在隔绝系统和绝热过程中，熵变有下式：

$$dS_{\text{隔绝}} \geqslant 0$$

该式具有以下含义：

（1）隔绝系统中所发生的一切不可逆过程都是使其熵增加的过程，即 $dS_{隔绝}>0$；

（2）隔绝系统中所发生的一切可逆过程其熵值不变，即 $dS_{隔绝}=0$。

7. 标准摩尔规定熵

通常把 1 mol 物质在 298 K 和标准压强时的熵称为 298 K 的标准摩尔规定熵，用符号 $S_m^{\ominus}$（298 K）表示。单位是 $J \cdot K^{-1} \cdot mol^{-1}$。

2.2.1 卡诺循环与卡诺定理

某一热机在工作时，从高温热源吸热将其中一部分转化为功，其余部分则传入低温热源，随着热机的改进，热转化为功的效率有所增加，那么在一定条件下，热能不能全部转变为功？如果不能，最多有多大比例转变为功？即热转化为功的限度有多大？如何提高热转变为功的效率，在实际生活中有着十分重要的意义。1824 年，卡诺（Carnot）设计了一种在两个热源间循环工作的理想热机，并提出了著名的卡诺定理，指明了热机的效率永远小于 1。该热机的工作介质是理想气体，工作过程是由两个定温可逆过程和两个绝热可逆过程组成的一循环过程，该循环过程称为卡诺循环（见图 2-1），按卡诺循环工作的热机称为卡诺热机（其工作原理见图 2-2）。卡诺通过对这种理想热机的研究，找到了热转化为功的最大极限。

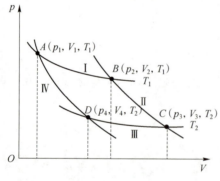

图 2-1　卡诺循环

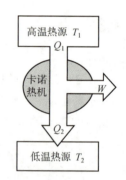

图 2-2　卡诺热机工作原理

卡诺循环中的 4 个可逆过程是相互交错的，如图 2-1 所示。其中 $A \to B$ 和 $C \to D$ 是定温可逆过程，$B \to C$ 和 $D \to A$ 是绝热可逆过程。现以物质的量为 n 的理想气体为工作物质，按照图 2-2 所示的工作原理，使卡诺热机由 A 开始沿顺时针方向进行卡诺循环，其中 T_1 是高温热源的温度，T_2 是低温热源的温度，分析卡诺热机的热功转换效率如下。

过程 Ⅰ：定温可逆膨胀。理想气体由 p_1，V_1，T_1 定温可逆膨胀到 p_2，V_2，T_1（$A \to B$），因为 $\Delta U_1 = 0$，所以有

$$Q_1 = -W_1 = nRT_1 \ln \frac{V_2}{V_1}$$

过程 Ⅱ：绝热可逆膨胀。理想气体由 p_2，V_2，T_1 绝热可逆膨胀到 p_3，V_3，T_2（$B \to C$），由于系统不吸热，即 $Q = 0$，因此有

$$W_2 = \Delta U_2 = nC_{V,m}(T_2 - T_1)$$

过程Ⅲ：定温可逆压缩。理想气体由 p_3，V_3，T_2 定温可逆膨胀到 p_4，V_4，T_2（$C{\rightarrow}D$），因为 $\Delta U_3=0$，所以有

$$Q_2=-W_3=nRT_2\ln\frac{V_4}{V_3}$$

过程Ⅳ：绝热可逆压缩。理想气体由 p_4，V_4，T_2 绝热可逆膨胀到 p_1，V_1，T_1（$D{\rightarrow}A$），由于系统不吸热，即 $Q=0$，因此有

$$W_4=\Delta U_4=nC_{V,m}(T_1-T_2)$$

根据热力学第一定律，经过一次卡诺循环后，系统恢复原状，$\Delta U=0$，故卡诺循环中系统对环境所做的总功 W 应等于系统吸收的总热 Q，即

$$-W=Q_1+Q_2=nRT_1\ln\frac{V_2}{V_1}+nRT_2\ln\frac{V_4}{V_3}$$

从高温热源吸收的热 Q_1 转化为功 W 的比例，称为热机的效率，用符号 η 表示，即

$$\eta=\frac{-W}{Q_1}=\frac{Q_1+Q_2}{Q_1}=\frac{nRT_1\ln\dfrac{V_2}{V_1}+nRT_2\ln\dfrac{V_4}{V_3}}{nRT_1\ln\dfrac{V_2}{V_1}} \tag{2-1}$$

因为 $B{\rightarrow}C$ 和 $D{\rightarrow}A$ 是理想气体绝热可逆过程，由式（1-37）得

$$C_{V,m}\ln\frac{T_2}{T_1}=-R\ln\frac{V_3}{V_2}，\quad C_{V,m}\ln\frac{T_1}{T_2}=-R\ln\frac{V_1}{V_4}$$

将上述两式相加整理得

$$\frac{V_2}{V_1}=\frac{V_3}{V_4}$$

将其代入式（2-1）可得卡诺热机的效率为

$$\eta=\frac{-W}{Q_1}=\frac{Q_1+Q_2}{Q_1}=\frac{T_1-T_2}{T_1} \tag{2-2}$$

由式（2-2）可以看出，卡诺热机的效率与工作物质无关，只与两个热源的温度有关。高温热源的温度 T_1 越高，低温热源的温度 T_2 越低，则卡诺热机的效率越高，要想提高卡诺热机的效率，必须加大两热源的温差。当 $T_2{\rightarrow}0$，或 $T_1{\rightarrow}\infty$ 时，$\eta{\rightarrow}1$，但这是不可能的，所以热机的效率永远小于 1。当 $T_1=T_2$ 时，即单一热源，则 $\eta=0$，即热不能转化为功。这就给提高热机效率提供了一个明确的方向。

另外，对式（2-2）整理得

$$1+\frac{Q_2}{Q_1}=1-\frac{T_2}{T_1}$$

即

$$\frac{Q_1}{T_1}+\frac{Q_2}{T_2}=0 \tag{2-3}$$

式（2-3）是从卡诺循环中得到的一个重要关系式，它表明，卡诺循环过程的热温商（Q 与 T 的比值）之和等于零，这意味着这个可逆热温商具有状态函数的性质，为以后熵函数的导出奠定了基础。这一结论对于任意的可逆循环都成立。

卡诺热机在卡诺循环中，绝热可逆膨胀和绝热可逆压缩过程所做的功大小相等，符号相反，所以，卡诺热机所做的总功 W 应该主要取决于定温可逆膨胀和定温可逆压缩所做的功之和。因为卡诺热机是以理想气体为工作物质的，并且在卡诺循环中每一步都是可逆的，所以，理想气体进行定温可逆膨胀时，系统对环境做最大功；进行定温可逆压缩时，环境对系统做最小功。因此，可逆的卡诺热机对环境所做的功最大，卡诺热机的效率最高。由此卡诺定理表述为：

（1）在两个不同温度的热源之间工作的任意热机，以卡诺热机的效率为最大；

（2）卡诺热机的效率只与两个热源的温度有关，而与工作物质无关。

2.2.2　可逆过程的热温商与熵函数

由式(2-3)可知，在卡诺循环中，两个热源的热温商之和等于零，即

$$\frac{Q_1}{T_1}+\frac{Q_2}{T_2}=0$$

对于任意的一个可逆循环来说（见图2-3），热源有可能不止两个，而由无数个小的卡诺循环组成。在相邻的两个小卡诺循环中有共同的绝热线，此绝热线对前一个循环来说是绝热可逆压缩线，对后一个循环来说是绝热可逆膨胀线，两者重叠，且方向相反，相互抵消，因此，这些小卡诺循环的总效果就是图2-3中 ABA 边界上的锯齿状封闭折线。当每个小卡诺循环都极其微小时，锯齿状封闭折线就与椭圆形的 ABA 封闭曲线完全重合。故任何一个可逆循环都可以用一系列的小卡诺循环来代替。

由前所述，对于每个小卡诺循环，有

$$\frac{(\delta Q_1)_r}{T_1}+\frac{(\delta Q_2)_r}{T_2}=0$$

那么，对于无限多个小卡诺循环，应该有

$$\frac{(\delta Q_1)_r}{T_1}+\frac{(\delta Q_2)_r}{T_2}+\frac{(\delta Q_3)_r}{T_3}+\frac{(\delta Q_4)_r}{T_4}+\cdots=0$$

式中，下标 r 表示可逆。上式写成通式为

$$\sum \frac{(\delta Q_i)_r}{T_i}=0 \tag{2-4}$$

因为是封闭曲线，所以可用封闭积分来表示上述的求和，即

$$\oint \frac{\delta Q_r}{T}=0 \tag{2-5}$$

式中，δQ_r 为无限小的可逆过程中系统吸收的热；T 为热源的温度。如果某可逆循环 ABA 是由可逆过程Ⅰ（$A{\rightarrow}B$）和可逆过程Ⅱ（$B{\rightarrow}A$）构成的，如图2-4所示，那么可以将式(2-5)分成两项积分的和，即

$$\oint \frac{\delta Q_r}{T}=\int_A^B \left(\frac{\delta Q_r}{T}\right)_{\text{I}}+\int_B^A \left(\frac{\delta Q_r}{T}\right)_{\text{II}}=0$$

移项得

$$\int_A^B \left(\frac{\delta Q_r}{T}\right)_{\text{I}}=-\int_B^A \left(\frac{\delta Q_r}{T}\right)_{\text{II}}=\int_A^B \left(\frac{\delta Q_r}{T}\right)_{\text{II}}$$

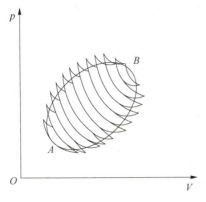

图 2-3 一系列卡诺循环组成的任意可逆循环

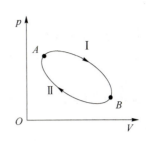

图 2-4 可逆循环 *ABA*

上式表明，从 *A* 到 *B* 沿途径 I 的积分与沿途径 II 的积分相等，即 $\int_A^B \dfrac{\delta Q_r}{T}$ 的数值仅仅取决于始态 *A* 和终态 *B*，而与变化途径无关。这表明该积分值代表着某个状态函数的改变量，即可逆过程的热温商 $\dfrac{\delta Q_r}{T}$ 是某个状态函数的全微分。据此，克劳修斯定义了这个热力学状态函数为熵（entropy），用符号 *S* 表示，单位是 $J \cdot K^{-1}$，是系统的容量性质。当系统的状态由 *A* 变到 *B* 时，熵的变化为

$$\Delta S = S_B - S_A = \int_A^B \frac{\delta Q_r}{T} \tag{2-6}$$

其微分形式为

$$\mathrm{d}S = \frac{\delta Q_r}{T} \tag{2-7}$$

值得注意的是，因为 δQ_r 为可逆过程中系统吸收的热，故式（2-6）和式（2-7）作为熵的定义式只能用于可逆过程。

2.2.3 不可逆过程的热温商与熵函数

设有一系统从始态 *A* 变化到终态 *B*，此过程分别以可逆和不可逆两种途径来完成（见图 2-5）。依据热力学第一定律，其微小变化过程有

可逆 $\qquad \mathrm{d}U_r = \delta Q_r + \delta W_r$
不可逆 $\qquad \mathrm{d}U_{ir} = \delta Q_{ir} + \delta W_{ir}$

因为系统的热力学能 *U* 是状态函数，与具体的途径无关，即与过程的可逆与否无关，则有

$$\mathrm{d}U_r = \mathrm{d}U_{ir}$$

即

$$\delta Q_r + \delta W_r = \delta Q_{ir} + \delta W_{ir}$$

由可逆过程的特征可知，可逆过程中系统对环境所做的功最大，即 $\delta W_r > \delta W_{ir}$，且可逆和不可逆过程的热力学能的改变量

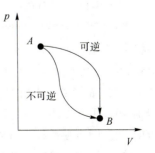

图 2-5 系统变化的两种途径

相等，所以，可逆过程中系统吸收的热也应大于不可逆过程所吸收的热，即 $\delta Q_r > \delta Q_{ir}$，那么可逆过程和不可逆过程的热温商有以下关系：

$$\frac{\delta Q_r}{T} > \frac{\delta Q_{ir}}{T}$$

根据式（2-7），上式可改写为

$$dS > \frac{\delta Q_{ir}}{T} \tag{2-8}$$

当系统从 A 到 B 的变化较大时，对式（2-8）积分得

$$\Delta S > \int_A^B \frac{\delta Q_{ir}}{T} \tag{2-9}$$

式（2-9）表明，不可逆过程的热温商总和并不等于系统的熵变。可逆过程的熵变总是大于不可逆过程的热温商。但需注意的是，不能把式（2-9）理解为可逆过程的熵变比不可逆过程的熵变大，因为只有可逆过程中的热温商才等于熵变，不可逆过程中的热温商不等于其熵变，而是其熵变大于其热温商。

2.2.4　克劳修斯不等式和熵增原理

1. 克劳修斯不等式

将式（2-7）和式（2-8）合在一起有

$$dS \geq \frac{\delta Q}{T} \begin{cases} > \text{不可逆过程} \\ = \text{可逆过程} \end{cases} \tag{2-10}$$

上式即为克劳修斯（Clausius）不等式，亦即热力学第二定律的数学表达式。T 代表热源（环境）温度，若是可逆过程，则为系统的温度。克劳修斯不等式可以用来判断过程的可逆性，式中"$>$"表示实际过程是不可逆的，"$=$"表示实际过程是可逆的。

2. 熵增原理

1）隔绝系统的熵增原理

在隔绝系统中，系统与环境之间没有能量交换，所以隔绝系统肯定是绝热的，即 $\delta Q = 0$，则由克劳修斯不等式可得

$$dS_{隔绝} \geq 0 \begin{cases} > \text{不可逆过程} \\ = \text{可逆过程} \end{cases} \tag{2-11}$$

式（2-11）具有以下含义。

（1）隔绝系统中所发生的一切不可逆过程都是使其熵增加的过程，即 $dS_{隔绝} > 0$；因为环境对隔绝系统不产生任何影响，所以隔绝系统中所发生的不可逆过程一定是自发的，也说明 $dS_{隔绝} > 0$ 是自发过程进行方向的标志。

（2）隔绝系统中所发生的一切可逆过程其熵值不变，即 $dS_{隔绝} = 0$；因为可逆过程是系统无限接近于平衡的过程，所以 $dS_{隔绝} = 0$ 是系统达到平衡态的标志。平衡态是自发过程进行的限度，即自发过程进行的限度是 $dS_{隔绝} = 0$，熵值达到最大值，熵不再增加。

综上所述，熵增原理可以归纳为一句话：隔绝系统中所发生的任意过程总是向着熵增大的方向进行。熵增原理常用作判断隔绝系统变化的方向及限度的准则，称为熵判据，即

$$dS_{隔绝} \geqslant 0 \begin{cases} > 不可逆过程 & （自发） \\ = 可逆过程 & （平衡） \end{cases} \tag{2-12}$$

2）绝热过程的熵增原理

在绝热过程中，由于 $\delta Q = 0$，因此有 $dS_{绝热} \geqslant 0$。亦即在绝热过程中熵永不减少。但需要指出的是，绝热过程中的熵增原理只能用于判断过程是否可逆，而不能用来判断过程是否自发。因为在绝热过程中，系统和环境之间虽没有热交换，但还可能有环境对系统做功。例如，环境对系统进行绝热不可逆压缩，系统的熵值增加，但因为环境对系统做了功，所以该过程不是自发过程。

2.2.5　熵的本质及规定熵

1. 熵的本质

热力学的研究对象是大量粒子所组成的宏观系统，系统的宏观状态是多种微观粒子行为的综合表现。对应于某一宏观状态的微观状态的数目，称为该宏观状态的"微观状态数"，即"热力学概率"，用符号 Ω 表示。在确定的宏观状态下，系统具有的微观状态数目是确定的，且每种微观状态出现的概率相等。

有序性高的状态所对应的微观状态数少；混乱度高的状态所对应的微观状态数多。因此，实际中某热力学状态所对应的微观状态数 Ω 就是系统处于该状态时混乱度的度量。

在热力学过程中，系统微观状态数 Ω 的增减与系统熵 S 的增减是同步的，即微观状态数 Ω 越大，熵越大，反之亦然。统计热力学可证明，二者的函数关系式为

$$S = k \ln \Omega \tag{2-13}$$

式（2-13）称为玻尔兹曼（Boltzmann）公式，式中的 k 是玻尔兹曼常数。根据这一定量关系，可用熵来度量系统的混乱度。

从统计的观点看，在隔绝系统中有序性较高（混乱度较低）的状态总是要自动向有序性较低（混乱度较高）的状态转变，反之则是不可能的。所以一切自发过程总的结果都是向混乱度增加的方向进行，这就是热力学第二定律的本质，而作为系统混乱度度量的熵正是反映了这种本质。

2. 热力学第三定律及规定熵

和热力学能及焓一样，熵的绝对值也是不能确定的。热力学第二定律给出了如何求算熵的改变值的方法，即定温可逆过程中 $\Delta S = Q_r / T$，但如果是一个化学反应的话，它不同于简单状态变化过程和相变，无法做到可逆进行。因此，为解决熵的改变量求算问题，需要规定一个相对标准，这就是热力学第三定律所要解决的问题。

20 世纪初，人们根据一系列实验现象及进一步的推测，得出了热力学第三定律，内容为：在 0 K 时，任何纯物质的完美晶体其熵值为零。用数学式表示为

$$\lim_{T \to 0\,K} S = 0 \quad 或 \quad S_{0\,K} = 0$$

根据热力学第三定律，就可以求算任何纯物质在某温度 T 时的熵值，这种熵值是相对于 0 K 而言的，通常称为规定熵，有

$$\Delta S = S_T - S_{0\,K} = \int_0^T \frac{C_p}{T} dT$$

因为规定 $S_{0K}=0$，故 S_T 可利用上式由实验测得不同温度时热容的数据求得。

通常把 1 mol 物质在 298 K 和标准压强时的熵称为 298 K 的标准摩尔规定熵，用符号 $S_m^{\ominus}$(298 K) 表示，单位是 J·K^{-1}·mol^{-1}。一些物质的标准摩尔规定熵列于本书附录中。有了各种物质的标准摩尔规定熵值，就可方便地求算化学反应的 $\Delta_r S_m^{\ominus}$，例如有一反应：

$$aA+bB \rightleftharpoons gG+hH$$

其熵变即可用下式求算：

$$\Delta_r S_m^{\ominus} = [gS_m^{\ominus}(G) + hS_m^{\ominus}(H)] - [aS_m^{\ominus}(A) + bS_m^{\ominus}(B)]$$

上式表明：一个化学反应的熵变等于生成物的标准摩尔规定熵之和减去反应物的标准摩尔规定熵之和。写成通式为

$$\Delta_r S_m^{\ominus} = \sum \nu_i S_m^{\ominus}(i) \tag{2-14}$$

生命以负熵为生

薛定谔曾说："人活着就是在对抗熵增定律，生命以负熵为生。"这里的熵增定律指的就是"在一个隔绝系统中，如果没有外力的介入，熵永不减少"。熵增过程是一个自发的由有序向无序发展的过程。简言之，事物存在本身是由有序向无序发展的过程，而这个过程不可逆。从逻辑上讲，也就是说，一切的存在过程就是个熵增过程，直到事物由有序到彻底无序为止。

对于非生命物质来说，总是向着熵增演化，屋子不收拾会变乱，手机不清理会越来越卡，杯子几天不洗会有污垢，钢铁沾了水会锈迹斑斑，一个苹果放久了会坏掉，煮熟的米饭隔了几天会变质，太阳会不断燃烧而衰变等。这些都是非生命事物的发展规律，如果任由它去发展，就会变成一个很无序的状态。

对于生命体——人类来说，情绪不掌控会越来越糟糕，身体不管控会越来越臃肿，不运动身体就会越来越差等。人类的坏习惯和衰退都是由熵增导致的，任由发展，不尝试做一些改变，就很难学习到新的东西，人们也会变得安于现状，为了活着而活着，找不到自己生命存在的意义。

对于社会这个耗散机构来说，它需要采用劳动的手段从外界获得能量来维持。人们在生产粮食、制造机器的过程中，只有部分能量被吸收进产品里，而更多的能量被浪费，使地球的熵不断增加。在现代社会中，人们使用手机、电脑、汽车等高科技产品，却给环境带来更多的污染。也就是说，每消耗一定的能量，环境中的熵就会有所增加，环境熵的增加意味着自然灾害和人类生存环境的恶化，如水灾、旱灾、地震等都是环境熵增的结果。

为了抵抗熵增这个现象，就要"逆熵"，开始一场"负熵"之旅。人类可以通过自己的创造与改变，去对抗"熵增"。首先，要学会自我约束，保持上进心及学习的心态，拒绝不思进取、舒适圈，把自己的精力、能量投放在有价值的事上。其次，要大力提倡绿色出行、减少白色污染、保护绿色植被、珍惜每一滴水等，从而降低地球的总熵，尽力去增加负熵流，使地球变得更加有序，进而保护人类的生存环境。所以说"人活着就是在对抗熵增定律，生命以负熵为生"。

2.3 熵变的计算

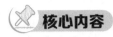 **核心内容**

1. 简单状态变化过程的熵变

无论可逆与否都按已设计为可逆过程来计算，只是 p、V、T 全变化的过程要分成两个可逆过程进行计算。

(1) 定温过程
$$\Delta S = nR\ln\frac{V_2}{V_1} = nR\ln\frac{p_1}{p_2}$$

(2) 定压过程
$$\Delta S = n\int_{T_1}^{T_2}\frac{C_{p,\mathrm{m}}\mathrm{d}T}{T} = nC_{p,\mathrm{m}}\ln\frac{T_2}{T_1}$$

(3) 定容过程
$$\Delta S = n\int_{T_1}^{T_2}\frac{C_{V,\mathrm{m}}\mathrm{d}T}{T} = nC_{V,\mathrm{m}}\ln\frac{T_2}{T_1}$$

(4) p、V、T 全变化的过程

① 定压+定温
$$\Delta S = nC_{p,\mathrm{m}}\ln\frac{T_2}{T_1} + nR\ln\frac{p_1}{p_2}$$

② 定容+定温
$$\Delta S = nC_{V,\mathrm{m}}\ln\frac{T_2}{T_1} + nR\ln\frac{V_2}{V_1}$$

③ 定容+定压
$$\Delta S = nC_{V,\mathrm{m}}\ln\frac{p_2}{p_1} + nC_{p,\mathrm{m}}\ln\frac{V_2}{V_1}$$

2. 相变的熵变

(1) 可逆相变：可逆相变的熵变等于可逆相变潜热除以相变温度，即 $\Delta S = \dfrac{n\Delta H_{\mathrm{m}}}{T}$。

(2) 不可逆相变：要在始态、终态相同的情况下，设计一条包括可逆相变在内的可逆途径，方可求算 ΔS。

3. 化学反应的熵变

在标准压强和 298 K 的条件下，可以根据热力学数据表中的标准摩尔规定熵，用下式进行计算：

$$\Delta_{\mathrm{r}}S_{\mathrm{m}}^{\ominus} = \sum \nu_i S_{\mathrm{m}}^{\ominus}(i)$$

反应在其他温度下进行时，可以利用 298 K 时的反应标准摩尔规定熵变 $\Delta_{\mathrm{r}}S_{\mathrm{m}}^{\ominus}$ 计算任意温度的反应标准摩尔规定熵变 $\Delta_{\mathrm{r}}S_{\mathrm{m}}^{\ominus}(T)$。计算式为

$$\Delta_{\mathrm{r}}S_{\mathrm{m}}^{\ominus}(T) = \Delta_{\mathrm{r}}S_{\mathrm{m}}^{\ominus}(298\ \mathrm{K}) + \int_{298\ \mathrm{K}}^{T}\frac{\Delta C_{p,\mathrm{m}}^{\ominus}}{T}\mathrm{d}T$$

2.3.1 简单状态变化过程的熵变

由前所述可知，熵是状态函数，熵的改变量只由系统的始态和终态决定。熵变可以用来确定隔绝系统中过程的自发方向和限度，所以熵变的计算非常重要。根据熵变的定义可知，熵的改变量一定要用可逆过程的热温商来计算，如果实际过程为不可逆的，那么应该设计始态终态、相同的可逆过程进行计算。下面介绍简单状态变化过程中的几种常见物理过程熵变的计算。

1. 定温过程的熵变

不论过程是否可逆，都按可逆过程计算，因为简单状态变化过程都很容易设计成可逆过程。对任意可逆过程来说，系统的熵变均可用式(2-7) 积分得到。对定温可逆过程来说，有

$$\Delta S = \int \frac{\delta Q_r}{T} = \frac{Q_r}{T}$$

当为理想气体的定温可逆过程时，因为 $\Delta U = 0$，$Q = -W$，则

$$\Delta S = \frac{-W}{T}$$

而

$$W = -nRT\ln\frac{V_2}{V_1} = -nRT\ln\frac{p_1}{p_2}$$

故其熵变为

$$\Delta S = \frac{nRT\ln\dfrac{V_2}{V_1}}{T} = \frac{nRT\ln\dfrac{p_1}{p_2}}{T}$$

$$\Delta S = nR\ln\frac{V_2}{V_1} = nR\ln\frac{p_1}{p_2} \tag{2-15}$$

例题 1 （1）在 300 K 时，5 mol 的某理想气体由 10 dm³ 定温可逆膨胀到 100 dm³，试计算此过程中系统的熵变；（2）上述气体在 300 K 时由 10 dm³，向真空膨胀到 100 dm³，试计算此时系统的 ΔS，并与热温商作比较。

解：（1）根据式(2-15)，理想气体在定温可逆过程：

$$\Delta S = nR\ln\frac{V_2}{V_1} = \left(5 \times 8.314 \times \ln\frac{100}{10}\right) \text{J} \cdot \text{K}^{-1} = 95.7 \text{ J} \cdot \text{K}^{-1}$$

（2）此过程为不可逆过程，不能利用式(2-15) 求算 ΔS，也不能直接由此过程的热温商求 ΔS。但可以设计一始态、终态相同的可逆过程，把过程 (2) 设计成可逆过程就是过程 (1)，所以

$$\Delta S = nR\ln\frac{V_2}{V_1} = 95.7 \text{ J} \cdot \text{K}^{-1}$$

理想气体向真空膨胀时系统与环境之间的热交换为零，即 $Q = 0$。故此过程的

$$\frac{Q}{T} = 0$$

显然，系统的 $\Delta S > Q/T$。

2. 定压过程的熵变

不论过程是否可逆，均按定压可逆过程计算熵变。因为定压，有

$$\delta Q_p = \mathrm{d}H = nC_{p,\mathrm{m}}\mathrm{d}T$$

故

$$\mathrm{d}S = \frac{\delta Q_p}{T} = \frac{nC_{p,\mathrm{m}}\mathrm{d}T}{T}$$

则

$$\Delta S = n\int_{T_1}^{T_2}\frac{C_{p,\mathrm{m}}\mathrm{d}T}{T} = nC_{p,\mathrm{m}}\ln\frac{T_2}{T_1} \tag{2-16}$$

式（2-16）是假定 $C_{p,\mathrm{m}}$ 不随温度变化导出的。如果 $C_{p,\mathrm{m}}$ 随温度变化，那么需以 $C_{p,\mathrm{m}} = f(T)$ 代入积分式方能求算。式（2-16）对气体、液体和固体都适用。

3. 定容过程的熵变

不论过程是否可逆，均按定容可逆过程计算熵变。对定容过程来说，有

$$\delta Q_V = \mathrm{d}U = nC_{V,\mathrm{m}}\mathrm{d}T$$

故

$$\mathrm{d}S = \frac{\delta Q_V}{T} = \frac{nC_{V,\mathrm{m}}\mathrm{d}T}{T}$$

$$\Delta S = n\int_{T_1}^{T_2}\frac{C_{V,\mathrm{m}}\mathrm{d}T}{T} = nC_{V,\mathrm{m}}\ln\frac{T_2}{T_1} \tag{2-17}$$

式（2-17）亦假定 $C_{V,\mathrm{m}}$ 不随温度变化，其对气体、液体和固体都适用。

4. 理想气体的 p、V、T 都改变的过程

设有一理想气体从始态 $A(p_1、V_1、T_1)$ 变化到终态 $B(p_2、V_2、T_2)$。此过程 p、V、T 全都发生改变，所以不能用式(2-15)~式(2-17) 一步完成 ΔS 的计算，但因熵是状态函数，故可在相同始态和终态之间分步设计两个可逆途径来求算上述变化的 ΔS。分步的方法实际是 p、V、T 中的两者组合，如何组合，要根据已知条件选择容易计算的一种，但无论哪种组合，所得的计算结果一定是相同的。下面介绍具体的设计过程。

（1）定压过程+定温过程如图 2-6 所示。

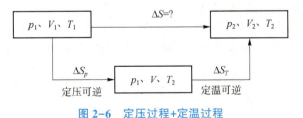

图 2-6 定压过程+定温过程

则有

$$\Delta S = \Delta S_p + \Delta S_T = nC_{p,\mathrm{m}}\ln\frac{T_2}{T_1} + nR\ln\frac{p_1}{p_2}$$

（2）定容过程+定温过程如图2-7所示。

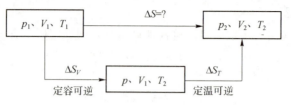

图2-7　定容过程+定温过程

则有

$$\Delta S = \Delta S_V + \Delta S_T = nC_{V,m}\ln\frac{T_2}{T_1} + nR\ln\frac{V_2}{V_1}$$

（3）定容过程+定压过程如图2-8所示。

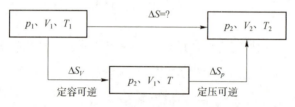

图2-8　定容过程+定压过程

则有

$$\Delta S = \Delta S_V + \Delta S_p = nC_{V,m}\ln\frac{T}{T_1} + nC_{p,m}\ln\frac{T_2}{T}$$

由理想气体状态方程得

$$\frac{T}{T_1} = \frac{p_2}{p_1}, \quad \frac{T_2}{T} = \frac{V_2}{V_1}$$

代入上式则有

$$\Delta S = \Delta S_V + \Delta S_p = nC_{V,m}\ln\frac{p_2}{p_1} + nC_{p,m}\ln\frac{V_2}{V_1}$$

例题 2　今有 2 mol 某理想气体，其 $C_{V,m} = 20.79\ \mathrm{J\cdot K^{-1}\cdot mol^{-1}}$，由 50 ℃、100 dm³ 加热膨胀到 150 ℃、150 dm³，求系统的 ΔS。

解：由题意可知，此过程的 T、p、V 均有变化，不可能单独通过定温定压或定容过程来求算 ΔS。但是根据熵是一状态性质，可设计成图2-9所示两个可逆过程以达到与此过程相同的始态、终态。

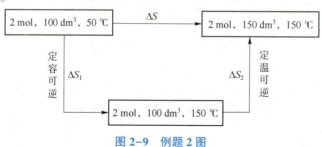

图2-9　例题2图

显然

$$\Delta S = \Delta S_1 + \Delta S_2$$

根据式（2-17）得

$$\Delta S_1 = nC_{V,m}\ln\frac{T_2}{T_1} = \left(2\times20.79\times\ln\frac{423}{323}\right) J \cdot K^{-1} = 11.21\ J \cdot K^{-1}$$

根据式（2-15）得

$$\Delta S_2 = nR\ln\frac{V_2}{V_1} = \left(2\times8.314\times\ln\frac{150}{100}\right) J \cdot K^{-1} = 6.74\ J \cdot K^{-1}$$

故 $\Delta S = \Delta S_1 + \Delta S_2 = 17.95\ J \cdot K^{-1}$。

例题 3　某工厂急需对一批低碳钢件进行热处理，已知单件钢件质量为 100 g，温度为 600 ℃，现浸入 20 ℃ 的 400 g 水中进行淬火。已知钢件的定压比热容为 $C_{钢件} = 0.502\ J \cdot K^{-1} \cdot g^{-1}$，水的定压比热容为 $C_{水} = 4.184\ J \cdot K^{-1} \cdot g^{-1}$，并设无热量传给外界，求：（1）钢件的熵变；（2）水的熵变；（3）整个隔绝系统的熵变。

解： 此题暗含条件为定压无非体积功，且无热量传给外界，所以有 $Q_p = \Delta H = 0$。设钢件和油的最后温度为 T，则有

$$\Delta H = \int_{873\ K}^{T} C_{钢件} \cdot m_{钢件}\,dT + \int_{293\ K}^{T} C_{水} \cdot m_{水}\,dT = 0$$

$$0.502\times100\int_{873\ K}^{T} dT + 4.184\times400\int_{293\ K}^{T} dT = 0$$

$$0.502\times100\times(T-873) + 4.184\times400\times(T-293) = 0$$

$$T = 309.89\ K$$

（1）$\Delta S_{钢件} = m_{钢件}\times C_{钢件}\ln\frac{T}{T_{钢件}} = \left(100\times0.502\times\ln\frac{309.89}{873}\right) J \cdot K^{-1} = -51.99\ J \cdot K^{-1}$

（2）$\Delta S_{水} = m_{水}\times C_{水}\times\ln\frac{T}{T_{水}} = \left(400\times4.184\times\ln\frac{309.89}{293}\right) J \cdot K^{-1} = 93.80\ J \cdot K^{-1}$

（3）$\Delta S = \Delta S_{钢件} + \Delta S_{水} = (-51.99+93.80)\ J \cdot K^{-1} = 41.8\ J \cdot K^{-1}$

2.3.2　相变的熵变

1. 可逆相变

在相平衡的温度和压强下所发生的相变过程属于可逆相变过程。但最常见的可逆相变是定压下且在相变点进行的相变，例如，在凝固点（熔点）时的液-固两相平衡；在沸点时的气-液两相平衡；在升华点时的固-气两相平衡；在一定温度下，液体在其饱和蒸气压下的气-液两相平衡；在一定温度下，固体在其饱和蒸气压下的气-固两相平衡。因为可逆相变是在定温定压且无非体积功的条件下发生的，所以有 $Q_r = \Delta H$（相变焓），则

$$\Delta S = \frac{\Delta H}{T} = \frac{n\Delta H_m}{T} \tag{2-18}$$

2. 不可逆相变

不在平衡条件下发生的相变是不可逆相变，如定压不在相变点或在相变点而非定压的相

变一定是不可逆相变。这时，因为 $Q_r \neq \Delta H$，故不能直接用式（2-18）来求算 ΔS，而是要在始态、终态相同的情况下，设计一条包括可逆相变在内的可逆途径方可求算 ΔS。

例题 4 已知水在 100 ℃ 及标准压强下蒸发热 $\Delta_{vap} H_m^{\ominus} = 40.67 \text{ kJ} \cdot \text{mol}^{-1}$，求 100 ℃ 及标准压强下的 1 mol 水蒸发为 100 ℃、5×10^6 Pa 的水蒸气的 ΔS。（设水蒸气为理想气体）

解： 此过程是在相变点而非定压的一个不可逆相变过程，可将此过程设计成图 2-10 所示的可逆过程。

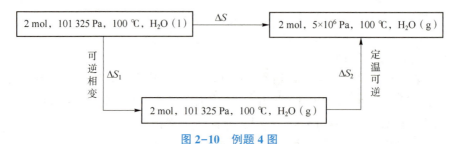

图 2-10 例题 4 图

$$\Delta S_1 = \frac{\Delta_{vap} H_m^{\ominus}}{T} = \frac{1 \times 40.67 \times 10^3}{373} \text{ J} \cdot \text{K}^{-1} = 109.03 \text{ J} \cdot \text{K}^{-1}$$

$$\Delta S_2 = nR\ln\frac{p_1}{p_2} = \left(1 \times 8.314 \times \ln\frac{101\ 325}{5 \times 10^6}\right) \text{ J} \cdot \text{K}^{-1} = -32.42 \text{ J} \cdot \text{K}^{-1}$$

$$\Delta S = \Delta S_1 + \Delta S_2 = (109.03 - 32.42) \text{ J} \cdot \text{K}^{-1} = 76.6 \text{ J} \cdot \text{K}^{-1}$$

例题 5 试求标准压强下，-5 ℃ 的过冷液体苯变为固体苯的 ΔS，并判断此凝固过程是否可能发生。已知苯的正常凝固点为 5 ℃，在凝固点时熔化焓 $\Delta_{fus} H_m^{\ominus} = 9\ 940 \text{ J} \cdot \text{mol}^{-1}$，液体苯和固体苯的平均定压摩尔热容分别为 127 J·K⁻¹·mol⁻¹ 和 123 J·K⁻¹·mol⁻¹。

解： -5 ℃ 不是苯的正常凝固点，此相变是一个不可逆相变。欲判断此过程能否自动发生，需运用熵判据，即分别求出系统的 ΔS 和实际凝固过程热温商并加以比较。

（1）系统 ΔS 的求算。可将此过程设计成图 2-11 所示的可逆过程。

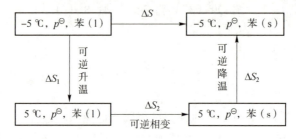

图 2-11 例题 5 图

取 1 mol 苯作为系统，则

$$\Delta S = nC_{p,m}(\text{l})\ln\frac{T_2}{T_1} - \frac{\Delta_{fus} H_m^{\ominus}}{T_{fus}} + nC_{p,m}(\text{s})\ln\frac{T_1}{T_2}$$

$$= \left(1 \times 127 \times \ln\frac{278}{268} - \frac{9\ 940}{278} + 1 \times 123 \times \ln\frac{268}{278}\right) \text{ J} \cdot \text{K}^{-1} \cdot \text{mol}^{-1}$$

$$= -35.62 \text{ J} \cdot \text{K}^{-1} \cdot \text{mol}^{-1}$$

（2）实际凝固过程热温商的求算。根据基尔霍夫方程，首先求得-5 ℃凝固过程的热效应：

$$-\Delta_{fus}H_m^{\ominus}(268\ K)=-\Delta_{fus}H_m^{\ominus}(278\ K)+\int_{278\ K}^{268\ K}\Delta C_p dT$$

$$=[-9\ 940+(123-127)\times(268-278)]\ J\cdot mol^{-1}$$

$$=-9\ 900\ J\cdot mol^{-1}$$

故 $\dfrac{Q}{T}=\dfrac{-9\ 900}{268}\ J\cdot K^{-1}\cdot mol^{-1}=-36.49 J\cdot K^{-1}\cdot mol^{-1}$。由于 $\Delta S>\dfrac{Q}{T}$，因此，根据克劳修斯不等式，此凝固过程为自发过程，可能发生。

2.3.3 化学反应的熵变

由式（2-14）可知，一个化学反应的熵变可通过反应物和生成物的标准摩尔规定熵计算得到，即

$$\Delta_r S_m^{\ominus}=\sum \nu_i S_m^{\ominus}(i)$$

利用上式只能计算 298 K 时反应的熵变，而反应熵变与反应温度有关，所以反应在其他温度下进行时，可以利用 298 K 时的反应标准摩尔熵变 $\Delta_r S_m^{\ominus}$（298 K）计算任意温度的反应标准摩尔熵变 $\Delta_r S_m^{\ominus}$（T）。

设有一反应 A ——→B，则该反应 $\Delta_r S_m^{\ominus}$（T）的计算式为

$$\Delta_r S_m^{\ominus}(T)=\Delta_r S_m^{\ominus}(298K)+\int_{298\ K}^{T}\frac{\Delta C_{p,m}^{\ominus}}{T}dT \tag{2-19}$$

式中，$\Delta C_{p,m}^{\ominus}=C_{p,m}^{\ominus}(B)-C_{p,m}^{\ominus}(A)$。通常，当温度区间不很大时，$\Delta_r S_m^{\ominus}(T)\approx\Delta_r S_m^{\ominus}(298\ K)$。

2.4 亥姆霍兹函数与吉布斯函数

 **核心内容**

1. 亥姆霍兹函数及其判据

亥姆霍兹函数的定义式为：$A\equiv U-TS$。

在定温、定容且不做非体积功的条件下，亥姆霍兹函数判据为

$$(\Delta A)_{T,V,W_f=0}\leqslant 0 \begin{cases}<不可逆，自发\\=可逆，平衡\end{cases}$$

判据的物理意义：在定温、定容且不做非体积功的条件下，系统总是自发地向着亥姆霍兹函数减小的方向进行，直至达到该条件下的最小值，即系统达到平衡。

2. 吉布斯函数及其判据

吉布斯函数的定义式为：$G\equiv H-TS$。

在定温、定压且不做非体积功的条件下，吉布斯函数判据为

$$(\Delta G)_{T,p,W_f=0}\leqslant 0 \begin{cases}<不可逆，自发\\=可逆，平衡\end{cases}$$

判据的物理意义：在定温、定压且不做非体积功的条件下，系统总是自发地向着吉布斯函数减小的方向进行，直至达到该条件下的最小值，即系统达到平衡。

由前所述,熵作为自发过程进行的方向和判据只适用于隔绝系统,而在实际过程中,很多变化过程(如热处理、铸造、冶金及化工等生产过程)都是在非隔绝系统中发生的,因此这种条件下使用熵作为判据时,通常要把与系统有关的环境部分包括在一起,成为一个大隔绝系统,该大隔绝系统的熵变等于系统的熵变与环境的熵变之和,然后利用式(2-12)来判断自发过程的方向和限度。因为熵作为判据在使用系统上受限,所以为判断定温定压或定温定容条件下过程进行的可能性和限度,必须寻找适合它们的判据。因此,亥姆霍兹(Helmholtz)和吉布斯(Gibbs)在熵函数的基础上引出了另外两个状态函数——亥姆霍兹函数和吉布斯函数。

1. 亥姆霍兹函数及其判据

根据式(2-10)得

$$dS \geqslant \frac{\delta Q}{T} \begin{cases} > 不可逆过程 \\ = 可逆过程 \end{cases}$$

在定温定容系统中,根据热力学第一定律表达式,有

$$\delta Q = dU - \delta W = dU + p_e dV - \delta W_f$$

与克劳修斯不等式结合可得

$$dS \geqslant \frac{dU + p_e dV - \delta W_f}{T}$$

或

$$-(dU + p_e dV - TdS) \geqslant -\delta W_f \tag{2-20}$$

式中,δW_f 为非体积功。定温定容条件下,$TdS = d(TS)$,体积功 $p_e dV = 0$,则有

$$-dU + d(TS) \geqslant -\delta W_f$$

或

$$-d(U - TS)_{T,V} \geqslant -\delta W_f$$

由于 U、T、S 均为状态函数,因此 $(U-TS)$ 也必然是一状态函数,故定义:

$$A \equiv U - TS \tag{2-21}$$

A 称为亥姆霍兹函数或亥姆霍兹自由能,是状态函数,具有容量性质,将其代入 $-d(U-TS)_{T,V} \geqslant -\delta W_f$ 得

$$-(dA)_{T,V} \geqslant -\delta W_f \tag{2-22}$$

或

$$-(\Delta A)_{T,V} \geqslant -W_f \tag{2-23}$$

ΔA 表示系统亥姆霍兹函数的改变。式(2-23)中等号代表可逆过程,不等号代表不可逆过程。式(2-23)表明,在定温定容条件下,系统亥姆霍兹函数减小的值,等于可逆过程所做的最大非体积功,而大于不可逆过程对外所做的非体积功。因此,与熵相同,亥姆霍兹函数的变化只有通过可逆过程方可求算。

在定温、定容且不做非体积功的条件下,由式(2-23)可得亥姆霍兹函数判据:

$$(\Delta A)_{T,V,W_f=0} \leqslant 0 \begin{cases} < 不可逆,自发 \\ = 可逆,平衡 \end{cases} \tag{2-24}$$

上式表明，在定温、定容且不做非体积功的条件下，系统总是自发地向着亥姆霍兹函数减小的方向进行，直至达到该条件下的最小值，即系统达到平衡。因为亥姆霍兹函数是系统自身的性质，是系统做功能力的体现，所以在定容且不做非体积功的条件下，若不依赖外界环境做功，则此不可逆过程一定是自发过程。

2. 吉布斯函数及其判据

在定温定压条件下，$p_1 = p_2 = p_e$，由式（2-20）整理得

$$-d(U + pV - TS) \geq -\delta W_f$$

又因 $H = U + pV$，所以有

$$-d(H - TS) \geq -\delta W_f$$

因为 H、T、S 均为状态函数，所以 $(H-TS)$ 也必然为一状态函数，故定义：

$$G \equiv H - TS \tag{2-25}$$

G 称为吉布斯函数或吉布斯自由能，是状态函数，具有容量性质，将其代入上式得

$$-(dG)_{T,p} \geq -\delta W_f \tag{2-26}$$

或

$$-(\Delta G)_{T,p} \geq W_f \tag{2-27}$$

ΔG 表示系统吉布斯函数的改变。式（2-27）中等号代表可逆过程，不等号代表不可逆过程。式（2-27）表明，在定温定压条件下，系统吉布斯函数减小的值，等于可逆过程所做的最大非体积功，而大于不可逆过程对外所做的非体积功。与熵和亥姆霍兹函数一样，吉布斯函数的变化也只有通过可逆过程方可求算。

在定温、定压且不做非体积功的条件下，由式（2-27）可得吉布斯函数判据：

$$(\Delta G)_{T,p,W_f=0} \leq 0 \begin{cases} <不可逆，自发 \\ =可逆，平衡 \end{cases} \tag{2-28}$$

上式表明，在定温、定压且不做非体积功的条件下，系统总是自发地向着吉布斯函数减小的方向进行，直至达到该条件下的最小值，即系统达到平衡。因为吉布斯函数也是系统自身的性质，所以在定压且不做非体积功的条件下，若不依赖外界环境做功，则此不可逆过程也一定是自发过程。

亥姆霍兹函数判据和吉布斯函数判据的不等号都是由克劳修斯不等式引入的，故这两个判据都是热力学第二定律的具体应用，用于判断不做非体积功的定温定容和定温定压条件下发生的变化的可逆性、方向及限度是非常方便的。尤其是对化学反应来说，由于大部分反应都是在定温定压条件下进行的，因此吉布斯函数 G 判据用得最多。

此外，在不做非体积功的定温定容和定温定压条件下，当 $\Delta A > 0$、$\Delta G > 0$ 时，并不代表该过程不能进行，而是说它不能自发进行。例如，在常温常压下，水分解成氢气和氧气的反应是不能自发进行的，因为该反应的 $\Delta G_{T,p} > 0$。但是如果对其通入电流进行电解，或采用光敏剂使其吸收光能，都可以将水分解成氢气和氧气，但这时环境对系统做了非体积功，即 $W_f \neq 0$，所以这种变化已经不是自发的了。

下面对熵、亥姆霍兹函数、吉布斯函数判据进行总结，如表2-1所示。

表 2-1　判断自发过程的热力学判据

判据	熵判据	亥姆霍兹函数判据	吉布斯函数判据
系统	隔绝系统	密闭系统	密闭系统
适用条件	任何过程	定温定容，$W_f=0$	定温定压，$W_f=0$
自发方向	$(\Delta S)_{隔绝}>0$	$(\Delta A)_{T,V,W_f=0}<0$	$(\Delta G)_{T,p,W_f=0}<0$
平衡状态	$(\Delta S)_{隔绝}=0$	$(\Delta A)_{T,V,W_f=0}=0$	$(\Delta G)_{T,p,W_f=0}=0$

2.5　热力学函数间的关系式

核心内容

1. 热力学函数间的关系

$$H=U+pV$$
$$A=U-TS$$
$$G=H-TS=U-TS+pV=A+pV$$

2. 热力学基本公式

$$dU=TdS-pdV$$
$$dH=TdS+Vdp$$
$$dA=-SdT-pdV$$
$$dG=-SdT+Vdp$$

3. 偏微商关系

$$\left(\frac{\partial U}{\partial S}\right)_V=\left(\frac{\partial H}{\partial S}\right)_p=T \qquad \left(\frac{\partial U}{\partial V}\right)_S=\left(\frac{\partial A}{\partial V}\right)_T=-p$$

$$\left(\frac{\partial H}{\partial p}\right)_S=\left(\frac{\partial G}{\partial p}\right)_T=V \qquad \left(\frac{\partial A}{\partial T}\right)_V=\left(\frac{\partial G}{\partial T}\right)_p=-S$$

1. 热力学函数之间的关系

前面已经讲述了 U、H、S、A、G 等几个重要的状态函数，加上 p、V、T 等都是重要的热力学性质。其中 U 和 S 是最基本的状态函数，而 H、A、G 是状态函数的组合，这些函数中除了 S 外，其余 U、H、A、G 都是以 J 为单位，其相互关系如图 2-12 所示，即

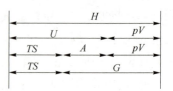

图 2-12　热力学函数之间的相互关系

$$H=U+pV$$
$$A=U-TS$$
$$G=H-TS=U-TS+pV=A+pV$$

2. 热力学基本公式

当密闭系统进行只做体积功的可逆过程时，将热力学第一定律和热力学第二定律结合在一起，并利用状态函数具有全微分的性质，可以推导出 4 个热力学基本公式。推导过程如下：

$$dU = \delta Q + \delta W = \delta Q_r - pdV$$

$$dS = \frac{\delta Q_r}{T}$$

将上两式合并可得

$$dU = TdS - pdV \tag{2-29}$$

微分 $H = U + PV$，可得

$$dH = dU + pdV + Vdp$$

将式（2-29）代入上式，得

$$dH = TdS + Vdp \tag{2-30}$$

微分 $A = U - TS$，可得

$$dA = dU - TdS - SdT$$

将式（2-29）代入上式，可得

$$dA = -SdT - pdV \tag{2-31}$$

微分 $G = H - TS$，可得

$$dG = dH - TdS - SdT$$

将式（2-30）代入，可得

$$dG = -SdT + Vdp \tag{2-32}$$

式（2-29）～式（2-32）即为 4 个热力学基本公式。

这 4 个热力学基本公式只能适用于双变量的密闭系统，亦即它们只能适用于单组分单相或多组分但组成不变的单相密闭系统，也就是无相变化和无化学变化的单相系统。虽然上述 4 个基本公式是由可逆过程导出的，但是它们也适用于双变量密闭系统的不可逆过程。

3. 偏微商关系

因为 U、H、A、G 都是状态函数，所以热力学基本方程实际上是 4 个函数的全微分式，即

$$U = U(S, V)$$
$$H = H(S, p)$$
$$A = A(T, V)$$
$$G = G(T, p)$$

对它们进行全微分可得

$$dU = \left(\frac{\partial U}{\partial S}\right)_V dS + \left(\frac{\partial U}{\partial V}\right)_S dV$$

$$dH = \left(\frac{\partial H}{\partial S}\right)_p dS + \left(\frac{\partial H}{\partial p}\right)_S dp$$

$$dA = \left(\frac{\partial A}{\partial T}\right)_V dT + \left(\frac{\partial A}{\partial V}\right)_T dV$$

$$dG = \left(\frac{\partial G}{\partial T}\right)_p dT + \left(\frac{\partial G}{\partial p}\right)_T dp$$

将此 4 个全微分式与式(2-29)～式(2-32) 进行对比,根据对应系数相等的关系,可得

$$\left(\frac{\partial U}{\partial S}\right)_V = \left(\frac{\partial H}{\partial S}\right)_p = T \tag{2-33}$$

$$\left(\frac{\partial U}{\partial V}\right)_S = \left(\frac{\partial A}{\partial V}\right)_T = -p \tag{2-34}$$

$$\left(\frac{\partial H}{\partial p}\right)_S = \left(\frac{\partial G}{\partial p}\right)_T = V \tag{2-35}$$

$$\left(\frac{\partial A}{\partial T}\right)_V = \left(\frac{\partial G}{\partial T}\right)_p = -S \tag{2-36}$$

这些热力学函数关系反映了某个热力学函数随某一变量的偏导数可与某一状态性质在数值上相等的关系,这些关系式在验证和推导其他热力学关系式时很有用处。

2.6 ΔA 和 ΔG 的计算

1. 理想气体简单状态变化的定温过程 ΔA 和 ΔG 的计算

$$\Delta A = \Delta U - T\Delta S$$

$$\Delta G = \Delta H - T\Delta S$$

2. 理想气体简单状态变化的定温可逆过程 ΔA 和 ΔG 的计算

$$\Delta A = \Delta G = -nRT\ln\frac{V_2}{V_1} = -nRT\ln\frac{p_1}{p_2}$$

3. 相变过程的 ΔA 和 ΔG 的计算

若是在定温、定压且无非体积功条件下进行的可逆相变,则正好符合 ΔG 作为判据的条件,故 $\Delta G = 0$,而 $\Delta A = \int_{V_1}^{V_2} -pdV = -p\Delta V$。

如果相变是一不可逆相变,则应设计一个始态和终态相同的可逆过程来进行计算。

4. 化学反应的 ΔG 的计算

对一定温定压的化学反应来说,求其反应的 $\Delta_r G_m^{\ominus}$,有以下几种方法:

(1) 由 $\Delta_r H_m^{\ominus}$ 和 $\Delta_r S_m^{\ominus}$ 来计算,$\Delta_r G_m^{\ominus} = \Delta_r H_m^{\ominus} - T\Delta_r S_m^{\ominus}$;

(2) 由标准摩尔生成吉布斯函数 $\Delta_f G_m^{\ominus}$ 来计算,$\Delta_r G_m^{\ominus} = \sum \nu_i \Delta_f G_m^{\ominus}(i)$。

因为亥姆霍兹函数 A 和吉布斯函数 G 是定温定容及定温定压条件下过程能否进行的判据,尤其是吉布斯函数 G 在化学中是极为重要的,也是应用最广泛的热力学函数,所以必须掌握其计算方法。与 ΔS 一样,也只能通过可逆过程来求算 ΔA 和 ΔG。因此,不可逆过程需设计始态和终态相同的可逆过程来计算。

1. 理想气体简单状态变化的定温过程的 ΔA 和 ΔG 的计算

对于定温过程,当已知 ΔU、ΔH 和 ΔS 时,可用下式计算 ΔA 和 ΔG:

$$\Delta A = \Delta U - T\Delta S \tag{2-37}$$
$$\Delta G = \Delta H - T\Delta S \tag{2-38}$$

上两式是由亥姆霍兹函数和吉布斯函数的定义得来的，除了定温条件外，未引入任何限制条件，所以适用于定温的任何过程。

若系统为物质的量为 n 的理想气体，且为可逆过程，则可根据热力学基本方程式(2-31)和式(2-32) 计算 ΔA 和 ΔG：

$$dA = -SdT - pdV$$
$$dG = -SdT + Vdp$$

对定温过程来说，$dT = 0$，上两式可写为

$$dA = -pdV$$
$$dG = Vdp$$

分别积分得

$$\Delta A = \int_{V_1}^{V_2} -pdV = -\int_{V_1}^{V_2} \frac{nRT}{V} \cdot dV = -nRT\ln\frac{V_2}{V_1} = -nRT\ln\frac{p_1}{p_2} \tag{2-39}$$

$$\Delta G = \int_{p_1}^{p_2} Vdp = \int_{p_1}^{p_2} \frac{nRT}{p}dp = -nRT\ln\frac{p_1}{p_2} \tag{2-40}$$

因此，理想气体的定温过程中有 $\Delta A = \Delta G$。

例题6 在 27 ℃ 时，1 mol 理想气体在定温下由 10^6 Pa 膨胀到 10^5 Pa，试计算此过程的 ΔU、ΔH、ΔS、ΔA、ΔG。

解：因理想气体的 U 和 H 只与温度有关，故定温下有

$$\Delta U = 0$$
$$\Delta H = 0$$

$$\Delta S = nR\ln\frac{p_1}{p_2} = \left(1\times8.314\times\ln\frac{10^6}{10^5}\right) \text{J}\cdot\text{K}^{-1} = 19.14 \text{ J}\cdot\text{K}^{-1}$$

$$\Delta A = -\int_{V_1}^{V_2} pdV = -nRT\ln\frac{p_1}{p_2} = \left(-1\times8.314\times300\times\ln\frac{10^6}{10^5}\right) \text{J} = -5\,743 \text{ J}$$

$$\Delta G = \int_{p_1}^{p_2} Vdp = nRT\ln\frac{p_2}{p_1} = -5\,743 \text{ J}$$

2. 相变过程的 ΔA 和 ΔG 的计算

1）可逆相变过程

若是在定温、定压且无非体积功条件下进行的可逆相变，则正好符合 ΔG 作为判据的条件，故 $\Delta G = 0$，而

$$\Delta A = \int_{V_1}^{V_2} -pdV = -p\Delta V$$

当相变为凝聚相变为气相时，因为凝聚相的体积远小于气相的体积，所以可忽略不计，即

$$\Delta A = -p\Delta V = -p(V_{s(1)} - V_g) \approx -pV_g \tag{2-41}$$

若气相的气体可视为理想气体，则

$$\Delta A = pV_g = -nRT \tag{2-42}$$

2）不可逆相变过程

若相变是一不可逆相变，则应设计一个始态和终态相同的可逆过程来进行计算。现举例介绍。

例题 7 已知 25 ℃ 液体水的饱和蒸气压为 3 168 Pa。试计算 25 ℃ 及标准压强下的过冷水蒸气变成同温同压的液态水的 ΔG，并判断过程能否进行。

解： 这是一个不可逆相变，在始态、终态之间，可设计图 2-13 所示的可逆过程，则

$$\Delta G_1 = nRT\ln\frac{p_2}{p_1} = \left(1\times8.314\times298\times\ln\frac{3\ 168}{10^5}\right)\text{J} = -8\ 553\ \text{J}$$

$$\Delta G_2 = 0$$

$$\Delta G_3 = \int_{p_1}^{p_2} V_m(\text{l})\,\mathrm{d}p = V_m(\text{l})(p_2-p_1) = \left[18\times10^{-6}\times(10^5-3\ 168)\right]\text{J} = 1.74\ \text{J}$$

$$\Delta G = \Delta G_1 + \Delta G_2 + \Delta G_3 = (-8\ 553+0+1.74)\text{J} = -8\ 551\ \text{J} < 0$$

因为 $\Delta G < 0$，所以此过程可以进行。

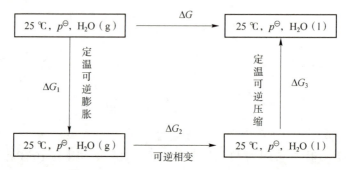

图 2-13 例题 7 图

由此例的计算可知，凝聚相（即液相或固相）定温改变压强的过程与气相的同类过程相比较，其 ΔG 是很小的，常常可以忽略不计。

3. 化学反应的 ΔG 的计算

对一定温定压的化学反应来说，求其反应的 $\Delta_r G_m^\ominus$，有以下几种方法。

（1）由 $\Delta_r H_m^\ominus$ 和 $\Delta_r S_m^\ominus$ 来计算：

$$\Delta_r G_m^\ominus = \Delta_r H_m^\ominus - T\Delta_r S_m^\ominus \tag{2-43}$$

$\Delta_r H_m^\ominus$ 的求算可以利用反应中各物质的标准摩尔生成焓或标准摩尔燃烧焓计算获得，$\Delta_r S_m^\ominus$ 的求算可以利用物质的标准摩尔规定熵计算获得。但要注意它们都是相同温度下的值。

例题 8 试计算下列反应在 25 ℃、标准压强下的 ΔG，并判断此反应在此条件下能否自发进行。

$$\text{H}_2\text{O}(\text{g}) + \text{CO}(\text{g}) \Longrightarrow \text{CO}_2(\text{g}) + \text{H}_2(\text{g})$$

解： 查相关资料可得 298 K 时的数据，如表 2-2 所示。

表 2-2 例题 8 表

物质	$\text{H}_2(\text{g})$	$\text{CO}_2(\text{g})$	$\text{H}_2\text{O}(\text{l})$	$\text{CO}(\text{g})$
$\Delta_f H_m^\ominus/(\text{kJ}\cdot\text{mol}^{-1})$	0	−393.5	−241.8	−110.5
$S_m^\ominus/(\text{J}\cdot\text{K}^{-1}\cdot\text{mol}^{-1})$	130.5	213.8	188.7	197.9

则

$$\Delta_r H_m^{\ominus} = [\Delta_f H_m^{\ominus}(CO_2,g) + \Delta_f H_m^{\ominus}(H_2,g)] - [\Delta_f H_m^{\ominus}(H_2O,g) + \Delta_f H_m^{\ominus}(CO,g)]$$

$$= [(-393.5+0) - (-241.8-110.5)] kJ \cdot mol^{-1} = -41.2 \ kJ \cdot mol^{-1}$$

$$\Delta_r S_m^{\ominus} = [S_m^{\ominus}(CO_2,g) + S_m^{\ominus}(H_2,g)] - [S_m^{\ominus}(H_2O,g) + S_m^{\ominus}(CO,g)]$$

$$= [(130.5+213.8) - (188.7+197.9)] J \cdot K^{-1} \cdot mol^{-1} = -42.3 \ J \cdot K^{-1} \cdot mol^{-1}$$

$$\Delta G = \Delta_r G_m^{\ominus} = \Delta_r H_m^{\ominus} - T\Delta_r S_m^{\ominus} = [-41\ 200 - 298 \times (-42.3)] J \cdot mol^{-1} = -2.86 \times 10^4 \ J \cdot mol^{-1}$$

因为 $\Delta G < 0$，所以此反应在此条件下可自发进行。

（2）由标准摩尔生成吉布斯函数 $\Delta_f G_m^{\ominus}$ 来计算：标准摩尔生成吉布斯函数是指在任意温度和标准态下，由稳定单质生成单位物质的量某化合物的化学反应的标准摩尔反应吉布斯函数 $\Delta_r G_m^{\ominus}$，就是该化合物的标准摩尔生成吉布斯函数，用符号 $\Delta_f G_m^{\ominus}$ 表示，其中下角标 f 表示"生成"。稳定单质的标准摩尔生成吉布斯函数等于零。计算式如下：

$$\Delta_r G_m^{\ominus} = \sum \nu_i \Delta_f G_m^{\ominus}(i) \tag{2-44}$$

式中，ν_i 是化学反应中物质的化学计量数。298 K 时 $\Delta_f G_m^{\ominus}$ 的数据可以从手册中查到，$\Delta_f G_m^{\ominus}$ 的详细讲解和 $\Delta_r G_m^{\ominus}$ 的进一步求算将在第4章介绍。

 拓展阅读

钻石恒久远，一颗永流传——钻石真的可以"恒久远"吗？

钻石是碳的同素异形体，是 C 以 sp^3 杂化形成的金刚石，它的原子排列在一个立方晶格中。钻石能不能"恒久远"就要看金刚石在常温下能不能向石墨转化，这可以应用吉布斯函数 $\Delta_r G_m^{\ominus}$ 判据来判断。

在 298 K、101 325 Pa 下有反应：

$$C(s,金刚石) \longrightarrow C(s,石墨)$$

该反应在此条件下的反应热为 $\Delta_r H_m^{\ominus} = -1.895 \ kJ \cdot mol^{-1}$，对应的反应熵变为 $\Delta_r S_m^{\ominus} = 3.363 \ J \cdot K^{-1} mol^{-1}$，则有

$$\Delta_r G_m^{\ominus} = \Delta_r H_m^{\ominus} - T\Delta_r S_m^{\ominus}$$

$$= (-1.895 \times 10^3 - 298 \times 3.363) kJ \cdot mol^{-1}$$

$$= -2.897 \ kJ \cdot mol^{-1}$$

因为 $\Delta_r G_m^{\ominus} < 0$，这说明常温常压下，金刚石会自发向石墨转化，所以，钻石并不能"恒久远"。

那么，在人类科学的时间尺度上，为什么一颗钻石几乎可以持续到永远？其原因是：受动力学的限制，常温常压下钻石向石墨的转化过程十分缓慢。但在实际工业生产中，人们更关心在什么条件下石墨能够转化为金刚石，即

$$C(s,石墨) \longrightarrow C(s,金刚石)$$

从18世纪后期起，人们就开始寻求这种转变途径，直至1955年，美国通用电气公司的科学家成功制造了第一颗人造金刚石。他们在 2 500 ℃、10 万个大气压下，并使用催化剂从石墨中获得了直径为 0.1~1 mm 的小颗粒金刚石。7 年后，他们又在 5 000 ℃、20 万个大气压下，不使用催化剂直接将石墨转化为了金刚石。那么，在常温下，需要加多大的压强才能将石墨转化为金刚石呢？

已知 298 K 下石墨向金刚石转化的 $\Delta_r G_m^{\ominus}=2\,866\ \text{J·mol}^{-1}$，金刚石的密度为 $3.513\ \text{g·cm}^{-3}$，石墨的密度为 $2.260\ \text{g·cm}^{-3}$。由偏微商关系式有

$$\left(\frac{\partial \Delta G}{\partial p}\right)_T=\left[\frac{\partial G_m(金刚石)}{\partial p}\right]_T-\left[\frac{\partial G_m(石墨)}{\partial p}\right]_T=V_m(金刚石)-V_m(石墨)$$

$$(\Delta G)_{p_2}-(\Delta G)_{p^{\ominus}}=\int_{p^{\ominus}}^{p_2}\left[V_m(金刚石)-V_m(石墨)\right]\mathrm{d}p$$

$(\Delta G)_{p_2}=0$ 时的压强是 p_2，是开始能实现石墨变成金刚石的转变压强。因此

$$\int_{p^{\ominus}}^{p_2}\left[V_m(金刚石)-V_m(石墨)\right]\mathrm{d}p=-(\Delta G)_{p^{\ominus}}$$

$$\int_{p^{\ominus}}^{p_2}\left(\frac{12.00}{3.513}-\frac{12.00}{2.260}\right)\times10^{-6}\mathrm{d}p=\left[-1.894\times10^{-6}(p_2-p^{\ominus})\right]$$

$$=-2\,866\ \text{J·mol}^{-1}$$

$$p_2=1.51\times10^9\ \text{Pa}$$

由此可知，在常温下，需要 1.5×10^9 Pa（约相当于大气压的 15 000 倍）的压强才可使石墨变成金刚石。

2.7 ΔG 随温度 T 的变化

核心内容

1. 吉布斯-亥姆霍兹方程的微分式

$$\left[\frac{\partial(\Delta_r G_m^{\ominus}/T)}{\partial T}\right]_p=-\frac{\Delta_r H_m^{\ominus}}{T^2}$$

2. 吉布斯-亥姆霍兹方程的不定积分式

$$\frac{\Delta_r G_m^{\ominus}}{T}=-\int\frac{\Delta_r H_m^{\ominus}}{T^2}\mathrm{d}T+I$$

3. 吉布斯-亥姆霍兹方程的定积分式

$$\frac{\Delta_r G_{m,2}^{\ominus}}{T_2}-\frac{\Delta_r G_{m,1}^{\ominus}}{T_1}=\Delta_r H_m^{\ominus}\left(\frac{1}{T_2}-\frac{1}{T_1}\right)$$

通常手册中只列出某一温度下（如 298 K）的物质的标准摩尔生成焓、标准摩尔规定熵、标准摩尔生成吉布斯函数等，利用这些数据只能求出该温度下反应的标准摩尔吉布斯函数的变化 $\Delta_r G_m^{\ominus}$（298 K）。为了能计算出其他温度下的 $\Delta_r G_m^{\ominus}$（T），必须要知道 $\Delta_r G_m^{\ominus}$（T）与 T 的关系。现推导如下。

设有一反应：

$$A \longrightarrow B$$

则该反应的 ΔG 可表示为

$$\Delta G = G_B - G_A$$

将上式在定压下对 T 求偏导得

$$\left[\frac{\partial(\Delta G)}{\partial T}\right]_p = \left(\frac{\partial G_B}{\partial T}\right)_p - \left(\frac{\partial G_A}{\partial T}\right)_p = -S_B - (-S_A) = -\Delta S \qquad (2\text{-}45)$$

将 $\Delta G = \Delta H - T\Delta S$ 代入上式，可得

$$\left[\frac{\partial(\Delta G)}{\partial T}\right]_p = \frac{\Delta G - \Delta H}{T} \qquad (2\text{-}46)$$

利用分数的微分式，在定压下求 $\dfrac{\Delta G}{T}$ 对 T 的偏微分，则有

$$\left[\frac{\partial(\Delta G/T)}{\partial T}\right]_p = \frac{1}{T}\left(\frac{\partial \Delta G}{\partial T}\right)_p - \frac{\Delta G}{T^2} \qquad (2\text{-}47)$$

将式(2-46)代入式(2-47)中得

$$\left[\frac{\partial(\Delta G/T)}{\partial T}\right]_p = -\frac{\Delta H}{T^2} \qquad (2\text{-}48)$$

当参加反应的物质以 1 mol 计，且均处于标准态时，则式(2-48)应为

$$\left[\frac{\partial(\Delta_r G_m^{\ominus}/T)}{\partial T}\right]_p = -\frac{\Delta_r H_m^{\ominus}}{T^2} \qquad (2\text{-}49)$$

对其作不定积分得

$$\frac{\Delta_r G_m^{\ominus}}{T} = -\int \frac{\Delta_r H_m^{\ominus}}{T^2}dT + I \qquad (2\text{-}50)$$

当温度变化范围不大时，$\Delta_r H_m^{\ominus}$ 可近似为常数，对式(2-49)作定积分可得

$$\frac{\Delta_r G_{m,2}^{\ominus}}{T_2} - \frac{\Delta_r G_{m,1}^{\ominus}}{T_1} = \Delta_r H_m^{\ominus}\left(\frac{1}{T_2} - \frac{1}{T_1}\right) \qquad (2\text{-}51)$$

式(2-49)~式(2-51)称为吉布斯-亥姆霍兹方程，即吉布斯-亥姆霍兹方程的 3 种不同形式，通过该方程，如果已知反应的 $\Delta_r H_m^{\ominus}$ 及温度 T_1 下的 $\Delta_r G_m^{\ominus}(T_1)$，便可求得另一温度 T_2 下的 $\Delta_r G_m^{\ominus}(T_2)$。

　　例题 9　对于反应：

$$2SO_3(g,p^{\ominus}) \Longrightarrow 2SO_2(g,p^{\ominus}) + O_2(g,p^{\ominus})$$

在 25 ℃时，$\Delta_r G_m^{\ominus} = 1.400\ 0 \times 10^5 J \cdot mol^{-1}$，已知反应的 $\Delta_r H_m^{\ominus} = 1.965\ 6 \times 10^5 J \cdot mol^{-1}$，且不随温度而变化，求反应在 600 ℃进行时的 $\Delta_r G_m^{\ominus}$（873 K）。

　　解：根据式(2-48)有

$$\left[\frac{\partial(\Delta G/T)}{\partial T}\right]_p = -\frac{\Delta H}{T^2}$$

则

$$\frac{\Delta_r G_{m,2}^{\ominus}}{T_2} - \frac{\Delta_r G_{m,1}^{\ominus}}{T_1} = \Delta_r H_m^{\ominus}\left(\frac{1}{T_2} - \frac{1}{T_1}\right)$$

$$\Delta_r G_m^{\ominus}(873\ \text{K}) = \left[873 \times \left(\frac{1.400\ 0 \times 10^5}{298} + 1.965\ 6 \times 10^5 \times \frac{298 - 873}{873 \times 298} \right) \right] \text{J} \cdot \text{mol}^{-1} = 3.090 \times 10^4\ \text{J} \cdot \text{mol}^{-1}$$

思考题

1. 什么是自发过程？不可逆过程一定是自发过程吗？

2. 可逆过程的热温商与熵变是否相等，为什么？不可逆过程的热温商与熵变是否相等？

3. 以下这些说法的错误在哪里？为什么会产生这样的错误？写出正确的说法。

（1）因为 $\Delta S = Q_r/T$，所以只有可逆过程才有熵变；而 $\Delta S > Q_{ir}/T$，所以不可逆过程只有热温商，但是没有熵变。

（2）因为 $\Delta S > Q_{ir}/T$，所以体系由始态 A 经不同的不可逆过程到达终态 B，其熵的变值各不相同。

（3）因为 $\Delta S = Q_r/T$，所以只要始、终态一定，过程的热温商的值就是一定的，因而 ΔS 是一定的。

4. 263 K 的过冷水结成 263 K 的冰，$\Delta S < 0$，与熵增加原理相矛盾吗？为什么？

5. "压强为 p、温度 298 K 的过冷的水蒸气变成 298 K 的水所放的热为 Q_p，$Q_p = \Delta H$，而 ΔH 只取决于始、终态而与定压过程的可逆与否无关，因而便可用该相变过程的热 Q_p，根据 $\Delta S = Q_p/T$（T 为 298 K）来计算体系的熵变。"这种看法是否正确？为什么？

6. 如有一化学反应其定压反应热为 $\Delta H < 0$，则该反应发生时一定放热，且 $\Delta S < 0$，这种说法对吗？为什么？

7. 试判断下述定温定压过程的 ΔS 是大于零、小于零还是等于零。

（1）$NH_4NO_3(s)$ 溶于水；

（2）$Ag^+(aq) + 2NH_3(g) \longrightarrow Ag(NH_3)_2^+$；

（3）$2KClO_3(s) \longrightarrow KCl(s) + 3O_2(g)$；

（4）$Zn(s) + H_2SO_4(aq) \longrightarrow ZnSO_4(aq) + H_2(g)$。

8. 对于 $\Delta H > 0$，$\Delta S > 0$ 而在常温下不能自发进行的反应，改变温度能否使反应自发进行？为什么？

9. 为什么 $dU = TdS - pdV$ 适用于单组分均相封闭体系的任何过程？这是否意味着对这种简单的热力学体系的任何过程，TdS 及 pdV 都分别代表热与功呢？

10. 理想气体在定温膨胀过程中，$\Delta U = 0$，$Q = W$，在膨胀过程中所吸收的热全部变为功，这是否违反热力学第二定律？为什么？

11. 熵反映物质内分子的混乱度，则凡是能增大混乱度的过程，如气体的混合、两种液态金属的混合、某种元素在金属中的扩散等，都是熵值增大的过程。试分析下面哪一种物体的熵值更大。

（1）在室温下的纯铁和碳钢；

（2）1 000 ℃ 下的铁和 1 600 ℃ 的铁水；

（3）同一温度、同一金属，一个结晶完整，一个结晶有缺陷（如空位，位错等）；

（4）齿轮进行渗碳前、后，在同一温度下比较。

12. $dU=TdS-pdV$。设体系是理想气体，温度不变，从 p_1 自由膨胀到 p_2，则 $dU=0$，$pdV=0$，$dS=0$，这个结论是否正确？

13. 水在 1 个大气压、0 ℃下转变为冰的过程可看成是定温定压的，此过程中 ΔG 是否为零？为什么？

14. 说明下列各式适用的条件：

（1）$\Delta G=\Delta H-T\Delta S$（定温定压过程）；

（2）$dG=-SdT+Vdp$（无非体积功、双变量封闭体系）；

（3）$G=G^{\ominus}+RT\ln p$（理想气体定温过程）；

（4）$\Delta G=W_f$（定温定压、可逆过程）。

15. 指出在什么过程中或在什么条件下，有以下情况：

（1）$\Delta U=0$；（2）$\Delta H=0$；（3）$\Delta A=0$；（4）$\Delta G=0$；（5）$\Delta S=0$。

16. 在孤立体系（或绝热体系）中，相同的始态和终态之间，可逆过程 $\Delta S=0$，不可逆过程 $\Delta S>0$，这种说法对吗？为什么？

17. $\Delta G=\Delta H-T\Delta S$。对于相变过程，式中哪一项是可逆热？哪一项是不可逆热？

18. 试判断下列过程中系统的熵变大于零还是小于零。

（1）水蒸气冷凝成水；

（2）乙烯聚合成聚乙烯；

（3）墨水在水中扩散；

（4）气体在催化剂表面上吸附；

（5）$CaCO_3(s)\longrightarrow CaO(s)+CO_2(g)$。

19. 一理想气体系统自某一始态出发，分别进行可逆的定温膨胀和不可逆的定温膨胀，能否达到同一终态？若自某一始态出发，分别进行可逆的绝热膨胀和不可逆的绝热膨胀，能否达到同一终态，为什么？

20. 试指出在下述过程中，系统的 ΔU、ΔH、ΔS、ΔA、ΔG 哪些为零。

（1）非理想气体卡诺循环；

（2）H_2 和 O_2 在绝热的定容容器中反应生成 H_2O；

（3）液态水在 100 ℃及标准压强下蒸发成水蒸气。

21. 100 ℃及标准压强下的 1 mol 水与 100 ℃的定温热源相接触，使它向真空器皿蒸发，完全变作 100 ℃及标准压强下的水蒸气，该过程的 ΔG 为多少？该过程是不是定温定压过程？能否用 ΔG 之值判断其自发与否及是否平衡？

22. 判断下列过程的 Q、W、ΔU、ΔH、ΔS、ΔA、ΔG 的值是大于零、小于零、等于零，还是不能确定。

（1）理想气体从 V_1 自由膨胀变到 V_2；

（2）如图 2-14 所示，在绝热定容器皿中，两种理想气体混合，以器皿内的全部气体为系统。

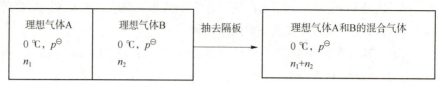

图 2-14　两种理想气体混合

23. 试判断下列变化中，系统的 ΔS、ΔA、ΔG 是大于零、小于零、等于零，还是不能确定。

(1) 在 100 ℃ 及标准压强下，水变为水蒸气；

(2) 在绝热定容器皿中，两种温度不同的理想气体混合，以器皿内的全部气体为系统。

习　题

1. 在 0 ℃、0.5 MPa 下，体积为 2 dm³ 的 $N_2(g)$，在外压 0.1 MPa 下定温膨胀，直至 N_2 的压强等于 0.1 MPa，求过程的 Q、W、ΔU、ΔH、ΔS、ΔG 和 ΔA。假设 N_2 服从理想气体状态方程。

2. 4 g Ar（可视为理想气体，其摩尔质量 $M(\text{Ar}) = 39.95\ \text{g·mol}^{-1}$）在 300 K 时，压强为 506.6 kPa，今在定温下反抗 202.6 kPa 的恒定外压进行膨胀。试分别求下列两种过程的 Q、W、ΔU、ΔH、ΔS、ΔA 和 ΔG。

(1) 若变化为可逆过程；

(2) 若变化为不可逆过程。

3. 在 298 K 时，将 1 mol 的理想气体 O_2 从 101.325 kPa 定温可逆地压缩到 6×101.325 kPa，求过程 Q、W、ΔU、ΔH、ΔS、ΔA、ΔG。

4. 1 mol 单原子理想气体从 273 K、22.4 dm³ 的始态变到 202.65 kPa、303 K 的末态，已知气体的 $C_{V,m} = 12.47\ \text{J·mol·K}^{-1}$，求此过程的 ΔU、ΔH、ΔS。

5. 298 K、101.325 kPa 下 1 mol 过冷水蒸气变为 298 K、101.325 kPa 的液态水，求此过程的 ΔS、ΔG。已知 298 K 下的水的饱和蒸气压为 3.167 kPa，水的汽化热为 2 217 J·g⁻¹，水的定压摩尔热容为 75.295 J·K⁻¹·mol⁻¹，水蒸气的定压摩尔热容为 33.577 J·K⁻¹·mol⁻¹。

6. 2.5 mol 理想气体氮在 127 ℃ 时压强为 5×10^5 Pa，今在定温且外压恒定为 10^6 Pa 下进行压缩。计算此过程的 Q、W、ΔU、ΔH、ΔS、ΔA、ΔG。

7. 求在 100 ℃、标准压强下的 1 mol 水蒸发为 100 ℃、5×10^6 Pa 的水蒸气的 ΔA，ΔG。（设水蒸气为理想气体）

8. 在 263 K 和 $p^{\ominus}$ 下，1 mol 过冷水凝固为冰，求过程中体系熵变 ΔS。已知水在 273 K 时的凝固热 $\Delta_r H_m^{\ominus} = -6\ 004\ \text{J·mol}^{-1}$，水的 $C_{p,m} = 75.3\ \text{J·K}^{-1}·\text{mol}^{-1}$，冰的 $C_{p,m} = 36.8\ \text{J·K}^{-1}·\text{mol}^{-1}$。

9. 某热处理车间对质量为 75 g，温度为 427 ℃ 的铁制铸件，浸入 20 ℃ 的 300 g 油中进行淬火。已知铸件的定压比热容为 $C_{铸件} = 0.502\ \text{J·K}^{-1}·\text{g}^{-1}$，油的定压比热容为 $C_{油} = 2.51\ \text{J·K}^{-1}·\text{g}^{-1}$，并设无热量传给外界，求：(1) 铸件的熵变；(2) 油的熵变；(3) 整

个孤立体系的熵变。

10. 在 -10 ℃下，1 mol 固体苯的蒸气压为 2 280 Pa，-10 ℃过冷液体苯在凝固时的 $\Delta S_m = -36.6$ J·K^{-1}·mol^{-1}，放热 9 940 J·mol^{-1}，试求 -10 ℃液体苯的饱和蒸气压。

11. 已知水在 100 ℃及标准压强下蒸发热为 2 259 J·g^{-1}，求在 100 ℃、标准压强下，1 mol 的水蒸发为 100 ℃、$5×10^4$ Pa 的水蒸气之 ΔU、ΔH、ΔS、ΔA、ΔG。（设水蒸气为理想气体）

12. 将 1 g 0 ℃的冰加入 10 g 沸水中，求最后的温度及此过程的 ΔS。已知冰的熔化潜热是 335 J·g^{-1}，水的比热容是 4.184 J·K^{-1}·g^{-1}。

13. 试求标准压强下，1 mol 的 -5 ℃的过冷液体苯变为固体苯的 ΔS。已知苯的正常凝固点为 5 ℃，在凝固点时熔化热 $\Delta_{fus}H_m^{\ominus} = 9\ 940$ J·mol^{-1}，液体苯和固体苯的平均定压摩尔热容分别为 127 J·K^{-1}·mol^{-1} 和 123 J·K^{-1}·mol^{-1}。

14. 在 -5 ℃时，过冷液体苯的蒸气压为 2 632 Pa，而固体苯的蒸气压为 2 280 Pa。已知 1 mol 过冷液体苯在 -5 ℃凝固时，$\Delta S_m = -35.65$ J·K^{-1}·mol^{-1}，气体为理想气体，求该凝固过程的 ΔG 及 ΔH。

15. 1 mol 某理想气体 $C_{p,m} = 29.36$ J·K^{-1}·mol^{-1}，在绝热条件下，由 273 K，100 kPa 膨胀到 203 K，10 kPa，求该过程的 Q，W，ΔH、ΔS。

16. 将 1 kg 的 -10 ℃的雪，投入一盛有 5 kg 的 30 ℃水的绝热容器中，以雪和水作为系统，试计算此过程系统的 ΔS。已知水的比热容是 4.184 J·K^{-1}·g^{-1}，冰的比热容是 2.092 J·K^{-1}·g^{-1}，0 ℃时冰的熔化焓 $\Delta_{fus}H^{\ominus} = 334.72$ J·g^{-1}。

17. 试计算 -10 ℃、$p^{\ominus}$ 下的过冷 C_6H_6（l）变成同温同压的 C_6H_6（s）这一过程的 ΔG，并判断该过程是否为自发过程。（过冷液体苯的蒸气压为 2 632 Pa，固体苯的蒸气压为 2 280 Pa）

18. 已知 Hg（s）的熔点为 -39 ℃，熔化焓为 2 343 J·g^{-1}，$C_{p,m}$（Hg,l）=（29.7 - 0.006 7T）J·K^{-1}·mol^{-1}，$C_{p,m}$（Hg,s）= 26.78 J·K^{-1}·mol^{-1}，试设计一可逆过程求 50 ℃的 Hg（l）和 -50 ℃的 Hg（s）的摩尔熵之差值 ΔS_m。（Hg 的相对原子质量为 200.6）

19. 试计算 -10 ℃、标准压强下，1 mol 的过冷水变成冰这一过程的 ΔS，并与实际过程的热温商比较以判断此过程能否自发进行。已知水和冰的比热容分别为 4.184 J·K^{-1}·g^{-1} 和 2.092 J·K^{-1}·g^{-1}，0 ℃时冰的熔化焓 $\Delta_{fus}H^{\ominus} = 334.72$ J·g^{-1}。

第3章 多组分系统热力学

在热力学第一定律、第二定律中讨论的系统一般是只含有一种纯物质的单相系统，也被称为均相系统。而由两种或两种以上物质（或称为组分）所形成的系统称为多组分系统。在实际工作与生活中所遇到的大多都是多组分系统。多组分系统可以是均相的，也可以是多相的。多组分均相系统是指各组分物质在分子尺度上相互均匀混合的系统。混合物和溶液都是多组分均相系统。

混合物是指含有一种以上组分的系统，它可以是气相、液相或固相，是多组分的均相系统。在热力学上，对组成混合物的任何组分均可按相同的方法进行处理，不需要区分是哪一种组分，可以任选其中一种组分作为研究对象。溶液是指含有一种以上组分的液体相或固体相（简称液相和固相，但其中不包含气体相），通常将其中一种含量多的组分称为溶剂，而将其余含量较少的组分称为溶质。在热力学上将溶剂和溶质按不同的方法来处理，如溶剂遵守拉乌尔定律，溶质遵守亨利定律。若溶质的含量很少，即溶质摩尔分数的总和远小于1，则称这种溶液为稀溶液。也可以说有溶剂、溶质之分者称为溶液，无溶剂、溶质之分者称为混合物。因此多组分的气相只能称为混合物。其实，从本质上来讲，它们并没有什么不同，它们都是由多种组分的物质以分子形式混合在一起而形成的均相系统。

按聚集状态不同，混合物可分为气态混合物（混合气体）、液态混合物和固态混合物。溶液也分为液态溶液和固态溶液（固熔体）。本章只讲液态混合物和液态溶液，但处理问题的方法对固态混合物和固态溶液也是适用的。按导电性能不同，溶液又可分为电解质溶液和非电解质溶液，本章所讲的多组分系统溶液均为非电解质溶液。

3.1 溶液组成的表示方法

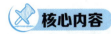

> **1. 摩尔分数**
> 液相和固相的摩尔分数用 x_B 表示，气相的用 y_B 表示，有
> $$x_B(y_B) = \frac{n_B}{n_1 + n_2 + \cdots + n_k}$$
> **2. 溶质的质量摩尔浓度**
> $$m_B = \frac{n_B}{m_A}$$

对于多组分系统，除温度、压强外，组成也是系统的重要基本性质。因此，描述多组分系统的状态时，除了标明压强与温度，还要标明各组分的浓度（即相对含量）。对于混合物中任一组分 B 的浓度，常用以下几种方法来表示。

1. 摩尔分数

液相和固相的摩尔分数用 x_B 表示，气相的用 y_B 表示，定义为 B 的物质的量 n_B 与混合物或溶液的总物质的量 n 之比，量纲为 1，即

$$x_B(y_B) = \frac{n_B}{n_1 + n_2 + \cdots + n_k}$$

2. 质量分数

质量分数：物质 B 的质量 m_B 与混合物各组分质量总和之比，量纲为 1，即

$$\omega_B = \frac{m_B}{m_1 + m_2 + \cdots + m_k}$$

3. 溶质的物质的量浓度（体积摩尔浓度）

溶质的物质的量浓度：溶质 B 的物质的量 n_B 与混合物的体积 V 之比，即

$$c_B = \frac{n_B}{V}$$

4. 溶质的质量摩尔浓度

溶质的质量摩尔浓度：溶质 B 的物质的量 n_B 与溶剂的质量 m_A 之比，即

$$m_B = \frac{n_B}{m_A}$$

无限稀的溶液存在下述关系：

$$c_B = \frac{\rho}{M_A} \cdot x_B, \quad m_B = \frac{1}{M_A} \cdot x_B, \quad [\%B] = \frac{100 M_B}{M_A} \cdot x_B$$

式中，M_A 为溶剂 A 的摩尔质量；M_B 为溶质 B 的摩尔质量；ρ 为溶液的密度；$[\%B]$ 为百倍质量分数，$[\%B] = \omega_B \times 100$。

3.2 偏摩尔量

1. 偏摩尔量的定义

定温定压下，在除 B 的物质的量 n_B 之外的其他组分的物质的量都保持不变的情况下 Z 随 n_B 的变化率，即

$$Z_B = \left(\frac{\partial Z}{\partial n_B}\right)_{T,p,n_{j(j\neq B)}}$$

2. 偏摩尔量的加和公式

对于多组分均相系统，系统的各广度性质的值等于各组分偏摩尔量与其物质的量的乘积之和，即

$$Z = \sum_{B=1}^{N} n_B Z_B$$

前面的章节中讨论的主要是单组分系统或是组成不变的系统，只用温度和压强两个变量就可以描述系统的状态。而对于混合物和溶液这样的多组分系统，因为组成系统的物质不止一种，所以物质 B 的物质的量 n_B 也是决定系统状态的变量。由高中化学知识可知，在 25 ℃ 和 100 kPa 时，1 mol 水的体积是 18.09 cm^3，1 mol 乙醇的体积是 58.35 cm^3，将它们混合后溶液的体积是 74.40 cm^3，并不是各组分在纯态时的体积之和 76.44 cm^3。体积是这样，其他广度性质也存在相似情况。因此，对于由两种及两种以上物质构成的均相系统，需要引入新的物理量来代替描述纯物质所用的摩尔量。

3.2.1 偏摩尔量的定义

对于一个多组分系统，其任一种容量性质 Z（如 V、G、S、U、H 等），除与温度、压强有关外，还与系统中各组分的数量即物质的量 n_1，n_2，$\cdots$，n_k 有关，即

$$Z = f(T, p, n_1, n_2, \cdots, n_k)$$

当系统的温度、压强和组成发生微小变化时，则 Z 也将发生相应的变化，则有

$$dZ = \left(\frac{\partial Z}{\partial T}\right)_{p,n_1,n_2,\cdots,n_k} dT + \left(\frac{\partial Z}{\partial p}\right)_{T,n_1,n_2,\cdots,n_k} dp + \left(\frac{\partial Z}{\partial n_1}\right)_{T,p,n_2,n_3,\cdots,n_k} dn_1 + \left(\frac{\partial Z}{\partial n_2}\right)_{T,p,n_1,n_3,\cdots,n_k} dn_2 + \cdots + \left(\frac{\partial Z}{\partial n_k}\right)_{T,p,n_1,n_2,\cdots,n_{k-1}} dn_k$$

$$(3-1)$$

在定温定压下，$dT = 0$，$dp = 0$，则有

$$dZ = \left(\frac{\partial Z}{\partial n_1}\right)_{T,p,n_2,n_3,\cdots,n_k} dn_1 + \left(\frac{\partial Z}{\partial n_2}\right)_{T,p,n_1,n_3,\cdots,n_k} dn_2 + \cdots + \left(\frac{\partial Z}{\partial n_k}\right)_{T,p,n_1,n_2,\cdots,n_{k-1}} dn_k$$

令

$$Z_B = \left(\frac{\partial Z}{\partial n_B}\right)_{T,p,n_{j(j\neq B)}}$$

$$(3-2)$$

Z_B 称为偏摩尔量，则式（3-1）在定温定压下可写为

$$dZ = \sum Z_B dn_B$$

偏摩尔量 Z_B 的物理意义是在定温定压下，在除 B 的物质的量 n_B 之外的其他组分的物质的量都保持不变的情况下 Z 随 n_B 的变化率。常见的容量性质有 V、U、H、S、A、G，它们相应的偏摩尔量分别为偏摩尔体积 V_B、偏摩尔热力学能 U_B、偏摩尔焓 H_B、偏摩尔熵 S_B、偏摩尔亥姆赫兹自由能 A_B 和偏摩尔吉布斯自由能 G_B 等，它们相应的定义式为

$$V_B = \left(\frac{\partial V}{\partial n_B}\right)_{T,p,n_j \neq B}, U_B = \left(\frac{\partial U}{\partial n_B}\right)_{T,p,n_j \neq B}, H_B = \left(\frac{\partial H}{\partial n_B}\right)_{T,p,n_j \neq B}$$

$$S_B = \left(\frac{\partial S}{\partial n_B}\right)_{T,p,n_j \neq B}, A_B = \left(\frac{\partial A}{\partial n_B}\right)_{T,p,n_j \neq B}, G_B = \left(\frac{\partial G}{\partial n_B}\right)_{T,p,n_j \neq B}$$

使用偏摩尔量时必须注意以下几点：

（1）只有系统的容量性质才有偏摩尔量，偏摩尔量是系统容量性质与物质的量的比值，因而 Z_B 是强度性质；

（2）只有在 T、p 不变，以及除 i 之外其他物质的物质的量也保持不变的情况下 Z 对 n_i 的偏微商才称为偏摩尔量；

（3）偏摩尔量是 T、p 及系统组成的函数；

（4）对于纯物质，$Z_B = Z_m^*$；

（5）偏摩尔量仅对均相系统中某物质 i 而言，没有整个系统的偏摩尔量 Z_i；对于多组分多相系统来说，每一相中各组分均存在 Z_i。

3.2.2 偏摩尔量的加和公式

由前述可知，偏摩尔量是强度性质，与混合物的总量无关。根据偏摩尔量定义及式（3-2）可知，在定温定压条件下，有

$$dZ = Z_1 dn_1 + Z_2 dn_2 + \cdots$$

$$dZ = \sum_{B=1}^{n} Z_B dn_B$$

若按照系统中原有组成的比例同时可逆地改变各组分的量，即组成保持不变，则 Z_1、Z_2、$Z_3 \cdots$ 保持不变，所以在过程中系统的浓度保持不变，因此各组分的偏摩尔量 Z 的数值也不改变。积分上式得

$$Z = \sum_{B=1}^{N} n_B Z_B \tag{3-3}$$

即对于多组分均相系统，系统的各广度性质的值等于各组分偏摩尔量与其物质的量的乘积的和。这个公式说明了系统中各广度性质的总值与各组分偏摩尔量之间的关系。以体积 V 为例，如溶液中只有溶剂 A 和溶质 B 两种组元，则有

$$V = n_A V_A + n_B V_B \tag{3-4}$$

对于系统的其他容量性质 U、H、S、A 和 G 也是同样适用，即

$$V = \sum_{B=1}^{N} n_B V_B, \quad U = \sum_{B=1}^{N} n_B U_B, \quad H = \sum_{B=1}^{N} n_B H_B$$

$$S = \sum_{B=1}^{N} n_B S_B, \quad A = \sum_{B=1}^{N} n_B A_B, \quad G = \sum_{B=1}^{N} n_B G_B$$

3.3 拉乌尔定律和亨利定律

 **核心内容**

1. 拉乌尔定律

法国科学家拉乌尔发现，在一定温度下，稀溶液溶剂的蒸气压等于纯溶剂在该温度时的饱和蒸气压乘以溶液中溶剂的摩尔分数，这就是拉乌尔定律。其公式为 $p_A = p_A^* x_A$。

2. 亨利定律

亨利定律是英国化学家亨利根据试验结果总结出来的有关稀溶液中的溶质的基本定律，该定律表述为：一定温度下气体在液态溶剂中的溶解度与该气体的压强成正比，数学表达式为

$$p_B = k_{x,B} x_B, \quad p_B = k_{c,B} c_B, \quad p_B = k_{m,B} m_B$$

式中，$k_{x,B}$、$k_{c,B}$ 和 $k_{m,B}$ 分别是溶质采用不同的浓度表示方法时的亨利系数，它与温度、压强和溶质的性质有关。

拉乌尔定律和亨利定律均为物理化学的基本定律，二者是溶液热力学研究的基础，对相平衡和溶液的热力学函数的研究起指导作用。

3.3.1 拉乌尔定律

拉乌尔定律是法国科学家拉乌尔在 1887 年根据前人及自己的实验结果总结得到的。该定律可表述为：在一定温度下，稀溶液溶剂的蒸气压等于纯溶剂在该温度时的饱和蒸气压乘以溶液中溶剂的摩尔分数。用公式表示为

$$p_A = p_A^* x_A \tag{3-5}$$

若是由 A 和 B 组成的双组分溶液，因为 $x_A + x_B = 1$，则有

$$p_A = p_A^*(1 - x_B)$$

$$\frac{p_A^* - p_A}{p_A^*} = x_B \tag{3-6}$$

上式表明稀溶液中溶剂蒸气压的降低值与纯溶剂的饱和蒸气压的比值等于溶质的摩尔分数，这是拉乌尔定律的另一种形式。式中的 x_B 只是表明溶质的多少，跟溶质的性质无关。

拉乌尔定律是稀溶液的最基本的经验定律之一，后面要学习的稀溶液的其他依数性（凝固点降低、沸点升高和渗透压）都是由溶剂蒸气压的下降引起的。

此外，使用拉乌尔定律时必须注意，该定律是用来计算稀溶液中溶剂的蒸气压的。溶剂在气液两相中必须具有相同的分子状态。

3.3.2　亨利定律

亨利定律是由英国化学家亨利在 1803 年根据试验结果总结出来的另一条有关稀溶液的基本定律，该定律的文字表述为：一定温度下气体在液态溶剂中的溶解度与该气体的压强成正比。这一定律对于稀溶液中挥发性溶质也同样适用。

一般来说，气体在溶剂中的溶解度很小，所形成的溶液属于稀溶液范围。气体 B 溶解到溶剂 A 中后，溶液的组成无论是用 B 的摩尔分数 x_B、物质的量浓度 c_B 还是质量摩尔浓度 m_B 等表示，均与气体溶质 B 的压强近似成正比。

用数学式可表示为

$$p_B = k_{x,B} x_B$$
$$p_B = k_{c,B} c_B$$
$$p_B = k_{m,B} m_B$$

式中，$k_{x,B}$、$k_{c,B}$ 和 $k_{m,B}$ 分别是溶质采用不同的浓度表示方法时的亨利系数，它与温度、压强和溶质的性质有关。此外，对同一系统，当使用不同的组成标度时，亨利系数的单位不同，其数值也不一样。在应用中，要注意手册中亨利系数的单位，以免出现不必要的错误。

亨利定律对于科学研究、日常生活、工业生产等都有重要的指导作用。如在夏天，有些不合格的啤酒瓶将发生爆炸事故。这是因为汽水瓶、啤酒瓶等需达到一定的耐压强度要求。根据亨利定律，挥发性溶质 CO_2 溶解得越多，瓶内 CO_2 蒸气压越大，而且夏天比其他季节温度高，导致溶质 CO_2 的亨利系数显著变大，即使是 CO_2 含量不变，瓶内 CO_2 气体压强显著增大，如果汽水瓶或啤酒瓶质量不合格，就会发生爆炸事故。航天员从太空返回地球时，在安全出舱前要先吸氧排氮后进入低压舱也是同一原理。

使用亨利定律时溶质 B 在气液两相中必须具有相同的分子状态。如 HCl 溶于水中就不能应用亨利定律，因为在气相中是 HCl 分子，而在水溶液中 HCl 变为 H^+ 和 Cl^-，气液中的分子状态不一样了。升高温度或降低分压使难溶性气体在溶剂中的溶解度下降，溶液浓度更稀，将更符合亨利定律。

若有几种气体同时溶于同一溶剂中形成稀溶液，则每种气体的平衡分压与其溶解度关系均分别适用亨利定律。空气中的 N_2 和 O_2 在水中的溶解就是这样的例子。表 3-1 给出了25 ℃时一些气体在水和苯中的亨利系数。

表 3-1　25 ℃时一些气体在水和苯中的亨利系数

气体	H_2	N_2	O_2	CO	CO_2	CH_4	C_2H_2	C_2H_4	C_2H_6
溶剂为水的 $k_x/(\times 10^9\ Pa)$	7.2	8.68	4.4	5.79	0.166	4.18	0.135	1.16	3.07
溶剂为苯的 $k_x/(\times 10^9\ Pa)$	0.367	0.239	—	0.163	0.114	0.056	—	—	—

例题 1　质量分数 $\omega_B = 0.03$ 的乙醇（CH_3CH_2OH）水溶液在外压为 101 325 Pa 时的沸点为 97.11 ℃，该温度下 $p^*(H_2O) = 91\ 294\ Pa$。求当 $x'_B = 0.015$ 的乙醇水溶液在 97.11 ℃ 时的蒸气压及与上述溶液平衡的蒸气的组成 y_B。

解：取 100 g 溶液作为计算基准，由已知条件：

$$x_B = (3 \text{ g}/46 \text{ g} \cdot \text{mol}^{-1})/[(100-3)\text{g}/18 \text{ g} \cdot \text{mol}^{-1}] = 0.012$$

$$x_A = 1-x_B = 0.988$$

$$k_{x,B} = (p-p_A^* x_A)/x_B = (101\,325-91\,294\times0.988)\text{Pa}/0.012$$

$$= 9.3\times10^5 \text{ Pa}$$

对 $x_B' = 0.015$ 的溶液，$x_A' = 1-0.015 = 0.985$，则

$$p = p_A^* x_A' + k_{x,B} x_B' = 91\,294 \text{ Pa}\times0.985+9.3\times10^5 \text{ Pa}\times0.015$$

$$= 1.04\times10^5 \text{ Pa}$$

又 $p_B = k_{x,B} x_B' = py_B$，所以

$$y_B = k_{x,B} x_B'/p = 9.3\times10^5 \text{ Pa}\times0.015/(1.04\times10^5 \text{ Pa}) = 0.13$$

3.3.3 拉乌尔定律与亨利定律的比较

拉乌尔定律和亨利定律都是关于溶液的经验定律，二者的相同点是都必须用于平衡系统，计算各组分的组成时要求该组分在平衡液相中的分子结构与在平衡气相中的一致。

经过比较，这两个定律主要有以下不同点。

（1）二者的研究对象不同：拉乌尔定律适用于稀溶液的溶剂，亨利定律适用于稀溶液的溶质。

（2）二者数学表达式中有关组分的组成表示方法不同：拉乌尔定律的公式中组分的组成只能用摩尔分数表示，而亨利公式中的组成可以以摩尔分数、质量摩尔浓度和物质的量浓度等表示。

（3）二者数学表达式的比例系数不同：拉乌尔定律中的比例系数只是纯溶剂的性质，其单位为 Pa，而亨利定律中的比例系数 k 与 T、p、溶剂及溶质的性质有关，其单位与组成表示方法有关。

3.4 理想液态混合物的化学势与性质

 核心内容

1. 理想液态混合物

在一定的 T、p 条件下，若液态混合物的任一组分在全部浓度范围内均严格遵守拉乌尔定律，则称为理想液态混合物。

2. 理想液态混合物中任一组分的化学势

在一定温度下，理想液态混合物中任一组分的化学势可表示为

$$\mu_B(1) = \mu_B^{\ominus}(1) + RT\ln x_B$$

使用上式时忽略压强对液体体积的影响，认为 $\mu_B^*(1,T,p) = \mu_B^{\ominus}(1,T,p^{\ominus}) = \mu_B^{\ominus}(1,T)$。

3. 理想液态混合物的性质

（1）混合前后无体积效应，$\Delta_{mix}V = 0$；

（2）无混合热效应，即 $\Delta_{mix}H = 0$；

（3）混合过程为熵增大过程，即 $\Delta_{\text{mix}}S>0$；

（4）混合过程是吉布斯函数减小的过程，即 $\Delta_{\text{mix}}G<0$。

3.4.1 理想液态混合物中任一组分的化学势

在一定的 T、p 条件下，若液态混合物的任一组分在全部浓度范围内均严格遵守拉乌尔定律，则被称为理想液态混合物。由拉乌尔定律可以得出理想液态混合物中任一组分 B 的蒸气分压为

$$p_{\text{B}}=p_{\text{B}}^{*}x_{\text{B}} \quad (0<x_{\text{B}}<1)$$

若在一定温度、压强下，理想液态混合物建立气、液平衡，则蒸气可作为理想气体。设组分 B 在平衡液相及平衡气相的组成分别为 x_{B} 和 y_{B}，用 x_{C} 和 y_{C} 分别表示液相及气相除 B 外其他物质组成，且 $x_{\text{B}}+x_{\text{C}}=1$，$y_{\text{B}}+y_{\text{C}}=1$，则可有平衡：

$$B(\text{mix},T,p,x_{\text{C}})\Longleftrightarrow B(\text{g},T,p,y_{\text{C}})$$

根据相平衡条件有

$$\mu_{\text{B}}(\text{mix},T,p,x_{\text{C}})=\mu_{\text{B}}(\text{g},T,p,y_{\text{C}})$$

而

$$\mu_{\text{B}}(\text{g},T,p,y_{\text{C}})=\mu_{\text{B}}^{\ominus}(\text{g},T)+RT\ln(p_{\text{B}}/p^{\ominus})=\mu_{\text{B}}^{\ominus}(\text{g},T)+RT\ln(p_{\text{B}}^{*}x_{\text{B}}/p^{\ominus})$$

$$=\mu_{\text{B}}^{\ominus}(\text{g},T)+RT\ln(p_{\text{B}}^{*}/p^{\ominus})+RT\ln x_{\text{B}}$$

令 $\mu_{\text{B}}^{*}(1,T,p)=\mu_{\text{B}}^{\ominus}(\text{g},T)+RT\ln(p_{\text{B}}^{*}/p^{\ominus})$，则

$$\mu_{\text{B}}(\text{mix},T,p,x_{\text{C}})=\mu_{\text{B}}^{*}(1,T,p)+RT\ln x_{\text{B}} \tag{3-7}$$

式中，$\mu_{\text{B}}^{*}(1,T,p)$ 不是标准态化学势，是在温度 T、压强 p 时纯液体 B 的化学势，则

$$\mu_{\text{B}}^{*}(1,T,p)=\mu_{\text{B}}^{\ominus}(1,T,p^{\ominus})+\int_{p^{\ominus}}^{p}V_{\text{m,B}}^{*}dp$$

由于液体体积受压强影响较小，因此通常忽略积分项，得

$$\mu_{\text{B}}^{*}(1,T,p)=\mu_{\text{B}}^{\ominus}(1,T,p^{\ominus})=\mu_{\text{B}}^{\ominus}(1,T)$$

代入式（3-7）得

$$\mu_{\text{B}}(\text{mix},T,p,x_{\text{C}})=\mu_{\text{B}}^{\ominus}(1,T)+RT\ln x_{\text{B}}$$

$$\mu_{\text{B}}(1)=\mu_{\text{B}}^{\ominus}(1)+RT\ln x_{\text{B}} \tag{3-8}$$

上式即理想液态混合物中任一组分化学势的表示式，也可以作为理想液态混合物的热力学定义，即任一组分的化学势可以用该式表示的液态混合物称为理想液态混合物。

根据理想液态混合物的定义可知，从微观角度看，形成混合物的各组分的物理性质、分子大小及作用力彼此相当，当一种组分的分子被另一种组分的分子取代时，系统中没有能量和相互作用力的变化。因此，理想液态混合物是假想的理论模型，在实际中是不存在的，在现实中由同位素化合物组成的混合物、结构异构体的混合物（如间二甲苯和对二甲苯）、紧邻同系物的混合物（如苯和甲苯、甲醇和乙醇）可认为是理想液态混合物。

3.4.2 理想液态混合物的性质

理想液态混合物具有以下性质。

（1）混合前后无体积效应，即 $\Delta_{\text{mix}}V=0$，即混合物的体积等于未混合前各纯组分的体积

之和，总体积不变。根据化学势与压强的关系，有

$$V_B = \left(\frac{\partial \mu_B}{\partial p} \right)_{T,n_B,n_C} = \left[\frac{\partial \mu_B^*(T,p)}{\partial p} \right]_{T,n_B,n_C} = V_{m,B}^*$$

即理想液态混合物中某组分的偏摩尔体积等于该组分（纯组分）的摩尔体积，所以混合前后体积不变（$\Delta_{mix}V=0$）。可用公式表示为

$$\Delta_{mix}V = V_{混合后} - V_{混合前} = V_{sln} - \sum_B V_B^* = \sum_B n_B V_B - \sum_B n_B V_{m,B}^* = 0$$

（2）无混合热效应，即 $\Delta_{mix}H=0$。

根据 $\mu_B(\text{mix},T,p,x_C)=\mu_B^*(1,T)+RT\ln x_B$，得

$$\frac{\mu_B(1)}{T} = \frac{\mu_B^*(1)}{T} + R\ln x_B$$

对 T 微分得

$$\left\{ \frac{\partial \left[\frac{\mu_B(1)}{T} \right]}{T} \right\}_{p,x_B} = \left\{ \frac{\partial \left[\frac{\mu_B^*(1)}{T} \right]}{\partial T} \right\}$$

根据吉布斯-亥姆赫兹方程得 $H_B = H_{m,B}^*$。

即混合过程中物质 B 的摩尔焓没有变化。所以混合前后总焓不变，不产生热效应。可用公式表示为

$$\Delta_{mix}H = H_{混合后} - H_{混合前} = H_{sln} - \sum_B H^*(B) = \sum_B n_B H_B - \sum_B n_B H_{m,B}^* = 0$$

（3）混合过程为熵增大过程，即 $\Delta_{mix}S>0$。

将 $\mu_B(1)=\mu_B^{\ominus}(1)+RT\ln x_B$ 对 T 微分整理得

$$\left[\frac{\partial \mu_B(T,p)}{\partial T} \right]_{T,n_B,n_C} = \left[\frac{\partial \mu_B^*(T,p)}{\partial T} \right]_{T,n_B,n_C} + R\ln x_B$$

所以 $-S_B = -S_{m,B}^* + R\ln x_B$。

同理 $-S_A = -S_{m,B}^* + R\ln x_A$，$-S_C = -S_{m,C}^* + R\ln x_C$，…。

如果液态混合物中组分 A 的物质的量是 n_A，组分 B 的物质的量是 n_B，组分 C 的物质的量是 n_C，…，$\Delta_{mix}S>0$，则在形成理想液态混合物时的混合熵 $\Delta_{mix}S$ 为

$$\Delta_{mix}S = S_{混合后} - S_{混合前} = = \sum_B n_B S_B - \sum_B n_B S_{m,B}^* = -R\sum n_B \ln x_B$$

由于 $x_B<1$，因此 $\Delta_{mix}S>0$，混合熵恒为正值。

（4）混合过程可自发进行或混合过程是吉布斯函数减小的过程，即 $\Delta_{mix}G<0$。定温下，根据 $\Delta G = \Delta H - T\Delta S$ 得

$$\Delta_{mix}G = \Delta_{mix}H - \Delta_{mix}S = 0 - RT\sum n_B \ln x_B = RT\sum n_B \ln x_B$$

3.5　理想溶液的化学势与依数性

1. 理想溶液中组分的化学势

理想溶液中的溶剂遵守拉乌尔定律，溶剂 A 的化学势表示为 $\mu_A(1)=\mu_A^{\ominus}(1)+RT\ln x_A$

$(x_A \rightarrow 1)$，$\mu_A^\ominus(1)$ 为标准态化学势，该标准态化学势为纯 A(l) 在 T、$p^\ominus$ 下的状态。理想溶液中的溶质组成用 x_B 表示时的化学势表达式为 $\mu_B(1) = \mu_{B,x}^\ominus + RT\ln x_B (x_B \rightarrow 0)$，$\mu_{B,x}^\ominus(1, T)$ 为标准态化学势。该标准态化学势为在 T、p 下，$x_B = 1$ 仍遵守亨利定律时纯溶质 B 的假想状态。

2. 稀溶液的依数性

1）蒸气压下降

蒸气压下降是指理想溶液中溶剂的蒸气压 p_A 低于同温度下纯溶剂的饱和蒸气压 p_A^* 这一现象。理想溶液中溶剂蒸气压下降值 Δp 与溶液中溶质的摩尔分数 x_B 成正比，与溶质的性质无关。

2）凝固点降低

由于溶质的加入，溶液中溶剂的蒸气压低于纯溶剂的蒸气压，因此，固态纯溶剂从溶液中析出的温度 T_f 低于纯溶剂的凝固点 T_f^*，凝固点降低值 ΔT_f 与溶质的质量摩尔浓度 m_B 的关系为

$$\Delta T_f = T_f^* - T_f = \frac{R(T_f^*)^2 \cdot M_A}{\Delta_{fus} H_{m,A}^\ominus} \cdot m_B = K_f m_B$$

3）沸点升高

当溶液中含有不挥发性溶质时，溶液的蒸气压总是比纯溶剂低，则溶液的沸点 T_b 比纯溶剂的沸点 T_b^* 高，沸点升高值与溶质的质量摩尔浓度 m_B 的关系为

$$\Delta T_b = T_b - T_b^* = \frac{R(T_b^*)^2 \cdot M_A}{\Delta_{vap} H_{m,A}^\ominus} \cdot m_B = K_b m_B$$

4）渗透压

在一定温度 T 时，将溶剂与稀溶液放在只允许溶剂分子通过的刚性的半透膜两侧，由于的化学势 μ_A^* 大于稀溶液中溶剂的化学势 μ_A，因此溶剂分子有自发向溶液一侧渗透的倾向。为了防止溶剂分子通过半透膜渗透，在溶液上方需要额外施加压强 Π，使半透膜双方溶剂的化学势相等而达到平衡。压强 Π 称为在温度 T 下该溶液的渗透压。它与溶质浓度间的关系式为 $\Pi = c_B RT$。

3.5.1　理想溶液中组分的化学势

习惯上把溶剂 A 遵守拉乌尔定律、溶质 B 遵守亨利定律的溶液称为理想溶液。理想溶液也被称为无限稀薄溶液，指的是溶质的相对含量趋于零的溶液。

1. 理想溶液中溶剂的化学势

根据理想溶液的定义可知理想溶液的溶剂遵守拉乌尔定律，则溶剂 A 的化学势的表示就跟理想溶液中组分的化学势的表示形式是一样的，即

$$\mu_A(1) = \mu_A^\ominus(1) + RT\ln x_A (x_A \rightarrow 1)$$

式中，$\mu_A^\ominus(1)$ 为标准态化学势（简称标准态），该标准态为纯 A(l) 在 T、$p^\ominus$ 下的状态。

2. 理想溶液中溶质的化学势

对于理想溶液中的溶质，其组成可以用 x_B、m_B、c_B、ω_B 等形式表示，则 B 的化学势的表达式也有不同形式。在此仅讨论溶质组成用 x_B 表示时的化学势表达式。

对于只有一种挥发性溶质的双组分理想溶液系统且在一定 T、p 下达成气液平衡，则溶质 B 在气液相的平衡条件为 $\mu_B(l)=\mu_B(g)$，若把气相看成理想气体，则

$$\mu_B(l)=\mu_B^\ominus(g)+RT\ln(p_B/p^\ominus)$$

根据亨利定律，$p_B=k_{x,B}x_B$。将 $p_B=k_{x,B}x_B$ 代入上式得

$$\mu_B(l)=\mu_B^\ominus(g)+RT\ln(k_{x,B}/p^\ominus)+RT\ln x_B \tag{3-9}$$

令 $\mu_{B,x}^*(l,T,p)=\mu_B^\ominus(g)+RT\ln(k_{x,B}/p^\ominus)$，则

$$\mu_B(l)=\mu_{B,x}^*(l,T,p)+RT\ln x_B$$

因为 $\mu_{B,x}^*(l,T,p)=\mu_{B,x}^\ominus(l,T,p^\ominus)+\int_{p^\ominus}^{p}V_B^\infty(T,p)\mathrm{d}p$，忽略积分项得

$$\mu_{B,x}^*(l,T,p)=\mu_{B,x}^\ominus(l,T,p^\ominus)=\mu_{B,x}^\ominus(l,T)$$

代入式（3-9）得

$$\mu_B(l)=\mu_{B,x}^\ominus(l,T)+RT\ln x_B(x_B\to 0)$$

$$\mu_B(l)=\mu_{B,x}^\ominus+RT\ln x_B(x_B\to 0) \tag{3-10}$$

式（3-10）即为理想溶液中溶质的组成以 x_B 表示时的溶质 B 的化学势。$\mu_{B,x}^\ominus(l,T)$ 为标准态，该标准态为在 T、p 下，$x_B=1$ 仍遵守亨利定律时纯溶质 B 的状态。显然，这是一种假想的标准状态。

同理，用 m_B、c_B 表示的理想稀溶液中溶质的化学势为

$$\mu_B=\mu_{B,m}^\ominus+RT\ln\frac{m_B}{m^\ominus} \tag{3-11}$$

$$\mu_B=\mu_{B,c}^\ominus+RT\ln\frac{c_B}{c^\ominus} \tag{3-12}$$

式中，$\mu_{B,c}^\ominus(l)=\mu_B^\ominus(g)+RT\ln\frac{k_c}{p^\ominus}$，$\mu_{B,m}^\ominus(l)=\mu_B^\ominus(g)+RT\ln\frac{k_m}{p^\ominus}$ 分别为溶质 B 的标准态。

3.5.2　稀溶液的依数性

稀溶液的平衡性质包括溶液的蒸气压下降、凝固点降低、沸点升高及渗透压。这些性质只与溶液中溶质的分子数目有关，即只依赖于溶质的数量，而与溶质的本性无关，因此称这些性质为稀溶液的依数性。本节只讨论非挥发性溶质形成的二组元理想溶液的依数性，严格来讲，本节依数性的公式只适用于理想稀溶液，对稀溶液只是近似适用。

1. 蒸气压下降

蒸气压下降是指理想溶液中溶剂的蒸气压 p_A 低于同温度下纯溶剂的饱和蒸气压 p_A^* 这一现象。

对于理想溶液，根据拉乌尔定律得

$$p_A=p_A^*x_A$$

$$\Delta p_A=p_A^*-p_A=p_A^*-p_A^*x_A=p_A^*(1-x_A)=p_A^*x_B$$

式中，Δp_A 为溶剂蒸气压的下降值。上式说明，理想溶液中溶剂蒸气压下降值与溶液中溶质的摩尔分数成正比，与溶质的性质无关。

双组分理想溶液的蒸气总压介于两纯组分的蒸气压之间，有

$$p = p_A + p_B = p_B^* + (p_A^* - p_B^*) x_A$$

例题 2　Fe(l) 与 Mn(l) 的混合物可视为理想液态混合物，将含 Mn 质量分数为 1% 的 Fe-Mn 混合液置于 2 173 K 的真空电炉中进行冶炼，已知 2 173 K 时，$p^*(\text{Fe}) = 133.3$ Pa，而 $p^*(\text{Mn}) = 101 325$ Pa，计算平衡系统中 Fe 与 Mn 的蒸气分压及气相组成。

解：以 100 g 混合物为计算基准，则

$$x_{\text{Fe}} = \frac{m_{\text{Fe}}/M_{\text{Fe}}}{m_{\text{Fe}}/M_{\text{Fe}} + m_{\text{Mn}}/M_{\text{Mn}}} = \frac{99.00/55.85}{99.00/55.85 + 1/54.93} = 0.989\ 8$$

$$x_{\text{Mn}} = 1 - 0.989\ 8 = 0.010\ 2$$

$$p_{\text{Mn}} = p_{\text{Mn}}^* \cdot x_{\text{Mn}} = 101325 \times 0.010\ 2\ \text{Pa} = 1\ 033\ \text{Pa}$$

$$p_{\text{Fe}} = p_{\text{Fe}}^* \cdot x_{\text{Fe}} = 133.3 \times 0.989\ 8\ \text{Pa} = 132\ \text{Pa}$$

$$p = p_{\text{Fe}} + p_{\text{Mn}} = (132 + 1\ 033)\ \text{Pa} = 1\ 165\ \text{Pa}$$

$$y_{\text{Fe}} = p_{\text{Fe}}/p = 132/1\ 165 = 0.113$$

$$y_{\text{Mn}} = 1 - 0.113 = 0.887$$

通过上面例题 2 可以看出，易挥发的组分（饱和蒸气压高的金属）在平衡气相的组成远远大于它在平衡液相的组成，难挥发组分在平衡气相的组成远远低于它在平衡液相的组成。当熔炼合金钢或有色合金时，若组成系统的组元中有易挥发组分，则必须考虑这一点，否则将无法得到设计成分的合金。

2. 凝固点降低

溶液的凝固点是指固态纯溶剂从稀溶液中开始析出的温度。如图 3-1 所示，外压 p 一定时，O^*A^* 表示纯溶剂的蒸气压随温度变化的曲线，OA 表示溶液的蒸气压随温度变化的曲线，BOO^* 是固态纯溶剂 A 的饱和蒸气压曲线。在 p 一定时，某液体的固相和液相的蒸气压相等时的温度称为该液体的凝固点。

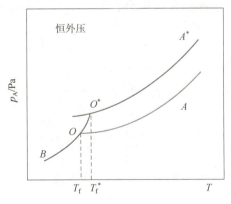

图 3-1　凝固点降低示意图

由图 3-1 可见，在整个气液平衡的温度范围内，由于非挥发性溶质的加入，溶液中溶剂的蒸气压都低于纯溶剂的蒸气压，因此固态纯溶剂从稀溶液中析出的温度 T_f 低于纯溶剂的凝固点 T_f^*，这种现象称为凝固点下降。用 $\Delta T_f = T_f^* - T_f$ 表示两者的差值，其中 ΔT_f 称为凝固

点降低值。溶液凝固时析出的固体可以是纯溶剂，也可以是固溶体。ΔT_f 与溶质的质量摩尔浓度 m_B 的关系为

$$\Delta T_f = T_f^* - T_f = \frac{R(T_f^*)^2 \cdot M_A}{\Delta_{fus}H_{m,A}^{\ominus}} \cdot m_B = K_f m_B$$

凝固点降低公式推导过程如下。

在温度 T 时，$\mu_{A(l)}(T,p,x_A) = \mu_{A(s)}(T,p)$，在定压下，若要使溶液的浓度有 dx 的变化（即浓度由 $x \to x+dx$，），则凝固点相应地由 T 变到 $T+dT$ 并重新建立平衡，即

$$dx_A \quad x_A \to x_A + dx_A \quad \mu_{A(l)} + d\mu_{A(l)} = \mu_{A(s)} + d\mu_{A(s)}$$

因为 $\mu_{A(l)} = \mu_{A(s)}$，即

$$\left(\frac{\partial \mu_{A(l)}}{\partial T}\right)_{p,x_A} dT + \left(\frac{\partial \mu_{A(l)}}{\partial x_A}\right)_{T,p} dx_A = \left(\frac{\partial \mu_{A(s)}}{\partial T}\right)_p dT$$

对于稀溶液，有 $\mu_A = \mu_A^* + RT\ln x_A$，又已知 $\left(\frac{\partial \mu_B}{\partial T}\right)_{p,n_B,n_C} = -S_B$，代入上式得

$$-S_{A(l)} dT + \frac{RT}{x_A} dx_A = -S_{m,A(s)}^* dT$$

因为 $S_{A(l)} - S_{m,A(s)}^* = \frac{H_{A(l)} - H_{m,A(s)}^*}{T} = \frac{\Delta H_{m,A}}{T}$，其中 $\Delta H_{m,A}$ 是在凝固点时，1 mol 固态纯溶剂 A 熔化进入溶液时所吸的热。对于稀溶液，$\Delta H_{m,A}$ 近似地等于固态纯溶剂 A 的标准摩尔熔化焓 $\Delta_{fus}H_{m,A}^{\ominus}$，代入上式得

$$\frac{RT}{x_A} dx_A = \frac{\Delta_{fus}H_{m,A}^{\ominus}}{T} dT$$

设纯溶剂（$x_A=1$）的凝固点为 T_f^*，浓度为 x 时溶液的凝固点为 T_f。对上式积分得

$$\int_1^{x_A} \frac{dx_A}{x_A} = \int_{T_f^*}^{T_f} \frac{\Delta_{fus}H_{m,A}^{\ominus}}{RT^2} dT$$

若温度改变不大，$\Delta_{fus}H_{m,A}^{\ominus}$ 可看成与温度无关，则得

$$\ln x_A = \frac{\Delta_{fus}H_{m,A}^{\ominus}}{R}\left(\frac{1}{T_f^*} - \frac{1}{T_f}\right) = \frac{\Delta_{fus}H_{m,A}^{\ominus}}{R}\left(\frac{T_f - T_f^*}{T_f^* T_f}\right)$$

如令

$$\Delta T_f = T_f^* - T_f, \quad T_f^* T_f \approx (T_f^*)^2$$

则得

$$-\ln x_A = \frac{\Delta_{fus}H_{m,A}^{\ominus}}{R(T_f^*)^2} \cdot \Delta T_f$$

将对数项展开，当 x 很小时，把 $\ln(1-x)$ 展开成级数，只取第一项，所以 $\ln(1-x) = -x$，则

$$-\ln x_A = -\ln(1-x_B) \approx x_B$$

式中，n_A、n_B 分别为溶液中 A 和 B 的物质的量。对于稀溶液来说，上式可写成

$$\Delta T_f = \frac{R(T_f^*)^2}{\Delta_{fus}H_{m,A}^{\ominus}} \cdot x_B \tag{3-13}$$

这就是稀溶液的凝固点下降公式。

设在一定浓度的理想稀溶液中，溶剂的物质的量远远超过溶质的物质的量，即 $n_B \ll n_A$，所以

$$x_B \approx \frac{n_B}{n_A} = m_B M_A$$

$$\Delta T_f = T_f^* - T_f = \frac{R(T_f^*)^2 \cdot M_A}{\Delta_{fus} H_{m,A}^\ominus} \cdot m_B = K_f m_B \tag{3-14}$$

式中，T_f^* 为纯溶剂的正常凝固点；T_f 为稀溶液的凝固点；$\Delta_{fus} H_{m,A}^\ominus$ 为纯溶剂的标准摩尔熔化焓；M_A 为纯溶剂的摩尔质量；m_B 为溶质的质量摩尔浓度；K_f 为凝固点降低常数，表示为

$$K_f = \frac{R(T_f^*)^2}{\Delta_{fus} H_{m,A}} \cdot M_A \tag{3-15}$$

式（3-14）表明理想稀溶液的凝固点下降 ΔT_f，与溶质的质量摩尔浓度成正比，比例系数 K_f 只与溶剂的性质有关。几种常见溶剂的 K_f 值列于表 3-2 中。

若溶质不止一种，则

$$\Delta T_f = K_f \sum_B m_B \tag{3-16}$$

表 3-2　几种常见溶剂的 K_f 值

溶剂	水	醋酸	苯	萘	三溴乙烷	环己烷	樟脑	四氯化碳
T_f^*/K	273.15	289.75	278.68	353.4	283.15	279.65	446.15	250.15
$K_f/(K \cdot mol^{-1} \cdot kg)$	1.86	3.90	5.12	7.0	14.3	20.2	40	30

3. 沸点升高

沸点是指液体的蒸气压等于外压（通常为 101 325 Pa）时的温度。根据拉乌尔定律，在定温时，若溶液中含有不挥发性溶质，则溶液的蒸气压总是比纯溶剂低，所以溶液的沸点 T_b 比纯溶剂的沸点 T_b^* 高，沸点升高值与溶质的质量摩尔浓度 m_B 的关系为

$$\Delta T_b = T_b - T_b^* = \frac{R(T_b^*)^2 \cdot M_A}{\Delta_{vap} H_{m,A}^\ominus} \cdot m_B = K_b m_B$$

其推导过程如下。

当理想稀溶液在一定 T、p 下建立气液平衡时，有

$$A(sln, T, p, x_A) \Longrightarrow A(g, T, p)$$

溶剂 A 在气相和液相中的化学势相等，有

$$\mu_A^*(g) = \mu_A^*(l) + RT\ln x_A \tag{3-17}$$

也可以写成

$$\ln x_A = \frac{\mu_A^*(g) - \mu_A^*(l)}{RT} = \frac{\Delta_{vap} G_m}{RT} \tag{3-18}$$

式中，$\Delta_{vap} G_m$ 是纯溶剂汽化时的吉布斯函数变。下面找出溶液组成改变引起溶液沸点改变的关系。式（3-18）两边对温度取偏导数，并利用吉布斯-亥姆霍兹方程，在标准压强下时，有

$$\frac{\mathrm{d}\ln x_{\mathrm{A}}}{\mathrm{d}T} = \frac{1}{R}\frac{\mathrm{d}(\Delta_{\mathrm{vap}}G_{\mathrm{m}}^{\ominus}/T)}{\mathrm{d}T} = -\frac{\Delta_{\mathrm{vap}}H_{\mathrm{m,A}}^{\ominus}}{RT^2}$$

两边同乘 $\mathrm{d}T$，并在 $x_{\mathrm{A}}=1$ 和任意 x_{A} 值之间积分，得

$$\int_0^{\ln x_{\mathrm{A}}} \mathrm{d}(\ln x_{\mathrm{A}}) = -\frac{1}{R}\int_{T_{\mathrm{b}}^*}^{T_{\mathrm{b}}} \frac{\Delta_{\mathrm{vap}}H_{\mathrm{m,A}}^{\ominus}}{T^2}\mathrm{d}T$$

假设 $\Delta_{\mathrm{vap}}H_{\mathrm{m,A}}^{\ominus}$ 在温度 $T_{\mathrm{b}}^* \rightarrow T_{\mathrm{b}}$ 变化范围内是一个常数，积分上式得

$$\ln x_{\mathrm{A}} = \ln(1-x_{\mathrm{B}}) = \frac{\Delta_{\mathrm{vap}}H_{\mathrm{m,A}}^{\ominus}}{R}\left(\frac{1}{T_{\mathrm{b}}} - \frac{1}{T_{\mathrm{b}}^*}\right)$$

因 T_{b} 与 T_{b}^* 相差不大，故可认为 $T_{\mathrm{b}} \approx T_{\mathrm{b}}^*$，则

$$\frac{1}{T_{\mathrm{b}}^*} - \frac{1}{T_{\mathrm{b}}} = \frac{T_{\mathrm{b}}-T_{\mathrm{b}}^*}{T_{\mathrm{b}}T_{\mathrm{b}}^*} \approx \frac{\Delta T_{\mathrm{b}}}{T_{\mathrm{b}}^{*2}}$$

所以

$$\Delta T_{\mathrm{b}} = \frac{RT_{\mathrm{b}}^{*2}}{\Delta_{\mathrm{vap}}H_{\mathrm{m,A}}^{\ominus}} \cdot x_{\mathrm{B}} \qquad (3-19)$$

则

$$\Delta T_{\mathrm{b}} = \frac{RT_{\mathrm{b}}^{*2}M_{\mathrm{A}}}{\Delta_{\mathrm{vap}}H_{\mathrm{m,A}}^{\ominus}} \cdot m_{\mathrm{B}} = K_{\mathrm{b}}m_{\mathrm{B}} \qquad (3-20)$$

式中，T_{b}^* 为纯溶剂的沸点；T_{b} 为溶液的沸点。$\Delta_{\mathrm{vap}}H_{\mathrm{m,A}}^{\ominus}$ 为纯溶剂的标准摩尔汽化热；K_{b} 为沸点升高常数，表示为

$$K_{\mathrm{b}} = \frac{RT_{\mathrm{b}}^{*2}M_{\mathrm{A}}}{\Delta_{\mathrm{vap}}H_{\mathrm{m,A}}^{\ominus}} \qquad (3-21)$$

式（3-20）表明理想稀溶液的沸点升高 ΔT_{b}，与溶质的质量摩尔浓度成正比，比例系数 K_{b} 只与溶剂的性质有关。几种常见溶剂的 K_{b} 值列于表 3-3 中。

表 3-3　几种常见溶剂的 K_{b} 值

溶剂	水	甲醇	乙醇	丙酮	乙醚	苯	氯仿	四氯化碳	萘
$T_{\mathrm{b}}^*/\mathrm{K}$	373.15	337.57	351.26	329.15	307.5	358.15	334.3	349.72	491.15
$K_{\mathrm{b}}/(\mathrm{K}\cdot\mathrm{mol}^{-1}\cdot\mathrm{kg})$	0.513	0.86	1.23	1.80	2.20	2.64	3.8	5.26	5.65

4. 渗透压

要了解溶液的渗透压，首先需要了解产生渗透压必不可少的物质——半透膜，如图 3-2 所示。半透膜是指那些人造的或天然的对于物质的透过有选择性的膜，如人体内的膀胱，只可以使水透过，却不能使摩尔质量高的溶质或胶体粒子透过。在一定温度下用一个半透膜把某一理想稀溶液和与其溶剂相同的纯溶剂隔开，溶剂分子总是由纯溶剂一侧单向地流向溶液的一侧，这种现象称为渗透现象。

当未发生渗透时，设纯溶剂的化学势为 μ_{A}^*，溶液中

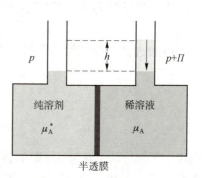

图 3-2　渗透压示意图

溶剂的化学势为 μ_A，则

$$\mu_A^* = \mu_A(g) = \mu_A^{\ominus} + RT\ln(p_A^*/p^{\ominus})$$

$$\mu_A = \mu_A(g) = \mu_A^{\ominus} + RT\ln(p_A/p^{\ominus})$$

式中，p_A^* 和 p_A 分别为纯溶剂和溶液中溶剂的蒸气压。由于 $p_A^* > p_A$，则 $\mu_A^* > \mu_A$，因此溶剂分子有自纯溶剂的一方进入溶液一方的倾向。为了阻止纯溶剂一方的溶剂分子进入溶液，需要在溶液上方施加额外的压强，以增加其蒸气压，使半透膜双方溶剂的化学势相等而达到平衡。这个额外的压强就定义为渗透压，用符号 Π 表示。1887 年荷兰物理学家范托夫根据实验，并进行归纳和比较，提出了稀溶液的渗透压定律与理想气体定律相似，可用代数式表示：

$$\Pi = c_B RT \tag{3-22}$$

式中，c_B 为溶质的物质的量浓度。

渗透和反渗透作用是膜分离技术的理论基础。膜分离技术广泛应用在生物学、医学、纺织工业、制革工业、造纸工业、食品工业、化学工业、水处理等领域，如在医学上利用人工肾进行血液透析，利用膜分离技术进行海水淡化及果汁浓缩等。

3.6 实际溶液中组分的化学势

1. 活度的概念

实际液态混合物中各组分不遵守拉乌尔定律，即其化学势不能用 $\mu_B = \mu_B^{\ominus} + RT\ln x_B$ 表示。路易斯引入活度的概念为 $a_B = \gamma_B x_B$，γ_B 为活度因子，实际液态混合物中任一组分 B 的化学势表示为

$$\mu_B(l) = \mu_B^{\ominus}(l) + RT\ln a_B$$

2. 实际溶液中组分的化学势及活度

在实际溶液中，溶剂的活度定义为 $a_A = \gamma_A x_A$，溶剂的化学势表示为

$$\mu_A(l) = \mu_A^{\ominus}(l) + RT\ln a_A$$

在实际溶液中，溶质浓度分别用 x_B、c_B 和 m_B 表示时，对应的活度和活度因子分别为 $a_{B,x} = \gamma_{B,x} x_B$，$a_{B,c} = \gamma_{B,c} x_B$ 和 $a_{B,m} = \gamma_{B,m} x_B$，对应的化学势分别为

$$\mu_B(l) = \mu_{B,x}^{\ominus}(l) + RT\ln a_{B,x} = \mu_{B,c}^{\ominus}(l) + RT\ln a_{B,c} = \mu_{B,m}^{\ominus}(l) + RT\ln a_{B,m}$$

3.6.1 活度的概念

与理想液态混合物不同，实际液态混合物中各组分不遵守拉乌尔定律，即其化学势不能用 $\mu_B = \mu_B^{\ominus} + RT\ln x_B$ 表示。为了使实际液态混合物中各组分的化学势与理想液态混合物中各组分的化学势表示式有相似的简单形式，路易斯引入了活度的概念，从而利用活度及活度因子修正实际液态混合物与理想液态混合物的偏差。将实际液态混合物组分 B 的摩尔分数 x_B 乘上一个修正因子 γ_B，于是就可用类似理想液态混合物中物质化学势的表示形式来表示实

际溶液中物质 B 的化学势，则实际液态混合物中任一组分 B 的活度 a_B 可定义为

$$\mu_B(1) = \mu_B^\ominus(1) + RT\ln x_B\gamma_B$$

或

$$\mu_B(1) = \mu_B^\ominus(1) + RT\ln a_B \qquad (3-23)$$

式中，a_B 为物质 B 的活度，$a_B = \gamma_B x_B$；γ_B 为物质 B 的活度因子或活度系数。它表明实际溶液与理想溶液的偏差程度。当 $\gamma_B = 1$ 时，$a_B = x_B$，溶液为理想溶液；当 $\gamma_B > 1$ 时，$a_B > x_B$，实际溶液为呈正偏差的溶液；当 $\gamma_B < 1$ 时，$a_B < x_B$，实际溶液为呈负偏差的溶液。

用活度表示实际溶液的化学势时，修正的仅仅是物质 B 的摩尔分数，而没有改变标准态化学势 $\mu_B^\ominus$，所以实际溶液的标准态化学势仍然是理想溶液中物质 B 的标准态化学势。

3.6.2　实际溶液中组分的化学势及活度

实际溶液中的溶剂不遵守拉乌尔定律，溶质不遵守亨利定律。对于实际溶液中的溶剂 A 的化学势，是以拉乌尔定律为基准来修正其摩尔分数的，其化学势表示为

$$\mu_A(1) = \mu_A^\ominus(1) + RT\ln a_A \qquad (3-24)$$

式中，$a_A = \gamma_A x_A$ 称为溶剂 A 的活度，γ_A 为活度因子。其标准态为 $\gamma_A = x_A = 1$，符合拉乌尔定律的状态。

对于实际溶液中的溶质，采用亨利定律为基准来修正其摩尔分数，当溶质组成以 x_B 表示时，其化学势表示为

$$\mu_B(1) = \mu_{B,x}^\ominus(1) + RT\ln(x_B\gamma_B) = \mu_{B,x}^\ominus(1) + RT\ln a_{B,x} \qquad (3-25)$$

式（3-25）为溶液极稀时，即 $\gamma_{B,x} \to 1$，$a_{B,x} \approx x_B$ 时溶质的化学势，式中活度 $a_{B,x} = \gamma_{B,x}x_B$，$a_{B,x}$ 称为溶质 B 用摩尔分数表示时的活度，$\gamma_{B,x}$ 为相应的活度因子。

当溶质组成用 c_B 和 m_B 表示时，相应的活度分别为 $a_{B,c} = \gamma_{B,c}x_B$ 和 $a_{B,m} = \gamma_{B,m}x_B$，化学势分别如下所示：

$$\mu_B(1) = \mu_{B,c}^\ominus(1) + RT\ln(c_B\gamma_B/c^\ominus) = \mu_{B,c}^\ominus(1) + RT\ln a_{B,c} \qquad (3-26)$$

$$\mu_B(1) = \mu_{B,m}^\ominus(1) + RT\ln(m_B\gamma_B/m^\ominus) = \mu_{B,m}^\ominus(1) + RT\ln a_{B,m} \qquad (3-27)$$

式（3-26）和式（3-27）中的标准态仍然是理想稀溶液中溶质的标准态。值得注意的是，选择的标准态不同，其活度值也随之不同。但是溶质 B 在同一稀溶液中的化学势 $\mu_B(T, p)$ 不会因为浓度的表示方法不同而不同。

伯侄双院士——爱国"侯"门（侯德榜与侯虞钧院士）的化工接力记

侯德榜（1890—1974），我国著名科学家，杰出化学家，中国重化学工业的开拓者，近代化学工业的奠基人之一，世界制碱业的权威。1921 年，侯德榜获得哥伦比亚大学博士学位，他的博士论文《铁盐鞣革》全文被《美国制革化学师协会会刊》特予连载发表，成为制革界至今仍被广为引用的经典文献之一。侯德榜胸怀报国志，为了振兴中华民族工业，他决心从事制碱，接受了永利制碱公司的聘请，毅然回国担任永利碱厂的技师长（即总工程师），开始了半个多世纪的科学救国和实业救国的人生历程。在国外对索尔维制碱法采取技术封锁的情况下，他带领职工长期艰苦努力，解决了一系列技术难题，

1926 年终于打破外国索尔维集团历时 70 年之久的技术垄断，制成中国"红三角"牌纯碱，获美国万国博览会和瑞士国际商品展览会金奖，并将索尔维制碱法的奥秘公布于众，让世界各国人民共享这一科技成果。1933 年他的第一部学术巨著《纯碱》在美国出版，轰动世界化界，为中外化工学者所共仰。1941 年成功发明联合制碱新法，即侯氏制碱法，制碱成本比索尔维制碱法降低 40%，跃居世界领先技术水平。由于在科技上的卓越成就，侯德榜获中国工程师协会首枚荣誉金牌、哥伦比亚大学一级奖章、英国皇家学会化工学会名誉会员（当时全世界共 12 名，亚洲仅中、日两国各 1 名）等殊荣。1957 年，为发展小化肥工业，侯德榜倡议用碳化法制取碳酸氢铵，并使之在 20 世纪 60 年代实现了工业化和大面积推广。"撒下一些碱粉，溶化西方的坚冰；书写一本碱书，将中国推上顶峰；奠下一块基石，托起复兴的希望。"有人用这句话来形容化工专家侯德榜的一生。他从"科学救国"的愿望出发，为振兴中国化学工业奋斗了一生。

　　侯虞钧院士是侯德榜的侄儿，他接过化工的接力棒，在化学工业上书写了新的篇章。侯虞钧出生于 1922 年，从小就和唯一的伯父侯德榜格外亲近。受到伯父的熏陶，年幼的侯虞钧在心中悄悄埋下了一颗学习化工的种子。他先后获得美国威斯康星大学化工硕士学位、麻省理工学院化工实践硕士学位和密歇根大学博士学位。1955 年，侯虞钧在暑假打零工的时候遇到了密西根大学化工系马丁教授，然后进行合作研究出国际化工界著名的气体状态方程，后人简称为 M-H 状态方程。

　　侯虞钧同志 50 多年来主要从事化学工程的科研与教学工作，是我国化工热力学的奠基人之一。他在状态方程、相平衡、溶液热力学等研究领域卓有成就，为世界化学工程的发展作出了重要贡献。改革开放后，在保持准确度的前提下，他将 M-H 状态方程同时适用于液相和固相，且用于混合物、常压及高压气液平衡、液液平衡的关联，为含固体物系的相平衡研究打下了基础，并用统计力学证明了该方程的理论依据。该方程适用于非极性物质、极性物质、纯物质和混合物等体系，这是一般状态方程难以达到的。如今，M-H 状态方程已广泛地应用于实际生产的设计和研究中，其应用领域已从化工扩大到制冷工程、物理和军工产品的科研等领域。M-H 状态方程是迄今国内外公认的精确的状态方程之一，在我国民用工业和国防科研等领域产生了巨大的经济和社会效益。

思考题

1. 比较拉乌尔定律和亨利定律的异同点。

2. 实际溶液中化学反应的平衡常数如何表示？有什么办法让下面两个反应的平衡常数值相等？

$$C(S) + CO_2(g) \Longrightarrow 2CO(g)$$

$$[C] + CO_2(g) \Longrightarrow 2CO(g)$$

其中 [C] 表示溶于铁水中的碳。

3. 在同一稀溶液中组分 B 的浓度可用 x_B，m_B，c_B 表示，因而标准态的选择是不同的，所以相应的化学势也不同，这种说法对吗？述其理由。

4. 农田中施肥太浓时植物会被烧死，盐碱地的农作物长势不良，试解释其原因。

5. 在室温下，物质的量浓度相同的蔗糖溶液与食盐水溶液的渗透压是否相等？

6. 液体物质混合时，若形成理想溶液，则 $\Delta_{mix}V$、$\Delta_{mix}H$、$\Delta_{mix}S$、$\Delta_{mix}G$ 的混合性质如何？

习 题

1. 已知 370.26 K 纯水的蒸气压为 91 293.8 Pa，在乙醇的摩尔分数为 0.03 时的乙醇水溶液上方，蒸气总压为 101.325 kPa。计算相同温度时乙醇的摩尔分数为 0.02 时的水溶液上方：

（1）水的蒸气分压；

（2）乙醇的蒸气分压。

（假设溶液为理想溶液。）

2. 20 ℃时，纯苯及纯甲苯的蒸气压分别为 9.92×10^3 Pa 和 2.93×10^3 Pa。若混合等质量的苯和甲苯形成理想溶液，试求在蒸气相中：

（1）苯的分压；

（2）甲苯的分压；

（3）蒸气总压；

（4）苯和甲苯在气相中的摩尔分数。

3. 20 ℃时，HCl 气体溶于苯中形成理想稀溶液。当达气液平衡时，液相中 HCl 的摩尔分数为 0.038 5，气相中苯的摩尔分数为 0.095。已知 20 ℃时纯苯的饱和蒸气压为 10.010 kPa。试求：

（1）气液平衡时的气相总压；

（2）20 ℃时 HCl 在苯溶液中的亨利常数 K_x。

4. C_6H_5Cl（A）和 C_6H_5Br（B）所组成的溶液可认为是理想溶液，在 136.7 ℃时纯氯苯的饱和蒸气压是 115.1 kPa，纯溴苯的是 60.4 kPa。设蒸气服从理想气体状态方程。

（1）有一溶液的组成为 $x_A = 0.6$，试计算 136.7 ℃时此溶液的蒸气总压及气相组成；

（2）136.7 ℃时，如果气相中两种物质的蒸气压相等，求蒸气总压及溶液的组成。

5. 两种挥发性液体 A 和 B 混合形成理想溶液，某温度时溶液上面的蒸气总压为 5.41×10^4 Pa，气相中 A 的摩尔分数为 0.450，液相中为 0.650，求算此温度时 A 和 B 的蒸气压。

6. 某含有不挥发性溶质的理想水溶液，其凝固点为 -1.5 ℃，试求该溶液的：

（1）正常沸点；

（2）25 ℃时的蒸气压；（该温度时纯水的蒸气压为 3.17×10^3 Pa。）

（3）25 ℃的渗透压。（已知冰的熔化热为 6.03 kJ·mol^{-1}；水的汽化热为 40.7 kJ·mol^{-1}，设二者均不随温度而变化。）

7. 人的血浆凝固点为 -0.56 ℃，求人体血浆的渗透压。（人体温度为 37 ℃，水的 K_f = 1.86 K·kg·mol^{-1}。）

8. 人类血浆的凝固点为 272.65 K（-0.5 ℃），在 310.15 K（37 ℃）时，求：

（1）血浆的渗透压；

（2）在同温度下，1 dm³蔗糖（$C_{12}H_{22}O_{11}$）水溶液中须含有多少克蔗糖时才能与血浆有相同的渗透压。

9. 现有蔗糖（$C_{12}H_{22}O_{11}$）溶于水形成某一浓度的稀溶液，其凝固点为−0.2 ℃，计算此溶液在 25 ℃时的蒸气压。已知水的 $K_f = 1.86$ K·kg·mol⁻¹，纯水在 25 ℃时蒸气压为 $p_{H_2O}^* = 3.17$ kPa。

10. 在 100 g 苯中加入 13.76 g 联苯（$C_6H_5C_6H_5$），所形成的溶液沸点为 82.4 ℃。已知纯苯的沸点为 80.1 ℃。试求：

（1）沸点升高常数；

（2）苯的摩尔蒸发热。

11. 纯苯（C_6H_6）和纯甲苯（$C_6H_5CH_3$）在 293.15 K 时的蒸气压分别为 9.958 kPa 和 2.973 kPa，今以等质量的苯和甲苯在 293.15 K 时相混合，试求：

（1）苯和甲苯的分压；

（2）液面上蒸气的总压（设溶液为理想溶液）；

（3）苯和甲苯在气相中的摩尔分数。

12. 在 300 K 时测得某蔗糖水溶液的渗透压 $\Pi = 252$ kPa。已知蔗糖的分子式为 $C_{12}H_{22}O_{11}$，水的密度近似为 1 000 kg·m⁻³，冰的熔化热为 6.03 kJ·mol⁻¹；水的汽化热为 40.7 kJ·mol⁻¹。试求：

（1）蔗糖溶液的浓度 c_B；

（2）该溶液的凝固点降低值 ΔT_f；

（3）在大气压强下，该溶液的沸点升高值 ΔT_b。

（说明：将溶液体积 V 近似看作为溶剂体积 V_A，则 $c_B = \rho_{液} \cdot m_B \approx \rho_A \cdot m_B$。）

第 4 章　化学平衡

化学反应可以同时向正、反（逆）两个方向进行。在生产实际中需要知道，如何控制反应条件，使反应向期望的方向进行，在给定条件下反应进行的最高限度是什么，以及在什么条件下可得到更大的产率等。这就是化学反应的方向和限度问题，是工业生产的重要问题，有赖于热力学的基本知识来解决。解决这些问题的重要性是不言而喻的。例如，在预知反应不可能进行或理论产率极低的情况下，就不必再耗费人力、物力和时间去做探索性实验。又如在给定条件下，现实生产的产率已接近热力学计算的最大限度，也不必花费精力去企图超越它，只能设法改变条件，获得新条件下的新限度。

根据热力学第二定律，一定条件下化学反应进行的限度即为化学平衡状态。化学平衡是在一定条件下正、逆两个方向的反应速率相等时的动态平衡。系统达到化学平衡后，反应系统中各物质的组成不再随时间而改变。而外界条件一旦改变，平衡状态必然随之发生变化。因此，判断化学反应可能性的核心问题，就是找出化学平衡时温度、压强和系统组成之间的关系。而这些热力学函数间的定量关系，可用热力学方法严格地推导出来。

在本章中将根据热力学第二定律的一些结论来处理化学平衡问题，并将讨论平衡常数的一些测定和计算方法，以及一些因素对化学平衡的影响。本章所涉及的反应系统，都是指定温、定压、非体积功为零的封闭系统。化学反应方程式符合 $\sum \nu_B B = 0$，式中 B 代表任一参与反应的物质，是反应物或生成物；ν_B 为参与反应的物质 B 的化学计量数，有正负之分，对反应物取正，对生成物取负。

4.1　化学反应的方向与限度

 核心内容

化学反应的方向与限度

根据多组分系统的热力学基本方程和反应进度，可得 $\Delta_r G_m = \sum\limits_B \mu_B \nu_B = \left(\dfrac{\partial G}{\partial \xi} \right)_{T,p,W'=0}$，即

为化学反应方向与限度的判据。

(1) 若 $\Delta_r G_m < 0$，即 $\left(\dfrac{\partial G}{\partial \xi}\right)_{T,p,W'=0} < 0$，化学反应将正向进行，反应物自发生成产物；

(2) 若 $\Delta_r G_m > 0$，即 $\left(\dfrac{\partial G}{\partial \xi}\right)_{T,p,W'=0} > 0$，反应不能自发正向进行，但逆反应可自发进行；

(3) 若 $\Delta_r G_m = 0$，即 $\left(\dfrac{\partial G}{\partial \xi}\right)_{T,p,W'=0} = 0$，反应达到平衡。

对于任意的多组分封闭系统，当系统组成有微小的变化时，系统的吉布斯函数的微小变化 $\mathrm{d}G$ 如下式所示：

$$\mathrm{d}G = -S\mathrm{d}T + V\mathrm{d}p + \sum_B \mu_B \mathrm{d}n_B$$

对于有化学反应的系统，由 $\mathrm{d}\xi = \dfrac{\mathrm{d}n_B}{\nu_B}$ 得 $\mathrm{d}n_B = \nu_B \mathrm{d}\xi$，代入上式得

$$\mathrm{d}G = -S\mathrm{d}T + V\mathrm{d}p + \sum_B \mu_B \nu_B \mathrm{d}\xi$$

T、p 一定时，有

$$\mathrm{d}G = \sum_B \mu_B \nu_B \mathrm{d}\xi$$

根据吉布斯函数判据，有

$$(\mathrm{d}G)_{T,p,W'=0} = \sum_B \mu_B \nu_B \mathrm{d}\xi \leqslant 0 \begin{cases} < 0 \text{ 自发过程} \\ = 0 \text{ 平衡} \end{cases} \tag{4-1}$$

即

$$\left(\frac{\partial G}{\partial \xi}\right)_{T,p,W'=0} = \sum_B \mu_B \nu_B = \Delta_r G_m$$

式中，$\left(\dfrac{\partial G}{\partial \xi}\right)_{T,p,W'=0}$ 表示在一定温度、压强和组成的条件下，反应进行了 $\mathrm{d}\xi$ 的微量进度。当反应系统为无限大量时，进行了 1 mol 进度化学反应时所引起系统吉布斯函数的改变称为摩尔反应吉布斯函数，通常以 $\Delta_r G_m$ 表示，单位为 $\mathrm{J} \cdot \mathrm{mol}^{-1}$。

所以

$$\Delta_r G_m = \sum_B \mu_B \nu_B \leqslant 0 \begin{cases} < 0 \text{ 自发过程} \\ = 0 \text{ 平衡} \end{cases} \tag{4-2}$$

(1) 若 $\Delta_r G_m < 0$，即 $\left(\dfrac{\partial G}{\partial \xi}\right)_{T,p,W'=0} < 0$，化学反应将正向进行，反应物自发生成产物；

(2) 若 $\Delta_r G_m > 0$，即 $\left(\dfrac{\partial G}{\partial \xi}\right)_{T,p,W'=0} > 0$，反应不能自发正向进行，但逆反应可自发进行；

(3) 若 $\Delta_r G_m = 0$，即 $\left(\dfrac{\partial G}{\partial \xi}\right)_{T,p,W'=0} = 0$，反应达到平衡。

以反应进度 ξ 为横坐标，吉布斯函数 G 为纵坐标，得到如图 4-1 所示的曲线。整个曲线表示在化学反应过程中系统的吉布斯函数随反应进度的变化情况。由图 4-1 可见，随着反应的进行，即随着 ξ 从小变大，系统的吉布斯函数逐渐降低，降至最低时反应达到化学平衡；最低点左侧曲线的斜率 $\Delta_r G_m < 0$，表明反应可以自发进行；最低点 E 处 $\Delta_r G_m = 0$，系统达到平衡；若 ξ 进一步增加，G 将增大，这在恒定 T、p 下是不可能自动发生的。不过要说

明的是，如果系统开始时处于最低点右侧，那么反应将逆向进行，系统将从右侧向最低点趋近，至最低点时达到平衡，这也是一个吉布斯函数减小的自发过程。总之，反应系统在定温、定压条件下总是趋于向吉布斯函数极小的方向进行，反应可以从两侧向最低点靠拢，趋向平衡。如果是定温定容的系统，那么可用亥姆霍兹函数 A 代替吉布斯函数 G 作类似的讨论。由图 4-1 还可以看出，G-ξ 曲线斜率的绝对值 $\left|\left(\dfrac{\partial G}{\partial \xi}\right)_{T,P}\right|$ 随着向平衡点靠近而逐渐减小，这反映了反应自动进行趋势的逐渐减小，到达 $\left|\left(\dfrac{\partial G}{\partial \xi}\right)_{T,P}\right|=0$ 时，反应达到平衡。所以也有人将 $-\Delta_r G_m$ 称为化学反应的净推动力，或化学反应亲和势，以 A 表示，即 $A=-\Delta_r G_m=-\left(\dfrac{\partial G}{\partial \xi}\right)_{T,P}$。

因此，对于一般的化学反应，有 $\sum\limits_B \nu_B B = 0$，其在定温定压下反应方向的判据应为：

（1）$A>0$，反应正向自发进行；

（2）$A<0$，反应逆向自发进行；

（3）$A=0$，反应达到平衡或是可逆反应。

这就是把 A 称为化学亲和势的原因。在图 4-1 中，曲线左半支，$A>0$，反应能正向自发进行；曲线右半支，$A<0$，反应不能正向自发进行，只能逆向自发进行；在曲线最低点，$A=0$，反应达到平衡。

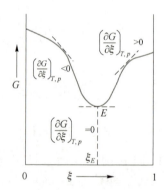

图 4-1　恒定 T、p 时系统的 G 随反应进度 ξ 变化的示意图

4.2　化学反应的标准平衡常数和定温方程

 核心内容

1. 化学反应的标准平衡常数

气相反应的标准平衡常数 $K^\ominus(T)=\Pi\,(p_{B,eq}/p^\ominus)^{\nu_B}=\dfrac{(p_{C,eq}/p^\ominus)^c\,(p_{D,eq}/p^\ominus)^d}{(p_{A,eq}/p^\ominus)^a\,(p_{B,eq}/p^\ominus)^b}$

对于 $\sum\limits_B \nu_B B = 0$ 的任意化学反应，标准平衡常数定义为

$$K^{\ominus}(T) \stackrel{\text{def}}{=} \exp\left\{-\frac{\sum\limits_{B}\nu_B\mu_B^{\ominus}(T)}{RT}\right\} \stackrel{\text{def}}{=} \exp\left\{\frac{-\Delta_r G_m^{\ominus}(T)}{RT}\right\}$$

2. 化学反应的定温方程

将参与反应的各物质的化学势表达式代入 $\Delta_r G_m = \sum\limits_{B}\mu_B\nu_B$，得化学反应的定温方程：

$$\Delta_r G_m = \Delta_r G_m^{\ominus}(T) + RT\ln J^{\ominus} \text{ 或 } \Delta_r G_m = RT\ln\frac{J^{\ominus}}{K^{\ominus}}$$

这样就不需要计算 $\Delta_r G_m^{\ominus}$ 的具体数值，只需要知道 $\Delta_r G_m^{\ominus}(T)$（或 $K^{\ominus}$）和实际反应的压强商，就可以根据 $\Delta_r G_m^{\ominus}$ 的值判断化学反应的方向与限度。

4.2.1　化学反应的标准平衡常数

当有一定温定压下的理想气体化学反应 $a\text{A} + b\text{B} \rightleftharpoons c\text{C} + d\text{D}$ 达到化学平衡时，各气体的平衡分压分别为 $p_{A,eq}$，$p_{B,eq}$、$p_{C,eq}$ 和 $p_{D,eq}$。

定温定压条件下，反应系统的吉布斯函数为

$$\Delta_r G_m(T) = \sum \nu_B\mu_B(T) = (c\mu_C + d\mu_D) - (a\mu_A + b\mu_B)$$

根据式（4-2）可知，反应达平衡时 $\Delta_r G_m = 0$，则

$$\Delta_r G_m(T) = \sum \nu_B\mu_B(T) = 0$$

根据前面的内容知混合的理想气体中，参加反应的各气体的化学势 μ_B 与各组分压强 $p_{B,eq}$ 的关系式为 $\mu_B = \mu_B^{\ominus}(g,T) + RT\ln\dfrac{p_{B,eq}}{p^{\ominus}}$，将其代入 $\Delta_r G_m(T) = \sum \nu_B\mu_B(T) = 0$，整理得

$$\Delta_r G_m = [c\mu_C^{\ominus}(T) + d\mu_D^{\ominus}(T) - a\mu_A^{\ominus}(T) - b\mu_B^{\ominus}(T)] + RT\ln\frac{(p_{C,eq}/p^{\ominus})^c(p_{D,eq}/p^{\ominus})^d}{(p_{A,eq}/p^{\ominus})^a(p_{B,eq}/p^{\ominus})^b} = 0$$

令

$$\Delta_r G_m^{\ominus}(T) = c\mu_C^{\ominus}(T) + d\mu_D^{\ominus}(T) - a\mu_A^{\ominus}(T) - b\mu_B^{\ominus}(T) = \sum_B \nu_B\mu_B^{\ominus}(T)$$

定义

$$\Pi(p_{B,eq}/p^{\ominus})^{\nu_B} = \frac{(p_{C,eq}/p^{\ominus})^c(p_{D,eq}/p^{\ominus})^d}{(p_{A,eq}/p^{\ominus})^a(p_{B,eq}/p^{\ominus})^b} \qquad (4-3)$$

因为平衡时 $\Delta_r G_m = 0$，所以

$$\Delta_r G_m^{\ominus}(T) = -RT\ln\Pi(p_{B,eq}/p^{\ominus})^{\nu_B} \qquad (4\text{-}4a)$$

$$\sum_B \nu_B\mu_B^{\ominus}(T) = -RT\ln\Pi(p_{B,eq}/p^{\ominus})^{\nu_B} \qquad (4\text{-}4b)$$

式（4-4a）中，$\Delta_r G_m^{\ominus}(T)$ 为化学反应的标准摩尔吉布斯自由能变化值，因为 $\mu_B^{\ominus}(T)$ 仅是温度的函数，所以 $\Delta_r G_m^{\ominus}(T)$ 也只是温度的函数。对于一定的化学反应，当温度确定后，$\Delta_r G_m^{\ominus}$ 为一确定值，则式（4-4b）中对数项的值也为一确定值，与系统的压强和组成无关。令 $K^{\ominus}(T) = \Pi(p_{B,eq}/p^{\ominus})^{\nu_B}$，$K^{\ominus}$ 为化学反应的"标准平衡常数"。则

$$\Delta_r G_m^{\ominus}(T) = -RT\ln K^{\ominus}(T) \tag{4-5a}$$

或

$$\sum_B \nu_B \mu_B^{\ominus}(T) = -RT\ln K^{\ominus}(T) \tag{4-5b}$$

式中

$$K^{\ominus}(T) \overset{\text{def}}{=} \exp\left\{\dfrac{-\sum_B \nu_B \mu_B^{\ominus}(T)}{RT}\right\} \tag{4-6a}$$

或

$$K^{\ominus}(T) \overset{\text{def}}{=} \exp\left\{\dfrac{-\Delta_r G_m^{\ominus}(T)}{RT}\right\} \tag{4-6b}$$

式(4-6)右端量纲为 1,且只是温度的函数,故 $K^{\ominus}(T)$ 也是一个只与温度有关的量纲为 1 的量。式(4-6b)中 $\Delta_r G_m^{\ominus}(T)$ 为反应系统在温度 T 时的标准热力学性质,$K^{\ominus}(T)$ 为反应达到平衡时各组分的分压商,是系统的平衡化学性质。所以 $\Delta_r G_m^{\ominus}(T) = -RT\ln K^{\ominus}(T)$ 将系统的平衡化学性质与其标准热力学性质联系起来,是一个重要的基本关系式,其实用价值在于可以直接从现有的热力学数据进行化学平衡计算。

4.2.2　化学反应的定温方程

化学反应的定温方程是表示在一定的温度、压强条件下,化学反应进行时摩尔反应吉布斯函数 $\Delta_r G_m(T)$ 与系统组成的关系。

对于定温定压下的理想气体化学反应 $a\text{A}+b\text{B} \rightleftharpoons c\text{C}+d\text{D}$,设各气体非平衡分压分别为 p_A、p_B、p_C 和 p_D,这些分压是任意给定的,所以系统未必达到平衡。此时系统摩尔反应吉布斯函数为

$$\Delta_r G_m(T) = \sum \nu_B \mu_B(T)$$

将混合的理想气体中,B 气体的化学势 μ_B 与压强 p_B 的关系式 $\mu_B = \mu_B^{\ominus}(g,T) + RT\ln\dfrac{p_B}{p^{\ominus}}$ 代入 $\Delta_r G_m(T) = \sum \nu_B \mu_B(T)$ 得

$$\Delta_r G_m = c[\mu_C^{\ominus}(T)+RT\ln(p_C/p^{\ominus})]+d[\mu_D^{\ominus}(T)+RT\ln(p_D/p^{\ominus})] -$$
$$a[\mu_A^{\ominus}(T)+RT\ln(p_A/p^{\ominus})]-b[\mu_B^{\ominus}(T)+RT\ln(p_B/p^{\ominus})]$$

整理得

$$\Delta_r G_m = [c\mu_C^{\ominus}(T)+d\mu_D^{\ominus}(T)-a\mu_A^{\ominus}(T)-b\mu_B^{\ominus}(T)]+RT\ln\dfrac{(p_C/p^{\ominus})^c(p_D/p^{\ominus})^d}{(p_A/p^{\ominus})^a(p_B/p^{\ominus})^b}$$

令

$$\Pi(p_B/p^{\ominus})^{\nu_B} = \dfrac{(p_C/p^{\ominus})^c(p_D/p^{\ominus})^d}{(p_A/p^{\ominus})^a(p_B/p^{\ominus})^b} = J^{\ominus}$$

式中,$J^{\ominus}$ 为反应系统中气体的压强商。

则

$$\Delta_r G_m = \sum_B \nu_B \mu_B^{\ominus}(T)+RT\ln J^{\ominus} \tag{4-7}$$

$$\Delta_r G_m = \Delta_r G_m^{\ominus}(T) + RT\ln J^{\ominus} \tag{4-8}$$

式(4-8)即为理想气体反应的定温方程。已知反应温度 T 时的 $\Delta_r G_m^{\ominus}$ 及各气体的分压 p_B，即可求得该温度下反应的 $\Delta_r G_m$。

将 $\Delta_r G_m^{\ominus}(T) = -RT\ln K^{\ominus}(T)$ 代入式(4-8)得

$$\Delta_r G_m = -RT\ln K^{\ominus} + RT\ln J^{\ominus} \tag{4-9}$$

即

$$\Delta_r G_m = RT\ln \frac{J^{\ominus}}{K^{\ominus}} \tag{4-10}$$

式(4-9)或式(4-10)称为范特霍夫定温方程。应用此式不必计算 $\Delta_r G_m$，只要比较 $K^{\ominus}$ 与 $J^{\ominus}$ 就可判断给定系统中化学反应的进行方向：

（1）若 $J^{\ominus} < K^{\ominus}$，即 $\Delta_r G_m < 0$，则反应正向自发进行；

（2）若 $J^{\ominus} = K^{\ominus}$ 时，即 $\Delta_r G_m = 0$，则反应呈平衡；

（3）若 $J^{\ominus} > K^{\ominus}$，即 $\Delta_r G_m > 0$，则反应逆向自发进行。

因此，$K^{\ominus}$ 与 $J^{\ominus}$ 的比值的大小，表征了给定系统中所发生定温反应的不可逆程度。$\dfrac{J^{\ominus}}{K^{\ominus}}$ 值偏离1愈远，该系统离开平衡愈远，自发反应的不可逆程度愈大。$J^{\ominus}$ 值可以由调整反应系统中各组分的分压（各组分的摩尔分数及总压）来控制，$K^{\ominus}$ 则只随温度而变动。因此，可以通过选择反应条件（温度、组成、压强）来改变 $K^{\ominus}$ 与 $J^{\ominus}$ 相对大小，使反应朝预期的方向进行。

4.2.3　理想气体的经验平衡常数

除了用 $K^{\ominus}$ 来表示理想气体化学反应的标准平衡常数外，习惯上人们还使用 K_p、K_x 和 K_c 等来表示化学反应的平衡常数，称为经验平衡常数。此外，还有一个与经验平衡常数相似的参数 K_n，但因 n_B 不具有浓度的内涵，所以 K_n 不是平衡常数。它们分别定义为

$$K_p = \Pi(p_{B,eq})^{\nu_B}$$

$$K_x = \Pi(x_{B,eq})^{\nu_B}$$

$$K_c = \Pi(c_{B,eq})^{\nu_B}$$

$$K_n = \Pi(n_{B,eq})^{\nu_B}$$

经验平衡常数与 $K^{\ominus}$ 的关系推导如下：

$$K^{\ominus}(T) = \Pi(p_{B,eq})^{\nu_B} \cdot (p^{\ominus})^{-\sum_B \nu_B} = K_p(p^{\ominus})^{-\sum_B \nu_B}$$

将 $p_B = x_B p$ 代入得

$$K^{\ominus}(T) = \Pi(x_{B,eq}p/p^{\ominus})^{\nu_B} = \Pi(x_{B,eq})^{\nu_B}(p/p^{\ominus})^{\sum_B \nu_B} = K_x(p/p^{\ominus})^{\sum_B \nu_B}$$

将 $p_B = c_B RT$ 代入得

$$K^{\ominus}(T) = \Pi(c_{B,eq}RT/p^{\ominus})^{\nu_B} = \Pi(c_{B,eq})^{\nu_B}(RT/p^{\ominus})^{\sum_B \nu_B} = K_c(RT/p^{\ominus})^{\sum_B \nu_B}$$

另外，$x_B = n_B/n_{总}$，代入得

$$K^{\ominus}(T) = \Pi(x_{B,eq})^{\nu_B}(p/p^{\ominus})^{\sum_B \nu_B} = \Pi(B_{B,eq}/n_{总})^{\nu_B}(p/p^{\ominus})^{\sum_B \nu_B} = K_n(p/p^{\ominus}n_{总})^{\sum_B \nu_B}$$

总结得出

$$K^{\ominus}(T) = K_p(p^{\ominus})^{-\sum\limits_{B}\nu_B} = K_x(p/p^{\ominus})^{\sum\limits_{B}\nu_B} = K_c(RT/p^{\ominus})^{\sum\limits_{B}\nu_B} = K_n(p/p^{\ominus}\sum\limits_{B}n_B)^{\sum\limits_{B}\nu_B}$$

$$(4-11)$$

4.3 复相化学平衡

 **核心内容**

1. 凝聚相纯物质与理想气体反应的化学平衡

在标准压强下，凝聚相纯物质的纯态就是其标准态，它的化学势就是其标准态化学势，这种反应的标准平衡常数只与气相物质的压强有关。

2. 分解压

若复相化学平衡只涉及一种气体生成物，则平衡时该气体的压强即为该化合物的分解压。可以用分解压的大小来衡量固体化合物的稳定性，分解压越小，稳定性越高。

4.3.1 凝聚相纯物质与理想气体反应的化学平衡

复相反应是指凝聚相纯物质（不形成溶液或固溶体的纯液相或固相）和气体之间的化学反应，如：

$$Fe(s)+CO_2(g)\Longrightarrow FeO(s)+CO(g)$$

可写成一般的代表性反应：

$$aA(s)+bB(g)\Longrightarrow cC(s)+dD(g)$$

因为纯液体或纯固体的化学势实际上只和温度有关，压强的影响一般可以略去不计，所以，系统在任意 T、p 下凝聚相纯物质的化学势为

$$\mu_A=\mu_A^*=\mu_A^{\ominus};\mu_C=\mu_C^*=\mu_C^{\ominus}$$

而气相物质（视为理想气体）的化学势为

$$\mu_B=\mu_B^{\ominus}(g,T)+RT\ln\frac{p_B}{p^{\ominus}};\mu_D=\mu_D^{\ominus}(g,T)+RT\ln\frac{p_D}{p^{\ominus}}$$

则平衡时，有

$$\Delta_r G_m^{\ominus}(T)=-RT\ln K^{\ominus}(T)$$

$$K^{\ominus}(T)=\exp\{-\Delta_r G_m^{\ominus}/RT\}=\frac{(p_{D,eq}/p^{\ominus})^d}{(p_{B,eq}/p^{\ominus})^b}$$

$$(4-12)$$

由式（4-12）可知，对于凝聚相纯物质与气体间的复相反应，在 $\Delta_r G_m^{\ominus}$ 中虽然包含了气态和凝聚态的化学势 $\mu_B^{\ominus}(T)$，但平衡常数 $K^{\ominus}(T)$ 的表示式中却只包含气体的分压，与纯凝聚态物质无关。即在标准压强下，凝聚相纯物质的纯态就是其标准态，它的化学势就是其标准态化学势，这种反应的标准平衡常数只与气相物质的压强有关。

4.3.2 分解压

在复相平衡中有一类特殊的反应，其特点是平衡只涉及一种气体生成物，其余都是纯态凝聚相。例如：

$$CaCO_3(s) \rightleftharpoons CaO(s) + CO_2(g)$$

$$K^\ominus = \frac{p_{CO_2,eq}}{p^\ominus}$$

因为 $K^\ominus(T)$ 只是温度的函数，所以在一定温度时，不论 $CaCO_3$ 和 CaO 的数量有多少，平衡时 CO_2 的分压为一定值，把平衡态的 p_{CO_2} 称为该温度下 $CaCO_3$ 的分解压。若分解产物不止一种，则产物的总压称为分解压。例如 $NH_4HS(s)$ 的分解反应为 $NH_4HS(s) \rightleftharpoons NH_3(g) + H_2S(g)$，分解压 $p = p_{NH_3} + p_{H_2S}$。

通常以分解压的大小来衡量固体化合物的稳定性，分解压越小，稳定性越高。升高温度会使分解压升高。分解压是个重要的概念，广泛应用于化工、冶金、金属材料热处理过程，常用它来衡量某一物质的相对热稳定性，分解压愈小的化合物，其热稳定性愈好，即该化合物愈难分解。表 4-1 列出了某些常见氧化物在 1 000 K 下的分解压。

表 4-1 某些氧化物在 1 000 K 下的分解压

氧化物	CuO	Cu_2O	NiO	FeO	MnO	SiO_2	Al_2O_3	MgO	CaO
分解压 p/kPa	2.0×10^{-8}	1.1×10^{-12}	1.1×10^{-14}	3.3×10^{-18}	3.0×10^{-31}	1.3×10^{-28}	5.0×10^{-46}	3.4×10^{-50}	2.7×10^{-54}
稳定性		→热稳定性渐强							

将某些氧化物的分解压对温度 T 作图，如图 4-2 所示。从图 4-2 中可以看出：①温度愈高，分解压愈大；②同一温度下分解压愈大的化合物愈不稳定。各种氧化物的热稳定性顺序与表 4-1 中是一致的。根据分解压的大小可预知在冶炼过程中哪些元素易熔于金属液中，哪些元素易氧化而进入炉渣，因而分解压这一性质常作为生产设计过程的一个重要依据。如在铸造、焊接过程中，为了提高产品的机械性能，必须考虑熔池中的脱氧问题。比如热处理盐浴，若长期使用而不除去其中的氧，将使盐浴性能变坏，造成工件质量下降，因而需进行脱氧。再如冶金过程中，欲除去 FeO 中的氧，均需采用适当的脱氧剂。选择脱氧剂的原则是脱氧剂与氧形成化合物的热稳定性大于氧化亚铁的热稳定性，这样脱氧剂加入后，即夺取氧化亚铁中的氧。从表 4-1 看出，Al、Si、Mn 均可以作为炼钢的脱氧剂。因为

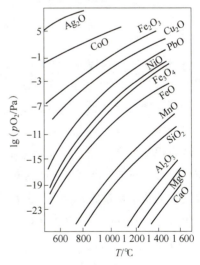

图 4-2 某些氧化物的分解压与温度的关系

$$3(FeO) + 2[Al] \rightleftharpoons (Al_2O_3) + 3Fe(l)$$

式中，(FeO)、(Al_2O_3) 分别表示炉渣中的 FeO 和 Al_2O_3；[Al] 表示熔于液态 Fe 中的 Al。Al_2O_3 比 FeO 稳定，所以炼钢末期常加入 Al 以除去 FeO 中的氧，所生成的 Al_2O_3 随炉渣排出。

4.4 标准平衡常数和平衡组成的计算

核心内容

1. 标准平衡常数的计算

（1）标准摩尔生成吉布斯函数法：$\Delta_r G_m^{\ominus}(B,T) = \sum_B \nu_B \Delta_f G_m^{\ominus}(B,T)$；

（2）通过化学反应的 $\Delta_r H_m^{\ominus}(T)$、$\Delta_r S_m^{\ominus}(T)$，计算 $\Delta_r G_m^{\ominus}(T)$，根据吉布斯函数的定义求，即

$$\Delta_r G_m^{\ominus}(T) = \Delta_r H_m^{\ominus}(T) - T\Delta_r S_m^{\ominus}(T)$$

（3）通过相关反应计算。

2. 平衡转化率的计算

平衡转化率为化学反应系统达平衡后，某反应物消耗掉的量（或转化为产物的量）与该反应物初始量的比。转化率$(\alpha) = \dfrac{A\,反应物消耗掉的数量}{A\,反应物的原始数量} \times 100\%$。

由平衡常数的热力学定义式 $K^{\ominus}(T) = \Pi\,(p_{B,eq}/p^{\ominus})^{\nu_B} = \exp\left\{\dfrac{-\Delta_r G_m^{\ominus}(T)}{RT}\right\}$ 可知，平衡常数 $K^{\ominus}(T)$ 一方面与热力学函数 $\Delta_r G_m^{\ominus}(T)$ 相联系，另一方面与反应系统中的平衡组成相联系。所以既可以通过 $\Delta_r G_m^{\ominus}(T)$ 来计算 $K^{\ominus}(T)$，进而计算平衡组成；也可以通过测定平衡时各反应组分的压强或浓度来计算 $K^{\ominus}(T)$，进而计算 $\Delta_r G_m^{\ominus}(T)$。本节首先介绍如何利用热力学方法通过 $\Delta_r G_m^{\ominus}(T)$ 计算 $K^{\ominus}(T)$，再介绍 $K^{\ominus}(T)$ 与平衡组成之间的计算方法。

4.4.1 标准平衡常数的计算

1. 标准摩尔生成吉布斯函数法

物质 B 的标准摩尔生成吉布斯函数的定义为：在指定温度 T 下，由各自处于标准状态下的指定单质变为处于标准状态下纯物质 B 的标准摩尔反应吉布斯函数变化，称为该纯物质在温度 T 时的标准摩尔生成吉布斯函数，用符号 $\Delta_f G_m^{\ominus}(T)$ 表示。书写相应的化学方程式时，要使 B 的化学计量数 $\nu_B = +1$。如反应 $C(石墨) + O_2(g) \Longrightarrow CO_2(g)$，该反应的 $\Delta_r G_m^{\ominus}(298\ K) = -394.38\ kJ \cdot mol^{-1}$，这也是 $CO_2(g)$ 在 298 K 时的 $\Delta_f G_m^{\ominus}(298\ K)$。

按照 $\Delta_f G_m^{\ominus}(T)$ 的定义，在任一温度 T、标准状态下的指定单质，其 $\Delta_f G_m^{\ominus}(T)$ 为零。

由 $\Delta_f G_m^{\ominus}(T)$ 计算反应的 $\Delta_r G_m^{\ominus}(T)$ 的关系式为

$$\Delta_r G_m^{\ominus}(B,T) = \sum_B \nu_B \Delta_f G_m^{\ominus}(B,T) \tag{4-13}$$

例题 1 银可能受到 H_2S 的腐蚀而发生下面的反应：

$$H_2S(g) + 2Ag(s) \longrightarrow Ag_2S(s) + H_2(g)$$

在 25 ℃和 101 325 Pa 下，将 Ag(s) 放在等体积的 H_2 和 H_2S 组成的混合气体中，已知

25 ℃时，$Ag_2S(s)$和$H_2S(g)$的$\Delta_f G_m^{\ominus}$分别为−40.25 kJ·mol^{-1}和−32.93 kJ·mol^{-1}。

问：（1）能否发生腐蚀而生成$Ag_2S(s)$？（2）在混合气体中，H_2S的摩尔分数低于多少才不致发生腐蚀？

解：（1）$\Delta_r G_m^{\ominus}(298\ K)=[-40.25-(-32.93)]$ kJ·mol$^{-1}=-7.32$ kJ·mol^{-1}

$$\Delta_r G_m(298\ K)=\Delta_r G_m^{\ominus}(298\ K)+RT\ln J^{\ominus}$$

$$=-7.32\times10^3\ J·mol^{-1}+8.314\ J·K^{-1}·mol^{-1}\times298.15\ K\times\ln\frac{0.5}{1.5}$$

$$=-1.004\times10^4\ J·mol^{-1}$$

因为$\Delta_r G_m(298\ K)<0$，故能发生腐蚀。

（2）令$\Delta_r G_m=0$，则有

$$0=-7.32\times10^3\ J·mol^{-1}+8.314\ J·K^{-1}·mol^{-1}\times298.15\ K\times\ln\frac{(p_{H_2}/p^{\ominus})}{(p_{H_2S}/p^{\ominus})}$$

则

$$\frac{p_{H_2}}{p_{H_2S}}=19.2$$

$$y_{H_2S}=\frac{p_{H_2S}}{p_{H_2S}+p_{H_2}}=\frac{1}{1+19.2}=0.049\ 5$$

即H_2S的摩尔分数低于0.049 5时才不致发生腐蚀。

2. 通过化学反应的$\Delta_r H_m^{\ominus}(T)$、$\Delta_r S_m^{\ominus}(T)$计算$\Delta_r G_m^{\ominus}(T)$

根据吉布斯函数的定义式可得

$$\Delta_r G_m^{\ominus}(T)=\Delta_r H_m^{\ominus}(T)-T\Delta_r S_m^{\ominus}(T) \tag{4-14}$$

式中

$$\Delta_r H_m^{\ominus}(T)=\sum\nu_B\Delta_f H_m^{\ominus}(B) \tag{4-15}$$

或

$$\Delta_r H_m^{\ominus}(T)=-\sum\nu_B\Delta_c H_m^{\ominus}(B) \tag{4-16}$$

$$\Delta_r S_m^{\ominus}(T)=\sum\nu_B S_m^{\ominus}(B) \tag{4-17}$$

再根据$K^{\ominus}(T)=\exp\{-\Delta_r G_m^{\ominus}/RT\}$求解。

3. 通过相关反应计算

如前所述，如果一个反应可由其他反应线性组合得到，那么该反应的$\Delta_r G_m^{\ominus}(T)$也可由相应反应的$\Delta_r G_m^{\ominus}(T)$线性组合得到，然后根据$K^{\ominus}(T)=\exp\{-\Delta_r G_m^{\ominus}/RT\}$求解。

例题 2 已知298 K时的下列数据：

（1）$CO_2(g)+4H_2(g)\Longrightarrow CH_4(g)+2H_2O(g)$，$\Delta_r G_m^{\ominus}(1)=-112.6$ kJ·mol^{-1}；

（2）$2H_2(g)+O_2(g)\Longrightarrow2H_2O(g)$，$\Delta_r G_m^{\ominus}(2)=-456.1$ kJ·mol^{-1}；

（3）$2C(s)+O_2(g)\Longrightarrow2CO(g)$，$\Delta_r G_m^{\ominus}(3)=-272.0$ kJ·mol^{-1}；

（4）$C(s)+2H_2(g)\Longrightarrow CH_4(g)$，$\Delta_r G_m^{\ominus}(4)=-51.1$ kJ·mol^{-1}。

试求反应$CO_2(g)+H_2(g)\Longrightarrow H_2O(g)+CO(g)$在298 K时的$\Delta_r G_m^{\ominus}(298\ K)$和$K^{\ominus}(298\ K)$。

解：所求反应可以表示为（1）-（2）/2+（3）/2-（4），则 $\Delta_r G_m^{\ominus}(298\ \text{K}) = \Delta_r G_m^{\ominus}(1) - \Delta_r G_m^{\ominus}(2)/2 + \Delta_r G_m^{\ominus}(3)/2 - \Delta_r G_m^{\ominus}(4) = 30.55\ \text{kJ} \cdot \text{mol}^{-1}$

$$K^{\ominus}(T) = \exp\{-\Delta_r G_m^{\ominus}/RT\} = \exp\left\{\frac{-30.55 \times 10^3}{8.314\ 5 \times 298}\right\} = 4.41 \times 10^{-6}$$

4.4.2 平衡转化率的计算

在化学平衡计算中经常遇到计算转化率、产率及平衡混合物中某产物的含量等问题。这些问题相互之间都有内在联系，只是看问题的侧重面不同而已，归根到底是计算平衡后系统的组成。

在计算平衡组成时，反应物的转化率和产物的产率是常遇到的两个名词，平衡转化率为化学反应系统达平衡后，某反应物消耗掉的量（或转化为产物的量）与该反应物初始量的比；产率为某反应物转化为指定产物的量与该反应物初始量的比。

$$转化率(\alpha) = \frac{A\ 反应物消耗掉的数量}{A\ 反应物的原始数量} \times 100\%$$

$$产率 = \frac{转化为指定产物的\ A\ 反应物的消耗数量}{A\ 反应物的原始数量} \times 100\%$$

对于给定的反应系统，到达平衡时，$\Delta_r G_m = 0$，参与反应的各物质的量由标准平衡常数决定，从宏观上看反应物和生成物的量不随反应时间的延长而变化，即使是延长时间也不可能得到更多的产物。因此，平衡转化率是理论最高转化率，即使是采取其他措施也不能超过这个限度。如加入催化剂只能使反应速率增大，缩短达到平衡的时间，但平衡组成不变。工业生产中还习惯用产率来表示得到期望产品的量，平衡产率是指反应系统达到平衡后实际得到的期望产品的量与按化学计量方程计算得到的理论量的比值。由于在化学反应系统中往往还存在副反应，再加上反应也不可能真正达到平衡，因此平衡产率要比工业上用的产率高得多。

例题 3　在 250 ℃及标准压强下，1 mol PCl_5 部分解离为 PCl_3 和 Cl_2，达到平衡时通过实验测知混合物的密度为 2.695 g·dm^{-3}，试计算 PCl_5 的解离度 α 及解离反应在该温度时的 $K^{\ominus}$ 和 $\Delta_r G_m^{\ominus}$。

解：设解离度为

$$\alpha \quad PCl_5(g) \longrightarrow PCl_3(g) + Cl_2(g)$$

$$1\ \text{mol} \qquad 0 \qquad 0$$

$$1-\alpha \qquad \alpha \qquad \alpha$$

$$n_{总} = 1 - \alpha + \alpha + \alpha = 1 + \alpha$$

假设气体为理想气体： $$pV = n_{总}RT$$

$$101\ 325 \times \frac{m}{\rho} = (1+\alpha) \times 8.314 \times 523$$

$$m = 1 \times (31 + 35 \times 5)\ \text{g} = 206\ \text{g}$$

$$(1+\alpha) \times 8.314 \times 523 = 101\ 325 \times \frac{206}{2.695/10^{-3}}$$

所以计算得 $\qquad\qquad\qquad\qquad\alpha=0.78$

$$K^{\ominus}=K_n\left(\frac{p}{p^{\ominus}n_{\text{总}}}\right)^{\Delta\nu}=\frac{\alpha\cdot\alpha}{1-\alpha}\left(\frac{p^{\ominus}}{p^{\ominus}(1+\alpha)}\right)^{\Delta\nu}=\frac{0.78\times0.78}{1-0.78}\times\left(\frac{1}{1+\alpha}\right)^{2-1}=1.55$$

$$\Delta_r G_m^{\ominus}=-RT\ln K^{\ominus}=-8.314\times523\times\ln 1.55\ \text{kJ}\cdot\text{mol}^{-1}=-1.91\ \text{kJ}\cdot\text{mol}^{-1}$$

例题 4　甲烷是钢铁表面进行渗碳处理时最好的渗碳剂之一，高温反应为

$$CH_4(g)\Longleftrightarrow C(\text{石墨})+2H_2(g)$$

已知该反应 $\Delta_r G_m^{\ominus}=[90\ 165-109.56T]$，单位：$\text{J}\cdot\text{mol}^{-1}$。

（1）求 500 ℃时，反应的平衡常数 $K^{\ominus}$；

（2）求 500 ℃时平衡时甲烷的分解率，设总压强为 101.325 kPa；

（3）500 ℃时，总压强为 101.325 kPa，且分解前的甲烷中含有 50% 的惰性气体，求甲烷的分解率。

解：（1）　$\Delta_r G_m^{\ominus}=(90\ 165-109.56\times773)\ \text{J}\cdot\text{mol}^{-1}=-5\ 475\ \text{J}\cdot\text{mol}^{-1}$

$$K^{\ominus}=\exp\left\{\frac{-\Delta_r G_m^{\ominus}}{RT}\right\}=\exp\left\{\frac{-5\ 475}{8.314\times773}\right\}=0.427$$

（2）总压强为 101.325 kPa，则

$$CH_4(g)\Longleftrightarrow C(\text{石墨})+2H_2(g)$$

反应前	1	0	0
平衡	$1-\alpha$	α	2α

$$n_{\text{总}}=1+\alpha$$

平衡分压 $\qquad\qquad\qquad p(1-\alpha)/(1+\alpha)\qquad\qquad p(2\alpha)/(1+\alpha)$

$$K^{\ominus}=\frac{p^2\left(\frac{2\alpha}{1+\alpha}\right)^2}{p\left(\frac{1-\alpha}{1+\alpha}\right)}\cdot\frac{1}{p^{\ominus}}=\frac{4\alpha^2}{1-\alpha^2}\times\left(\frac{101.325}{100}\right)=0.427$$

$$\alpha=\sqrt{\frac{K^{\ominus}}{4p/p^{\ominus}+K^{\ominus}}}=0.309$$

（3）500 ℃时，总压强为 101.325 kPa，且分解前的甲烷中含有 50% 的惰性气体，设有 β mol 的 CH_4 发生分解，则

$$CH_4(g)\Longleftrightarrow C(\text{石墨})+2H_2(g)$$

反应前	n	1	0	0	$n_{\text{总}}=2$
反应平衡		$1-\beta$		2β	$n_{\text{总}}=2+\beta$

平衡分压 $\qquad\qquad\qquad p(1-\beta)/(2+\beta)\qquad\qquad 2p\beta/(2+\beta)$

$$K^{\ominus}=\frac{p^2\left(\frac{2\beta}{2+\beta}\right)^2}{p\left(\frac{1-\beta}{2+\beta}\right)}\cdot\frac{1}{p^{\ominus}}=\frac{4\beta^2}{(1-\beta)(2+\beta)}\times\left(\frac{101.325}{100}\right)=0.427$$

解得 $\beta=0.392$，则 CH_4 的分解率为 $\frac{0.392}{1}\times100\%=39.2\%$。

所以分解前的甲烷中含有50%的惰性气体时 CH_4 的分解率为 39.2%。

比较（2）与（3）可知，总压相同、温度相同时，加入惰性气体使甲烷的分解率增加。

4.5 各种因素对化学平衡的影响

核心内容

1. 温度对化学平衡的影响

温度对化学平衡的影响可用范特霍夫定压方程来表示，其微分式和定积分式分别为

$$\frac{d(\ln K^{\ominus})}{dT} = \frac{\Delta_r H_m^{\ominus}}{RT^2}, \ln \frac{K^{\ominus}(T_1)}{K^{\ominus}(T_2)} = \frac{\Delta_r H_m^{\ominus}}{R} \left(\frac{1}{T_1} - \frac{1}{T_2} \right)$$

2. 压强对化学平衡的影响

压强只影响化学平衡的组成，一般不影响平衡常数的数值。

3. 惰性气体对化学平衡的影响

惰性气体不影响平衡常数的数值，只影响平衡的组成。加入惰性气体对气体分子数增加的反应有利，对气体分子数减少的反应不利。

根据前面的学习可知，平衡是相对的，是在一定条件下的动态平衡。当外部条件发生变化时，平衡被破坏，结果使平衡发生移动，从而达到一个新的平衡。勒·夏特列于 1888 年总结出平衡迁移的定性规律：对处于平衡状态的系统，当外界条件（温度、压强及浓度等）发生变化时，平衡将发生迁移，其迁移方向总是削弱或者反抗外界条件改变的影响。这一规律与根据热力学原理分析所得结论完全一致，其中温度对化学平衡的影响就是范特霍夫定压方程。

4.5.1 温度对化学平衡的影响

通常由标准热力学数据求得的 $\Delta_r G_m^{\ominus}(T)$ 多是 298.15 K 下的值，再由此计算的 $K^{\ominus}(T)$ 也是 298.15 K 下的值。如果要求其他温度下的 $K^{\ominus}(T)$，就要知道温度对标准常数的影响，实际上是要了解温度对吉布斯函数的影响。

定压下温度对吉布斯函数的影响是由热力学基本方程导出的吉布斯–亥姆霍兹方程：

$$\left[\frac{d}{dT} \left(\frac{\Delta_r G_m}{T} \right) \right]_p = -\frac{\Delta_r H_m}{T^2}$$

把 $\Delta_r G_m^{\ominus} = -RT\ln K^{\ominus}(T)$ 代入上式得

$$\frac{d(\ln K^{\ominus})}{dT} = \frac{\Delta_r H_m^{\ominus}}{RT^2} \tag{4-18}$$

式中，$\Delta_r H_m^{\ominus}(T)$ 是各物质处于标准状态，反应进度为 1 mol 时的焓变值。上式称为化学反应定压方程，也叫范特霍夫定压方程，它表明温度与标准平衡常数的关系（见图4-3）。由此可见：

（1）对吸热反应，$\Delta_r H_m^{\ominus}(T) > 0$，$\frac{d(\ln K^{\ominus})}{dT} > 0$，即升高温度，$K^{\ominus}(T)$ 值增大，说明升高温度对正向反应有利；

（2）对放热反应，$\Delta_r H_m^{\ominus}(T)<0$，$\dfrac{d(\ln K^{\ominus})}{dT}<0$，即温度升高，$K^{\ominus}(T)$ 值减小，说明升高温度对正向反应不利；

（3）不论 $\Delta_r H_m^{\ominus}(T)>0$，还是 $\Delta_r H_m^{\ominus}(T)<0$，高温下 $K^{\ominus}(T)$ 随 T 的变化都缓慢。

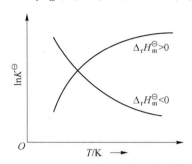

图 4-3　温度对标准平衡常数的影响

当温度变化范围不大时，反应的 $\Delta_r H_m^{\ominus}(T)$ 看作常数，对范特霍夫定压方程分别进行定积分和不定积分求解，其定积分方程为

$$\ln \frac{K^{\ominus}(T_1)}{K^{\ominus}(T_2)}=\frac{\Delta_r H_m^{\ominus}}{R}\left(\frac{1}{T_1}-\frac{1}{T_2}\right) \tag{4-19}$$

在已知 $\Delta_r H_m^{\ominus}(T)$ 和 T_1 下的 $K_1^{\ominus}$ 时，可由此式计算 T_2 温度下的 $K_2^{\ominus}$，或已知两个温度下的 $K_1^{\ominus}$ 和 $K_2^{\ominus}$ 时，计算反应的 $\Delta_r H_m^{\ominus}(T)$。

其不定积分方程为

$$\ln K^{\ominus}(T)=-\frac{\Delta_r H_m^{\ominus}}{RT}+C \tag{4-20}$$

或

$$\lg K^{\ominus}(T)=-\frac{\Delta_r H_m^{\ominus}}{2.303T}+C' \tag{4-21}$$

式（4-20）和式（4-21）表示了 $\ln K^{\ominus}$（或 $\lg K^{\ominus}$）与 $1/T$ 的线性关系。若以 $\ln K^{\ominus}$（或 $\lg K^{\ominus}$）为纵坐标，$1/T$ 为横坐标作图，所得直线的斜率为 $\Delta_r H_m^{\ominus}(T)/R$（或 $-\Delta_r H_m^{\ominus}(T)/2.303$），便可求得一段温度范围内的平均摩尔反应焓变 $\Delta_r H_m^{\ominus}(T)$，截距为积分常数。由此可确定 $\ln K^{\ominus}=f(T)$ 的具体函数关系，从而可用来求算在所限定的温度范围内任意温度下的 $K^{\ominus}$ 值，这在处理实际问题时很有用，这样求得的 $\Delta_r H_m^{\ominus}(T)$ 比仅从两个温度的数据计算所得的更准确。

当反应温度的变化范围较大，且反应物与生成物的 $\sum\limits_{B} \nu_B C_{p,m}(B)$ 较大时，必须考虑 $\Delta_r H_m^{\ominus}(T)$ 与 T 的关系。欲求 $K^{\ominus}(T)$，需将 $\Delta_r H_m^{\ominus}=f(T)$ 的函数关系代入式 $\dfrac{d[\ln K^{\ominus}(T)]}{dT}=\dfrac{\Delta_r H_m^{\ominus}(T)}{RT^2}$ 后再积分。

4.5.2　压强对化学平衡的影响

平衡常数 $K^{\ominus}$ 不随压强改变而变化。压强的改变对纯凝聚相反应平衡组成影响不大，但

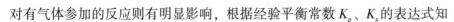

对有气体参加的反应则有明显影响，根据经验平衡常数 K_p、K_x 的表达式知

$$K^{\ominus} = K_x \left(\frac{p}{p^{\ominus}} \right)^{\sum\limits_{B} \nu_B}$$

因为 $K^{\ominus}$ 只是温度 T 的函数，所以 $K^{\ominus}$ 为常数，当 p 变化时，K_x 必然随之改变。

（1）当 $\sum\limits_{B} \nu_B > 0$ 时，增加系统的总压 p，K_x 将减小，平衡向左移动，不利于正反应进行，这时减压将有利于正反应进行；

（2）当 $\sum\limits_{B} \nu_B < 0$ 时，增加系统的总压 p，K_x 将变大，平衡向右移动，有利于正反应进行；

（3）当 $\sum\limits_{B} \nu_B = 0$ 时，改变压强，K_x 不变，所以压强变化不引起平衡移动。

4.5.3 惰性气体对化学平衡的影响

本节所说的惰性气体是指在反应系统中不参加化学反应的气体。例如在真空熔炼时通入的氮气，它通常不参加反应，就可以认为是惰性气体。

根据标准平衡常数与经验平衡常数 K_n 的关系知

$$K^{\ominus}(T) = K_n \left[p / \left(p^{\ominus} \sum\limits_{B} n_B \right) \right]^{\sum\limits_{B} \nu_B}$$

温度不变时，标准平衡常数 $K^{\ominus}$ 是一定的，如果保持系统总压不变，那么加入惰性气体将影响系统的 $\sum\limits_{B} n_B$ 的值，从而影响 K_n 的值。

对于 $\sum\limits_{B} \nu_B > 0$ 的反应，即气体分子数增加的反应，当加入惰性气体后，$\sum\limits_{B} n_B$ 变大，K_n 将变大，平衡向右移动，利于正反应进行；这是因为当总压 p 和 T 一定时，加入惰性气体使系统的总体积增加，从而导致反应物和生成物分压降低，相当于起了稀释作用。

对于 $\sum\limits_{B} \nu_B < 0$ 的反应，即气体分子数减少的反应，当加入惰性气体后，$\sum\limits_{B} n_B$ 变大，K_n 将减小，平衡向左移动，不利于正反应进行。

对于 $\sum\limits_{B} \nu_B = 0$ 的反应，无论加入惰性气体与否都不使平衡移动，平衡组成保持不变。

在定温定容条件下加入惰性气体，如果 $\sum\limits_{B} n_B$ 与总压成比例增加，保持 $\dfrac{p}{\sum\limits_{B} n_B}$ 的值不变，则惰性气体的加入也不影响平衡的移动。

催化领域的斗士——郭燮贤院士

郭燮贤院士是我国著名的物理化学家，主要从事催化化学领域研究，是中华人民共和国成立后培养的第一代催化科学家的代表，对中国催化界走向国际学术舞台起到了重要的作用。

催化剂是一种在化学反应里能改变反应物化学反应速率而不改变化学平衡，且本身的质量和化学性质在化学反应前后都没有发生改变的物质，在催化剂的作用下进行的化学反应称为催化反应。郭燮贤院士注重理论联系实际，强调科研工作的独创性和新颖性，强调催化学科多学科交叉的特点，在研究中重视催化学科强烈的应用背景，始终将催化研究与中国国民经济发展需要结合在一起。

　　20世纪50年代为解决国家所需，郭燮贤成功地开展了正庚烷环化为甲苯的研究；在20世纪50年代中期，郭燮贤等人成功研制出七碳馏分环脱氢化制甲苯催化剂，为解决流程中的技术难题刻苦钻研，最后成功实现其工业化生产。郭燮贤作为主要负责人之一，荣获1956年中国科学院首届自然科学三等奖，为我国国防事业作出了不可磨灭的贡献。20世纪60年代协助物理化学家张大煜研制了合成氨新流程中的3个催化剂，并应用于中国的合成氨工业，使我国合成氨工艺从20世纪40年代水平提高到国际先进水平，获1978年全国科学大会奖。20世纪70年代他率先开展了铂重整的研究，为其工业化生产作出重要贡献，承担的"铂重整及多金属重整"项目，获原石油工业部优秀成果一等奖。1976年，郭燮贤提出了"烷烃在铂催化剂上异构化反应的三元环机理"，这是国内第一次尝试从分子轨道理论来探讨多相金属催化剂和烃类分子的相互作用，对烃分子的骨架重排过程提出了分子轨道的动态分析，对烃类转化有新的见解。这项研究工作加强了量子化学计算、分子轨道理论及金属有机化学等在金属催化研究中起到的作用。20世纪80年代以后，郭燮贤进一步将配位场理论应用于金属载体相互作用研究中，在催化剂金属-载体相互作用、小分子的吸附态和吸附、脱附动力学等基础研究工作中均有成果。

　　郭燮贤学风严谨，严于律己，他一生辛勤工作，呕心沥血，以国家、民族和集体利益为重，为中国的催化事业、石油化工工业作出了重大贡献，为提高中国的催化科学在国际上的学术声誉和地位作了不懈努力，表现出一位科学家的优秀品质和崇高的思想境界，培养了一批在国内外学术界有影响力的科学家。

思考题

　　1. 工业上制水煤气的反应为 $H_2O(g) + C(s) \Longrightarrow CO(g) + H_2(g)$，在400 ℃达到平衡，已知 $\Delta H = 133.5$ kJ，问下列条件变化时对平衡有何影响：

　　（1）增加压强；

　　（2）提高温度；

　　（3）增加 $H_2O(g)$ 分压；

　　（4）加入 $H_2(g)$ 结果总压不变。

　　2. 有反应 $3C(s) + 2H_2O(g) \Longrightarrow CH_4(g) + 2CO(g)$，试讨论一定温度时下列情况下平衡移动的方向，并简要说明理由。

　　（1）采用压缩方法使系统压强增大；

　　（2）充入 $N_2(g)$ 但保持总体积不变；

　　（3）充入 $N_2(g)$ 但保持总压强不变；

　　（4）充入水蒸气但保持总压强不变；

　　（5）向反应系统加炭并保持总压强不变。

3. 反应的 $\Delta_r G_m$ 和 $\Delta_r G_m^{\ominus}$ 有何异同？如何理解它们各自的物理意义？

4. 有反应：

$$C(s) + O_2(g) \Longrightarrow CO_2(g), K^{\ominus}(1)$$
$$2C(s) + O_2(g) \Longrightarrow 2CO(g), K^{\ominus}(2)$$
$$2CO(g) + O_2(g) \Longrightarrow 2CO_2(g), K^{\ominus}(3)$$

试导出 $K^{\ominus}(1)$、$K^{\ominus}(2)$、$K^{\ominus}(3)$ 三者之间的关系及 $\Delta_r G_m^{\ominus}(1)$、$\Delta_r G_m^{\ominus}(2)$、$\Delta_r G_m^{\ominus}(3)$ 三者之间的关系。

5. 五氯化磷的分解反应为 $PCl_5(g) \Longrightarrow PCl_3(g) + Cl_2(g)$，在一定温度和压强下，反应达到平衡，改变如下条件，五氯化磷的解离度如何变化？为什么？（设气体均为理想气体。）

（1）降低气体总压强；

（2）通入 $N_2(g)$，保持总压强不变，使体积增加一倍；

（3）通入 $N_2(g)$，保持总体积不变，使压强增加一倍；

（4）通入 $Cl_2(g)$，保持总体积不变，使压强增加一倍。

习 题

1. 已知 $Ag_2O(s) \Longrightarrow 2Ag(s) + \dfrac{1}{2}O_2(g)$

	$Ag_2O(s)$	$Ag(s)$	$O_2(g)$
生成焓 $\Delta_f H_{298\,K}^{\ominus}$ （$kJ \cdot mol^{-1}$）	-30.59	0	0
标准熵 $S_{298\,K}^{\ominus}$（$J \cdot K^{-1} \cdot mol^{-1}$）	121.71	42.69	205.02

求：在 25 ℃时 Ag_2O 的分解压。

2. 630 K 时，反应 $2HgO(s) \Longrightarrow 2Hg(g) + O_2$ 的 $\Delta_r G_m^{\ominus} = 44.3 \; kJ \cdot mol^{-1}$，求此温度时反应的 $K^{\ominus}$ 及 HgO 的分解压。（$p^{\ominus} = 10^5 \; Pa$）

3. 某体积可变的容器中放入 1.564 g N_2O_4 气体，此化合物在 298 K 时部分解离。实验测得，在标准压强下，容器的体积为 0.485 dm^3。求 N_2O_4 的解离度 α 以及解离反应的 $K^{\ominus}$ 和 $\Delta_r G_m^{\ominus}$。

4. 在 298 K 及标准压强下有以下相变化：

$$CaCO_3(\text{文石}) \longrightarrow CaCO_3(\text{方解石})$$

已知此过程的 $\Delta_{trs} G_m^{\ominus} = -800 \; J \cdot mol^{-1}$，$\Delta_{trs} V_m = 2.75 \; cm^3 \cdot mol^{-1}$。试问在 298 K 时最少需加多大压强方能使文石成为稳定相。

5. 在 250 ℃ 及标准压强下，1 mol PCl_5 部分解离为 PCl_3 和 Cl_2，达到平衡时通过实验测得混合物的密度为 2.695 $g \cdot dm^{-3}$，试计算 PCl_5 的解离度 α 及解离反应在该温度时的 $K^{\ominus}$ 和 $\Delta_r G_m^{\ominus}$。

6. 在 288 K 时将适量的 CO_2 引入某容器，使 CO_2 的压强为 $0.025\,9 p^{\ominus}$，加入过量的 $NH_4COONH_3(s)$，平衡后测得系统总压强为 $0.063\,9 p^{\ominus}$。求 288 K 时反应 $NH_4COONH_3(s) \Longrightarrow 2NH_3(g) + CO_2(g)$ 的标准平衡常数 $K^{\ominus}$。

7. 已知 $PCl_5 \Longrightarrow PCl_3 + Cl_2$，在 200 ℃ 时，$K^{\ominus} = 0.308$。求：

（1）200 ℃、101.325 kPa 下 PCl_5 的分解率；

（2）组成为 1∶5 的 PCl_5 和 Cl_2 的混合物在 200 ℃、101.325 kPa 下 PCl_5 的分解率。

8. 已知 $CaCO_3(s) \Longrightarrow CaO(s) + CO_2(g)$

	$CaCO_3(s)$	$CaO(s)$	$CO_2(g)$
生成焓 $\Delta_f H_{298\,K}^{\ominus}$（$kJ \cdot mol^{-1}$）	−120 7	−636	−393
标准熵 $S_{298\,K}^{\ominus}$（$J \cdot K^{-1} \cdot mol^{-1}$）	92.9	39.7	213.6

求：（1）25 ℃时 $CaCO_3$ 的分解反应的 $\Delta_r G_m^{\ominus}$、$\Delta_r H_m^{\ominus}$、$\Delta_r S_m^{\ominus}$；

（2）25 ℃时 $CaCO_3$ 的分解压。

9. （1）在一抽空容器中放 $NH_4Cl(s)$，定温至 520 K 时，测得平衡后的总压 $p = 5\,066$ Pa。试求该反应的标准平衡常数。

（2）在容积为 42.7 dm^3 的真空容器中，引入一定量的 $NH_4Cl(s)$ 和 0.02 mol 的 $NH_3(g)$，定温至 520 K，当达到平衡后，试求各物质的平衡分压。

相平衡是研究一个多组分（或单组分）、多相体系受温度、压强、组分含量的影响而发生平衡状态改变的规律。描述相平衡关系的几何图形称为相图，它可以帮助人们正确选择配料方案及工艺制度，合理分析生产过程中质量问题产生的原因，研制新材料时可大大缩小试验范围，节约人力、物力、财力，取得事半功倍的效果。相图对于材料科学工作者的作用等同于地图对旅行者的作用。

5.1 相律

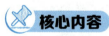 **核心内容**

1. 相平衡的基本概念

独立组元：能表示形成平衡系统中各相组成所需要的最少数目的组元，称为独立组元。

相：系统中物理性质和化学性质完全均匀的部分，称为相。

自由度：一定条件下，一个处于平衡状态的体系所具有的独立变量的数目，称为自由度。

独立变量：可以在一定范围内任意、独立地变化，而不会引起体系中共存相的数目及相的形态改变，即不会引起原有相的消失和新相的形成的变量。

2. 相律的推导

相律表达了多相平衡体系中可以平衡共存相的数目 φ、独立组元的数目 k、独立变量的数目 f 和能够对系统平衡状态产生影响的外界影响因素数 n 之间的关系。

相律的数学表达式为：$f=k-\varphi+n$。

相律给出了体系最大共存相的数目。

5.1.1　相平衡的基本概念

1. 独立组元

组元：系统中能单独分离出来并能独立存在的化学纯物质称为组元。例如，在盐水熔液中，NaCl 和 H_2O 都是组元，因为它们都能分离出来并单独存在，而 Na^+、Cl^+、H^+、OH^- 等离子不是组元，因为它们不能单独存在。

独立组元：能表示形成平衡系统中各相组成所需要的最少数目的组元，称为独立组元。独立组元的数目称为独立组元数，用符号 k 表示。通常把具有 n 个独立组元的系统称为 n 元系统。体系的独立组元数为 1 时，称为单元系统。独立组元数为 2 时，称为二元系统。

若系统中没有化学反应发生，则在平衡系统中没有化学平衡存在，这时独立组元数等于组元数。例如，盐和水混在一起，不发生化学反应，盐水溶液的组元数和独立组元数均为 2。

若系统中存在化学反应，则每一个独立的化学反应都要建立一个化学反应平衡关系式，就有一个化学反应平衡参数 K。假如体系中有 n 个组元，并存在一个化学平衡，于是就有 $(n-1)$ 个组元的组成可以任意指定，剩下一个组元的组成由化学平衡常数 K 来确定，不能任意改变，即独立组元数＝组元数－独立化学平衡关系式数。

如 $CaCO_3$ 加热分解，$CaCO_3(s) \longrightarrow CaO(s) + CO_2(g)$。

三种物质在一定温度和压强下建立平衡关系，有一个化学反应关系式，就有一个独立的化学反应平衡常数，所以独立组元数＝3－1＝2。

若一个系统中，同一相内存在一定的浓度关系，则独立组元数＝组元数－独立化学平衡关系式数－独立的浓度关系数。

如在 $NH_4Cl(s)$ 分解为 $NH_3(g)$ 和 $HCl(g)$ 达到平衡的系统中，气相 $NH_3(g)$ 和 $HCl(g)$ 物质的量之比为 1∶1，独立组元数＝3－1－1＝1。注意，只考虑同一相中的这种浓度关系。

如由 PCl_5、PCl_3 和 Cl_2 组成的系统，有以下化学平衡：$PCl_5(g) \Longrightarrow PCl_3(g) + Cl_2(g)$，则独立组元数为 2，只要任意确定两种物质，第三种物质就必然存在。

2. 相

系统中物理性质和化学性质完全均匀的部分，称为相。均匀指的是微观尺度的均匀。在多相系统中，相与相之间有明显的界面，越过界面时，物理性质或化学性质发生突变。

各种气体能够无限均匀地混合，一个系统中无论含有多少种气体，混在一起都只能形成一个气相；不同种液体相互溶解的程度不同，一个系统中可以有一个液相（完全互溶）或多个液相（有限互溶或完全不互溶）；固体如果形成连续固溶体，那么这种固溶体就是一个固相，否则，一种固体物质为一个相。

一个平衡体系中共存的相的数目，称为相数，以符号 φ 表示。如共析碳钢中的珠光体组织，由 α-Fe 和渗碳体两相组成，相数为 2。

3. 自由度

一定条件下，一个处于平衡状态的体系所具有的独立变量数目，称为自由度，用符号 f 表示。所谓独立变量，就是可以在一定范围内任意、独立地变化，而不会引起体系中的共存相数目及相的形态改变，即不会引起原有相的消失和新相的形成的变量。这些独立变量主要是指组元的浓度、温度和压强等。$f=0$ 为无变量系统，$f=1$ 为单变量系统，$f=2$ 为双变量系统。

单元单相系统有两个自由度，即温度和压强。例如，当水以单一液相存在时，要使该液相不消失，同时不形成冰和水蒸气，温度 T 和压强 p 都可在一定范围内独立变动，则 $f=2$。

单元两相系统只有一个自由度，即温度和压强两个变量中只有一个是可以独立变化的。例如，当液态水与其蒸气平衡共存时，若要这两个相均不消失，又不形成固相冰，则系统的压强 p 必须是所处温度 T 时的水的饱和蒸气压。由于压强与温度具有函数关系，因此二者之中只有一个可以独立变动，则 $f=1$。

4. 影响平衡态的外界因素

影响体系平衡态的外界因素包括温度、压强、电场、磁场、重力场等。外界影响因素的数目称为影响因素数，用符号 n 表示。一般情况下，只考虑温度和压强对系统平衡态的影响。对于凝聚系统（液相和固相系统），一定条件下蒸气压很低，相变过程中不考虑压强的影响，则 $n=1$。

5.1.2 相律的推导

相律，又称吉布斯相律，是相平衡体系严格遵守的规律之一，是研究多元相平衡体系的基础。相律以一个非常简单的形式，表达了多相平衡体系中可以平衡共存的相的数目 φ、独立组元的数目 k、独立变量的数目 f 和能够对系统平衡状态产生影响的外界影响因素数 n 之间的关系。相律的数学表达式为

$$f=k-\varphi+n \tag{5-1}$$

相律的推导过程如下。

设一个多元复相系有 k 个组元，φ 个相，它们之间不起化学反应。由热学、力学、相变平衡条件可以知道，系统是否达到热平衡是由强度量决定的。如果把总质量加以改变而不改变温度 T、压强 p 和每一相中各组元的相对比例 x_i，系统的平衡是不会受到破坏的，只有当温度、压强或各组元的相对成分改变时，体系的平衡才会改变。

定义 α 相中组元 i 的摩尔分数：

$$x_i^\alpha = \frac{n_i^\alpha}{n^\alpha} \tag{5-2}$$

上式满足：

$$\sum_{i=1}^{k} x_i^\alpha = 1 \tag{5-3}$$

由式（5-3）可知，k 个 x_i^α 中只有 $(k-1)$ 个是独立的，加上 T、p，则描述 α 相共需 $(k+1)$ 个强度量变量。由于整个系统共有 φ 个相，因此共有 $\varphi(k+1)$ 个强度量变量。这 $\varphi(k+1)$ 个变量并不是独立的，它们要满足下面的平衡条件：

力学平衡条件：$p^1=p^2=\cdots=p^\varphi$，共有 $(\varphi-1)$ 个方程；

热平衡条件：$T^1=T^2=\cdots=T^\varphi$，共有 $(\varphi-1)$ 个方程；

相变平衡条件：每一组元在各相的化学势都相等，$\mu_i^1=\mu_i^2=\cdots=\mu_i^\varphi$，$i=1,2,\cdots,k$，共有 $k(\varphi-1)$ 个方程。

所以，自由度数为

$$f=\varphi(k+1)-(k+2)(\varphi-1)=k-\varphi+2$$

式中，f 为系统的自由度数；k 为独立组元的数目；φ 为平衡共存相的数目；数字 2 表示影响体系平衡状态的外界因素中，只考虑温度和压强两个因素。对于凝聚系统，若只考虑温度对相平衡的影响，则相律表达式为 $f=k-\varphi+1$。

关于吉布斯相律的说明：

(1) f 必须满足 $f \geq 0$，即体系的自由度数不能为负数；

(2) $f=0$ 时，并不意味着不再有任何变化，如单元系的三相点处，每一相的物质的量仍然可以在保持各相的相对浓度不变的条件下改变，这时并不影响平衡性质；

(3) 独立组元数 k 越多，相数 φ 越少，自由度数 f 就越大；

(4) 吉布斯相律给出了体系最大共存相的数目。

对于单元系统，若只考虑温度和压强两个因素，$f=k-\varphi+2=3-\varphi \geq 0$，$\varphi \leq 3$，最多可能三相共存。三相共存时，自由度为 0，只有一个三相点，T、p 不能再变化，只能取固定数值；两相共存时，$f=k-\varphi+2=1-2+2=1$，有一个自由度，两相平衡时相平衡曲线 $p=p(T)$，只有 T 一个独立变量；对于单相系统，$f=k-\varphi+2=1-1+2=2$，有 2 个独立变量，如理想气体，可选 T、p 为独立变量。

对于二元系统，则 $f=k-\varphi+2=4-\varphi \geq 0$，$\varphi \leq 4$，最多只能四相共存。以盐的水溶液为例，单相存在时，$\varphi=1$，$f=2-1+2=3$，溶液的 T、p 和盐的浓度 x 在一定范围内都可独立改变；两相共存时，$\varphi=2$，$f=2-2+2=2$，溶液与水蒸气两相共存，水蒸气的饱和蒸气压随温度和盐的浓度而变，说明只有温度 T 和浓度 x 两个独立变量；三相共存时，$\varphi=3$，$f=k-\varphi+2=2-3+2=1$，溶液、水蒸气、冰三相共存，溶液的冰点和水蒸气的饱和蒸气压都取决于盐的浓度 x，只有浓度 x 一个独立变量。当冰析出后，溶液中盐的浓度升高，溶液的冰点和饱和蒸气压也相应下降；四相共存时，$\varphi=4$，$f=2-4+2=0$，溶液、水蒸气、冰和盐四相共存，在盐结晶析出的同时，冰也继续结晶，溶液中盐的浓度始终为饱和浓度，所以四相共存时，具有确定的浓度 x、温度 T 和饱和蒸气压 p。

例题 1 碳酸钠与水可组成以下几种化合物：$Na_2CO_3 \cdot H_2O$；$Na_2CO_3 \cdot 7H_2O$；$Na_2CO_3 \cdot 10H_2O$。

(1) 标准压强下，与碳酸钠水溶液和冰共存的含水盐最多可以有几种？

(2) 在 30 ℃ 时，可与水蒸气平衡共有的含水盐最多可有几种？

解：此系统由 Na_2CO_3 及 H_2O 构成，$k=2$。虽然可有多种固体含水盐存在，但每形成一种含水盐，物种数增加 1 的同时，增加 1 个化学平衡关系式，因此组分数仍为 2。

(1) 指定压强下，相律变为 $f=k-\varphi+1=2-\varphi+1=3-\varphi$。

相数最多时自由度最少，即 $f=0$ 时，$\varphi=3$。因此，与 Na_2CO_3 溶液及冰共存的含水盐最多只能有一种。

(2) 指定 30 ℃ 时，相律变为：$f=k-\varphi+1=2-\varphi+1=3-\varphi$，$f=0$ 时，$\varphi=3$。因此，与水蒸气共存的含水盐最多可有两种。

例题 2 试说明下列平衡系统的自由度数。

(1) 25 ℃ 及标准压强下，$NaCl(s)$ 与其水溶液平衡共存；

(2) $I_2(s)$ 与 $I_2(g)$ 平衡；

(3) 开始时由任意量的 $HCl(g)$ 和 $NH_3(g)$ 组成的系统中，反应 $HCl(g)+NH_3(g)\Longrightarrow NH_3Cl(s)$ 达到平衡。

解：(1) $k=2$，$f=2-2+0=0=0$。

温度、压强、饱和食盐水的浓度为定值，系统已无自由度。

(2) $k=1$，$f=1-2+2=1$。

系统的压强等于所处温度下 $I_2(s)$ 的平衡蒸气压。因为 p 与 T 之间有函数关系，二者之中只有一个独立可变。

（3）$k=3-1=2$，$f=2-2+2=2$。

温度及总压，或者温度及任一气体的浓度可独立变动。

**拓展阅读**

相律的发展

吉布斯是美国物理化学家，爱因斯坦称其为"美国历史上最杰出的英才"。他的主要成就是在理论方面奠定了化学热力学及统计热力学基础，如吉布斯自由能、吉布斯系综等。他发表的论文《关于多相物质的平衡》，对化学热力学的数学基础和理论基础作出了巨大贡献。他根据热力学能的原理，提出了自由能和化学势在化学反应中起动力作用的概念，奠定了化学平衡的理论基础。论文中关于多相平衡的基本规律，即相律，是最著名的普适性的理论发现。

相律在提出之际并没有试验验证，仅是以抽象的数学论述形式，通过大量公式推导出来的。最早注意并理解吉布斯工作的科学家是麦克斯韦，他曾向范德瓦尔斯介绍过吉布斯工作的重要意义。罗泽布姆在导师范德瓦尔斯的指点下，将相律应用于盐水体系中，证明了相律与试验结果完全一致。1887年，他发表了《复相化学平衡的各种形式》，采用了图解法，就是现在常用的相图，对多相平衡体系加以描述，尤为重要的就是对固溶体和三相点的研究。毫不夸张地说，没有罗泽布姆对相律的发扬光大，就不会有现代化学热力学、合金化学、冶金学的存在、发展和生产应用。

事实上，相律对于多相体系是"放之四海而皆准"且具有高度概括性的普适规律，虽然是抽象的，但却是最本质的热力学关系。相律虽然研究的是物质聚集状态之间的相态转变及其平衡的规律，本质上是分子整体运动，属于分子物理学范畴。但是，不同物相的分子之间的转变，一定意义上也可视为分子性质的质变，则属于化学范畴。从相变过程在学科发展中的历史看，它一直是化学家研究的领地，因而成为边缘学科——物理化学的一个基本内容。

相律的重要意义在于推动了化学热力学及整个物理化学的发展，成为冶金学、材料学、地质学等相关领域的重要理论工具。相律的发掘过程启示人们：一切科学理论的发现，必须重视信息媒体的传播、科学试验的证明及生产实际的应用。

5.2 单元系统的相平衡

**核心内容**

1. 克劳修斯-克拉佩龙方程

$$\frac{\mathrm{d}p}{\mathrm{d}T}=\frac{S_{\mathrm{m}}^{\beta}-S_{\mathrm{m}}^{\alpha}}{V_{\mathrm{m}}^{\beta}-V_{\mathrm{m}}^{\alpha}}=\frac{\Delta H_{\mathrm{m}}^{\beta\rightarrow\alpha}}{T\Delta V_{\mathrm{m}}^{\beta\rightarrow\alpha}}$$

上式表明两相平衡时平衡压强随温度的变化率，适用于任何单组元纯物质的两相平衡，如气液相变、固液相变、固气相变、固相转变，可计算相变潜热，预言压强对相转变温度的影响。

2. 一般物质的相图

一般物质从液体到气体的相变吸热，体积膨胀，即 $S_m^\beta > S_m^\alpha$，$V_m^\beta > V_m^\alpha$，$dp/dT > 0$，即汽化线是一条上升的曲线。升华线和熔化线也是上升的曲线。

3. 水的相图

冰熔化过程 $\Delta V < 0$，$\Delta H > 0$，冰熔化时体积收缩，$dp/dT < 0$，冰-水两相平衡曲线（熔化线）的斜率为负值，汽化线和升华线的斜率为正值。

5.2.1 克劳修斯-克拉佩龙方程

单元系统不存在浓度问题，影响系统平衡的因素只有温度和压强，单元系统的相图通常用温度和压强两个坐标表示。单元系统最常遇到的相平衡问题是液气、固液、固气等两相平衡的情况。因为 $k=1$，$\varphi=2$，故 $f=k-\varphi+2=1$，说明两相平衡时单元系统的温度和压强只有一个是独立可变的，也就是两者之间一定存在某种函数关系。

为了确定相平衡曲线（即 $p-T$ 曲线），可以通过实验间接测量（测比热容）或实验直接测量相图上的平衡曲线。而数学上要确定 $p-T$ 曲线，需要给出曲线上的一点和曲线上每一点的斜率。热力学可以求出 $p-T$ 曲线的斜率 dp/dT，加上实验测量的三相点，即可定出相平衡曲线。

假设某物质在一定温度和压强时，有两个相平衡。当 α 和 β 二相共存时，$G^\alpha = G^\beta$。

在两曲面的交线上，G^α 的任何微小的变化必然伴随了 G^β 的相应改变，即 $dG^\alpha = dG^\beta$，则

$$-S^\alpha dT + V^\alpha dp = -S^\beta dT + V^\beta dp$$

移项后有

$$\frac{dp}{dT} = \frac{S_m^\beta - S_m^\alpha}{V_m^\beta - V_m^\alpha}$$

对于定温定压下的可逆相变，相变温度为 T 时，$\Delta S_m^{\beta \to \alpha} = \dfrac{\Delta H_m^{\beta \to \alpha}}{T}$

则

$$\frac{dp}{dT} = \frac{S_m^\beta - S_m^\alpha}{V_m^\beta - V_m^\alpha} = \frac{\Delta H_m^{\beta \to \alpha}}{T \Delta V_m^{\beta \to \alpha}} \tag{5-4}$$

上式即为克劳修斯-克拉佩龙方程，它表明两相平衡时平衡压强随温度的变化率，适用于任何单组元纯物质的两相平衡。ΔH 为在温度 T 发生从 α 相到 β 相的相变时，每摩尔物质的吸热，称为相变潜热，吸热为正，放热为负。

克劳修斯-克拉佩龙方程是采用热力学原理定量研究纯物质两相平衡的一个杰出例子。它既适用于气液相变、固液相变、固气相变，也适用于两个不同固相之间的相转变。根据克劳修斯-克拉佩龙方程可计算相变潜热，预言压强对相转变温度的影响。单组元材料不仅在温度改变时会发生相变（如熔化、蒸发、同素异构转变等），在温度不变而压强变化时，也会发生相变。

一般金属（Bi，Sb 除外）凝固时，$\Delta V<0$，$\Delta H<0$，则 $dp/dT>0$，可见增加压强可使金属的凝固点升高。对于凝聚态的相变而言，压强改变不大时，体系的熵变和体积的改变是很小的。对于有气相参加的两相平衡，压强改变时摩尔体积的变化比较大。

5.2.2 一般物质的相图

一般物质的相图如图 5-1 所示。在不同的温度、压强范围，一种物质可分别处在气相、液相和固相，分别为 α，β，γ 三相。在某一温度和压强范围内，如果 α 相的化学势比其他相的化学势低，系统将以 α 相存在，这个温度和压强范围就是 α 相的单相区域。在这三个单相区内，温度和压强都可以在相区范围内独立改变而不会造成旧相消失或新相产生，系统的自由度为 2，这时的系统是双变量系统。

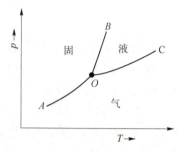

图 5-1 一般物质的相图

图 5-1 中存在液相和气相、液相和固相、气相和固相的两相平衡曲线，即汽化线、熔化（又称溶解、熔融）线和升华线。这些汽化线、熔化线和升华线也叫两相平衡曲线或相界，相界把 p-T 图分成若干个单相区。在相界上，两个共存相的化学势相等，温度和压强中只有一个是独立变量，当一个变量独立变化时，另一个变量必须沿曲线所指的数值变化，而不能任意改变，此时系统的自由度为 1，是单变量系统。从液体到气体的相变吸热，体积膨胀，即 $S_m^\beta>S_m^\alpha$，$V_m^\beta>V_m^\alpha$，根据克劳修斯-克拉佩龙方程，得出 $dp/dT>0$，

即汽化线是一条上升的曲线。同理，升华线和熔化线也是上升的曲线。

熔化线、汽化线、升华线交于一点 O，点 O 为三相点。在三相点，气相、液相和固相三相平衡共存，此时系统的温度和压强完全确定。要想保持系统的这种三相平衡状态，系统的温度和压强都不能有任何改变。此时系统的自由度为零，处于无变量状态。值得一提的是，图 5-1 中汽化线有一终点 C，温度高于点 C 温度时，液相不存在，因而汽化线也不存在，点 C 称为临界点。

相图能够用几何语言把一个系统所处的平衡状态直观而形象地表示出来。只要知道系统的温度、压强，便可根据相图判断出此时系统所处的平衡状态，有哪几个相平衡共存。

5.2.3 水的相图

图 5-2 为水的相图。水在 4 ℃时体积最小，冰的摩尔体积比水的摩尔体积大，冰熔化过程 $\Delta V<0$，$\Delta H>0$，即冰熔化时体积收缩，根据克劳修斯-克拉佩龙方程，$dp/dT<0$，即冰-水两相平衡曲线的斜率为负值。可见增加压强，使冰的熔点降低，溜冰时增加压强使冰在较低温度熔化，从而增加润滑作用，对提高滑冰速度有好处。像冰这样熔化时体积收缩的物质统称为水型物质。铋、镓、锗、三氯化铁等少数物质属于水型物质。

印刷用的铅字，可以用铅铋合金浇铸，就是利用其凝

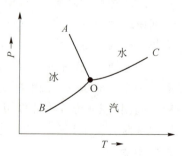

图 5-2 水的相图

固时的体积膨胀以填充铸模。大多数物质熔化时体积膨胀，压强增加后熔点升高，这类物质统称为硫型物质。

水的蒸气压曲线向上不能无限延伸，只能延伸到水的临界点 C，因为在该点以上，液态水将不复存在。

例题 3　将克劳修斯–克拉佩龙方程应用于液–气相平衡，则 $\mathrm{d}p/\mathrm{d}T$ 指液体的饱和蒸气压随温度的变化率，ΔH_{m} 为摩尔汽化热 $\Delta_{\mathrm{vap}}H_{\mathrm{m}}$，$\Delta V_{\mathrm{m}}=V_{\mathrm{m}}(\mathrm{g})-V_{\mathrm{m}}(\mathrm{l})$ 即气液两相摩尔体积之差。如果将克劳修斯–克拉佩龙方程定积分，则得

$$\ln\frac{p_2}{p_1}=\frac{\Delta_{\mathrm{vap}}H_{\mathrm{m}}(T_2-T_1)}{RT_1T_2}$$

已知水在 100 ℃时饱和蒸气压为 1.0×10^5 Pa，汽化热为 2 260 $\mathrm{J\cdot g^{-1}}$。试计算：

（1）水在 95 ℃时的饱和蒸气压；

（2）水在 1.10×10^5 Pa 时的沸点。

解：（1）$\ln\dfrac{p_2}{p_1}=\dfrac{\Delta_{\mathrm{vap}}H_{\mathrm{m}}(T_2-T_1)}{RT_1T_2}=\dfrac{2\ 260\times18\times(368-373)}{8.314\times373\times368}=-0.178\ 2$

$p_2=(1.0\times10^5\times0.8367)\,\mathrm{Pa}=8.37\times10^4\ \mathrm{Pa}$

（2）$\ln\dfrac{1.1\times10^5}{1.0\times10^5}=\dfrac{2\ 260\times18\times(T_2-373)}{8.314\times373\times T_2}$

解之得 $T_2=375$ K，即 102 ℃。

例题 4　计算在 -0.5 ℃下，欲使冰熔化所需施加的最小压强。已知水和冰的密度分别为 0.999 8 $\mathrm{g\cdot cm^{-3}}$ 和 0.916 8 $\mathrm{g\cdot cm^{-3}}$，$\Delta_{\mathrm{fus}}H_{\mathrm{m}}=333.5\ \mathrm{J\cdot g^{-1}}$。

解：将克劳修斯–克拉佩龙方程改为：$\mathrm{d}p=\dfrac{\Delta_{\mathrm{fus}}H_{\mathrm{m}}}{\Delta_{\mathrm{fus}}V_{\mathrm{m}}}\cdot\dfrac{\mathrm{d}T}{T}$，在 T_1 和 T_2 之间定积分可得

$$p_2-p_1=\frac{\Delta_{\mathrm{fus}}H_{\mathrm{m}}}{\Delta_{\mathrm{fus}}V_{\mathrm{m}}}\cdot\ln\frac{T_2}{T_1}$$

令 $(T_2-T_1)/T_1=x$，则 $\ln(T_2/T_1)=\ln(1+x)$，当 x 很小时，$\ln(1+x)\approx x$，则有

$$p_2-p_1=\frac{\Delta_{\mathrm{fus}}H_{\mathrm{m}}}{\Delta_{\mathrm{fus}}V_{\mathrm{m}}}\cdot\frac{T_2-T_1}{T_1}$$

已知 0 ℃时水和冰的平衡压力为 $p^{\ominus}$，另外，1 J $=10^6$ $\mathrm{Pa\cdot cm^3}$，将已知数据代入上式，可得

$$p_2-p^{\ominus}=\left[\frac{333.5\times10^6}{\left(\dfrac{1}{0.999\ 8}-\dfrac{1}{0.916\ 8}\right)\times\left(\dfrac{-0.5}{273.2}\right)}\right]\mathrm{Pa}=6.74\times10^6\ \mathrm{Pa}$$

欲使 -0.5 ℃的冰熔化，需施加的最小压强为 6.84×10^6 Pa。

5.3　二元系统的相平衡

核心内容

1. 双液系统

（1）完全互溶、完全不互溶和部分互溶的双液系统相图。

（2）蒸气压–组成图和沸点–组成图：三类溶液的蒸气压–组成图和沸点–组成图特点。

（3）杠杆规则：以物系点为分界，将两个相点的结线分为两个线段，一相的量乘以本侧线段长度，等于另一相的量乘以另一侧线段的长度。

2. 固液系统

（1）固相完全互溶、完全不互溶和部分互溶的固液系统相图。

（2）有稳定化合物和不稳定化合物生成的固液系统相图。

在材料制备过程中，常见的为恒定压强体系或没有气体压强影响的液态和固态的凝聚体。对于二元凝聚系统，通常考虑温度这个外界影响因素，相律表示为：$f = k - \varphi + 1 = 3 - \varphi$。此时，二元凝聚系统中最多可以三相平衡共存。固定压强后得到 $T-x$ 相图，即温度为纵坐标，系统中任一组元的浓度为横坐标。

由于系统中两组元之间的相互作用不同，因此二元系统相图可以分成若干基本类型。以物态分，可分为液液系统（以下简称双液系统）、气液系统、固液系统和气固系统。气固系统和气液系统此处不再赘述。下面分别叙述双液系统和固液系统的基本相图。

5.3.1 双液系统

1. 完全互溶的双液系统

如果 A 和 B 两种液体在全部浓度范围内均能互溶形成均匀的单一液相，则 A 和 B 构成的系统叫作完全互溶的双液系统。

1）蒸气压-组成图

以封闭容器内的液体和蒸气为研究对象，液体要蒸发，使蒸气浓度增加，蒸气因冷凝成为液体，当体系的蒸发过程和冷凝过程以同样速度进行时即达到平衡态，此时蒸气有一定的压强，这个压强就叫作此液体的饱和蒸气压，简称蒸气压。

在恒定温度下，以蒸气压为纵坐标、液相组成为横坐标所作的相图，叫作蒸气压-组成图，即 $p-x$ 图。由两种完全互溶的液体构成的溶液中，若各组元的蒸气压与溶液组成均能遵守拉乌尔定律，则此溶液是理想液态混合物。在形成理想液态混合物时没有体积变化和吸热放热效应。事实上，大多数实际溶液都对拉乌尔定律有偏差，即蒸气压大于或小于拉乌尔定律的计算值，液态混合物形成时伴随有体积变化和热效应。如果蒸气压大于拉乌尔定律的计算值，称为正偏差。如果蒸气压小于拉乌尔定律的计算值，叫作负偏差。

图 5-3 是 40 ℃时环己烷和四氯化碳系统的 $p-x$ 图。图中虚线为符合拉乌尔定律的理论蒸气压线，实线为环己烷和四氯化碳系统的实测值。实线高于虚线，说明对拉乌尔定律有正偏差，即总蒸气压和蒸气分压均大于拉乌尔定律所要求的数值。蒸气压高于理论值，说明异类组元间的相互吸引力小于纯组元之间的吸引力，液体分子容易蒸发，而同一组元有聚集倾向，因此正偏差的极端情况是液相分层。这种溶液形成时，体积增大，并有吸热现象。在所有的浓度范围内，溶液的蒸气压总是在两个纯组元的蒸气压之间。

图 5-4 是 35.2 ℃时甲缩醛和二硫化碳系统的 $p-x$ 图，其蒸气压也有正偏差，但是在某一浓度范围内，溶液的总蒸气压高于任何纯组元的蒸气压，所以有一极大值存在。

图 5-5 是 55 ℃时丙酮和三氯甲烷系统的 $p-x$ 图，图中实线低于虚线，该溶液对拉乌尔定律有负偏差，异类组元间的相互吸引力大于纯组元之间的吸引力，阻碍了液体分子的蒸发，两组元有生成化合物倾向。这种溶液形成时，体积收缩，并有放热现象。在某一浓度范

围内，溶液的总蒸气压低于任何一纯组元的蒸气压，所以有一极小值存在。

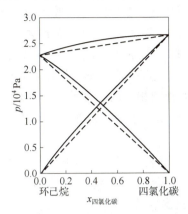

图 5-3　40 ℃时环己烷和四氯化碳系统的 p-x 图

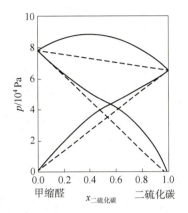

图 5-4　35.2 ℃时甲缩醛和二硫化碳系统的 p-x 图

图 5-3、图 5-4 和图 5-5 都是完全互溶双液系统的典型 p-x 图。因此，完全互溶双液系统大致分为以下 3 种类型。

第一类：溶液的总蒸气压总是在两纯组元蒸气压之间。例如，环己烷-四氯化碳，苯-四氯化碳，水-甲醇等系统。

第二类：溶液的总蒸气压曲线中有一极大值。例如，甲缩醛-二硫化碳，丙酮-二硫化碳，环己烷-苯，水-乙醇等系统。

第三类：溶液的总蒸气压曲线中有一极小值。例如，丙酮-三氯甲烷，水-盐酸等系统。

2) 沸点-组成图

在恒定压强下，气、液两相平衡温度与组成之间关系的相图，叫作沸点-组成图，即 T-x 图。

第一类溶液的 T-x 图如图 5-6 所示。比较纯组元 A 和纯组元 B，定温下蒸气压较高的纯组元 B 在定压下具有较低的沸点，而纯组元 B 在平衡气相中的浓度大于在溶液中的浓度。因此。气相组成曲线 g 应在溶液组成曲线 l 的上方。在曲线 l 与曲线 g 之间的区域为溶液与气相两相平衡共存区域，根据相律 $f = 2 - 2 + 1 = 1$，在两相平衡共存区只有一个自由度，若温度给定，则两个平衡相的组成随之确定，不再任意变动。

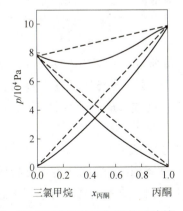

图 5-5　55 ℃时丙酮和三氯甲烷系统的 p-x 图

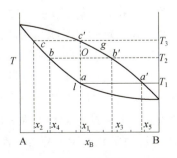

图 5-6　第一类溶液的 T-x 图

将组成为 x_1 的溶液加热，加热到温度为 T_2 时，系统的状态由点 O 表示，点 O 称为此条件下系统的物系点。这时系统中存在液相和气相两个相。液相的温度及组成由 b 表示，气相的温度及组成由 b' 表示，b 及 b' 称为两相的相点，两个相点的连线 bb' 称为结线。

如果将组成为 x_1 的溶液放在一个带有活塞的密闭容器中加热，由图 5-6 可知，当温度为 T_1 时，溶液开始沸腾，这时气相的组成为 a'。当温度逐渐升高，溶液继续汽化时，气相的相点由 a' 开始，沿着气相线 g 逐渐向 b、c' 移动。液相的相点由 a 开始，沿着液相线 l 逐渐向 b、c 移动。当温度升到 T_3 时，溶液全部蒸发完。在温度由 T_1 变到 T_3 的整个过程，溶液始终与蒸气达成平衡。

由此可见，溶液与纯液体不同，纯液体在定压下沸点是恒定的，从开始沸腾到蒸发完毕，温度保持不变；而溶液的沸点在定压下是变化的，从开始沸腾到蒸发完毕是在一个温度区间完成的。上例中 T_1 到 T_3 就是组成为 x_1 的溶液沸腾温度区间。

第二类溶液的 $p-x$ 图为正偏差且有最大值，此溶液的 $T-x$ 图中必然有一最低值，如图 5-7 所示。当溶液的组成为最低沸点的组成时，溶液的组成与蒸气的组成相同，此溶液由开始沸腾到蒸发结束，其沸点不变，故这一浓度的溶液称为恒沸点混合物。此混合物沸点低于任一纯组元的沸点，因此称为最低恒沸点。恒沸点混合物虽然像纯物质一样具有恒定沸点，但仍为混合物而非化合物，因为其组成可随压强的改变而变更。

第三类溶液的 $p-x$ 图为正偏差且有最小值，此溶液的 $T-x$ 图中必然有最高值，如图 5-8 所示。与最高点的组成相对应的溶液称为最高恒沸点混合物。

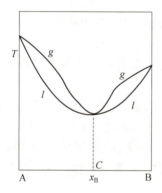

图 5-7　第二类溶液的 $T-x$ 图

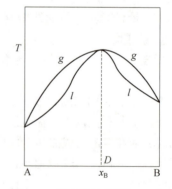

图 5-8　第三类溶液的 $T-x$ 图

3）杠杆规则

若某系统的物系点落在 $T-x$ 图的两相共存区之内，则系统呈两相平衡共存。此时，两个相点为通过物系点的水平线与两相线的交点。如图 5-9 所示，当物系点为 O 时，液相的相点为 b，气相的相点为 b'，两个相点的连线为 bb'，物系点把 bb' 分成两个线段。由两个线段的长度之比可得共存两相的互比量，即两相所含物质的物质的量之比。

现以物系点为 O 的系统为例，设物系点为 O 的系统共含有物质的量为 n，其中物质 B 的摩尔分数为 x_1。此系统分为相点为 b 的液相及相点为 b' 的气相，两相分别含有物质的量为 $n(1)$ 及 $n(g)$，物质 B 的摩尔分数分别为 x_4 及 x_3。由于两相物质的量之和与系统中总的物质的量相等，因此

$$n=n(1)+n(g) \tag{5-5}$$

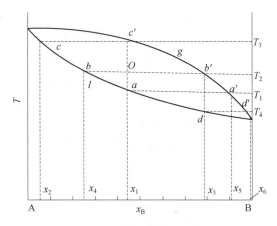

图 5-9　某系统的 T-x 图

又因两相中物质 B 的物质的量之和必与系统中物质 B 的总物质的量相等，所以

$$n \cdot x_1 = n(l) \cdot x_4 + n(g) \cdot x_3 \tag{5-6}$$

将式(5-5) 乘以 x_1，可得

$$n \cdot x_1 = n(l) \cdot x_1 + n(g) \cdot x_1 \tag{5-7}$$

将式(5-7) 代入式(5-6)，可得

$$n(l) \cdot x_1 + n(g) \cdot x_1 = n(l) \cdot x_4 + n(g) \cdot x_3$$
$$n(l) \cdot (x_1 - x_4) = n(g) \cdot (x_3 - x_1)$$

由图 5-9 可以看出，$(x_1 - x_4) = Ob$，$x_3 - x_1 = Ob'$，所以

$$n(l) \cdot Ob = n(g) \cdot Ob' \tag{5-8}$$

将此推广到一般情况，可描述为：以物系点为分界，将两个相点的结线分为两个线段。一相的量乘以本侧线段长度，等于另一相的量乘以另一侧线段的长度。这一关系称为杠杆规则，它描述了两相平衡时两相所含物质的数量比。该规则不但在完全互溶双液系相图的两相区内都成立，而且在其他系统 T-x 图的任意两相共存区内都成立。

例题 5　如图 5-10 所示，当 $T = T_1$ 时，由 5 mol A 和 5 mol B 组成的二组分溶液物系点在点 O。气相点 M 对应的 $x_B(g) = 0.2$，液相点 N 对应的 $x_B(l) = 0.7$，求两相的量。

解：　　　　$n(g) \cdot \overline{OM} = n(l) \cdot \overline{ON}$

$$\frac{n(g)}{n(l)} = \frac{\overline{ON}}{\overline{OM}} = \frac{0.7 - 0.5}{0.5 - 0.2} = \frac{0.2}{0.3} = \frac{2}{3}$$

$$n(g) + n(l) = 10 \text{ mol}$$

联立上述两个方程得

$$\frac{10 - n(l)}{n(l)} = \frac{2}{3}$$

解得

$$n(g) = 4 \text{ mol}, n(l) = 6 \text{ mol}$$

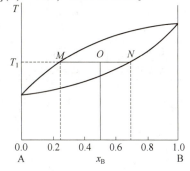

图 5-10　例题 5 图

4）分馏原理

欲将完全互溶的二组分混合液进行分离与提纯，可以采用分馏的方法。利用液-气两相平衡分离、提纯杂质的原理是分馏原理。

参考图 5-11，如果将组成为 x 的混合液加热至温度 T_4，则混合液被部分汽化，所剩液

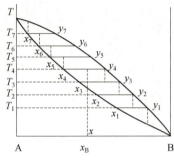

图 5-11　分馏原理

相组成为 x_4，跟 x 比，难挥发组分 A 增多。若将组成为 x_4 的剩余溶液移出，并加热至温度 T_5，则溶液又被部分汽化，所剩液相组成 x_5，跟 x_4 比，难挥发组分 A 又有增高。若继续上述步骤，最后所剩少量液体为纯的难挥发组分 A。

再看 x 混合液被部分汽化时所得的组成为 y_4 的蒸气。若将此蒸气移出，降温至 T_3，则被部分冷凝，所剩气相组成 y_3，与 y_4 比，易挥发组分增多。若再将所剩 y_3 蒸气移出，并降温到 T_2，则又被部分冷凝，所剩气相组成为 y_2，与 y_3 比，易挥发组分又有增多。继续上述步骤，最后所剩少量蒸气为纯的易挥发组分 B。

因此，对完全互溶的二组分双液系统，把液相部分地汽化，或把汽相部分地冷凝，都能起到在液相中浓集难挥发组分、气相中浓集易挥发组分的作用。进行一连串的部分汽化与部分冷凝，可以得到纯的易挥发组分和纯的难挥发组分，从而起到分离、提纯的作用，这就是分馏原理。

例题 6　在标准压强下蒸馏时，乙醇-乙酸乙酯系统有表 5-1 所示数据（其中 x 为液相组成，y 为气相组成）。

（1）根据表 5-1 的数据画出此系统的 $T-x$ 图；

（2）将 x（乙醇）$= 0.8$ 的溶液蒸馏时，最初馏出物的组成为多少？

（3）蒸馏到溶液的沸点为 $75.1\ ℃$ 时，整个馏出物的组成为多少？

（4）蒸馏到最后一滴时，溶液的组成为多少？

（5）如果此溶液是在一带有活塞的密闭容器中平衡蒸发到最后一滴溶液，溶液的组成为多少？

（6）将 x（乙醇）$= 0.8$ 的溶液完全分馏，能得到什么产物？

表 5-1　例题 6 表

x（乙醇）	y（乙醇）	温度 / ℃	x（乙醇）	y（乙醇）	温度 / ℃
0	0	77.15	0.563	0.507	72.0
0.025	0.07	76.70	0.71	0.6	72.8
0.1	0.164	75.0	0.833	0.735	74.2
0.24	0.295	72.6	0.942	0.88	76.4
0.36	0.398	71.8	0.982	0.965	77.7
0.462	0.462	71.6	1.0	1.0	78.3

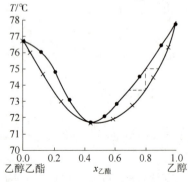

图 5-12　例题 6 图

解：（1）此系统的 $T-x$ 图如图 5-12 所示。

（2）由图 5-12 可以看出，x（乙醇）$= 0.8$ 的溶液在 $73.7\ ℃$ 时开始沸腾。此时逸出蒸气的组成为 y（乙醇）$= 0.69$，故最初馏出物的组成 x（乙醇）$= 0.69$。

（3）溶液的沸点为 $75.1\ ℃$ 时，由图 5-12 可以看出，此时溶液组成 x（乙醇）$= 0.88$，逸出蒸气的组成为 y（乙醇）$= 0.79$，故整个馏出物的组成 x（乙醇）$= 1/2$ $(0.69 + 0.79) = 0.74$。

（4）蒸馏到最后一滴时，溶液的组成为纯乙醇。

（5）由图5-12可以看出，此时为75.1 ℃，最后一滴溶液组成为 x（乙醇）＝0.88。

（6）完全分馏能分离出最低恒沸点混合物和纯乙醇。

分馏提纯

分馏装置示意图如图5-13所示。

在蒸馏瓶的上方加装一支含有填充物的分馏管。蒸馏瓶中的液体混合物经加热汽化，蒸气从蒸馏瓶沿着分馏管上升，碰到温度稍低的填充物，部分蒸气会凝结，凝结的液体有些将再度蒸发，因此在分馏管中会发生一连串凝结与蒸发。凝结的液相中含有较多低挥发性的成分，蒸发的气体中含有较多高挥发性成分。当蒸气往上升时，蒸气中高挥发性物质含量增多。

图5-13 分馏装置示意图

理想状况下，最后到达管顶的蒸气几乎全是高挥发性的物质，留在蒸馏瓶底部的液体则多为低挥发性物质，达到分离的目的。一般沸点差异较小的液体混合物，让气体和液体在分馏管中经多次的平衡，可达到分离沸点相近混合物的目的。

2. 完全不互溶的双液系统

两种液体完全不互溶的情况极少见，但是有时两种液体的相互溶解度非常小，这种系统可近似看作两组元完全不互溶的双液系统。例如，汞和水，二硫化碳和水，氯苯和水等均属于这种系统。

图5-14为水-氯苯系统的 $T-x$ 图，液体水和氯苯完全不互溶，图中 A 和 B 分别指水和氯苯。当物系点在 L_1GL_2 线上时（不包括 L_1、L_2 两点），出现三相平衡，即水（液）、氯苯（液）和蒸气（相变点为点 G）。根据相律 $f = 2 - 3 + 1 = 0$，平衡时系统的温度即三个相的组成均恒定不变。如果物系点在点 G 左边，加热蒸发时，氯苯相先消失，进入液体水与蒸气的两相平衡共存区。此时，气相中的水蒸气是饱和蒸气，而氯苯蒸气是不饱和的。若物系点在点 G 右边，则先消失的是水相，气相中的氯苯蒸气是饱和的，水蒸气是不饱和的。

不少有机物或因沸点较高，或因性质不稳定，在升温到沸点之前就会分解，因此不能用普通的蒸馏方法进行提纯。对于这类有机化合物，只要其与水不互溶，就可采用水蒸气蒸馏的方法进行提纯。将待提纯的有机液体加热到不足100 ℃，然后使水蒸气以气泡形式通过有机液体，形成完全不互溶的混合物系统。引出混合蒸气将其冷却静置，即可分成易于分离的有液层和水层。这样，在不到100 ℃的较低温度下提纯了有机物，同时避免了它的受热分解。

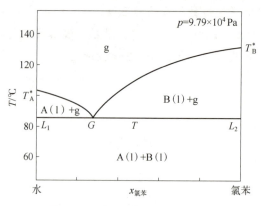

图 5-14　水-氯苯系统的 $T-x$ 图

3. 部分互溶的双液系统

当两种液体的性质差异较大时，在某些温度之下，两种液体相互的溶解度都不大，只有当一种液体的量相对很少而另一种液体的量相对很多时，才能溶成均匀的单一液相，而在其他数量配比条件下，系统将分层，从而两个液相平衡共存。这样的由部分互溶的两种液体构成的系统称为部分互溶的双液系统。

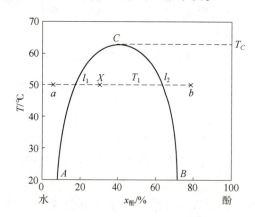

图 5-15　酚-水系统的 $T-x$ 图

例如，酚-水系统的 $T-x$ 图如图 5-15 所示。图中的帽形线 ACB 以外是单一液相区，ACB 以内是两液相平衡共存区，共存两相的相点就是温度水平线与帽形线的两个交点。在保持 $T=T_1$ 的定温条件下，向水中加酚，系统的物系点将沿着 ab 水平线由左向右逐渐移动。最初所加的少量酚能全部溶于水中，形成均一液相，如点 a，它代表酚在水中的不饱和溶液。但当所加的酚量增多，使物系点到达 l_1 时，酚在水中已达饱和。若继续加酚，将开始出现一个新的液相，与原来的液相 l_1 平衡共存。新液相并非纯酚，而是水在酚中的饱和溶液，相点为 l_2。l_1 和 l_2 这两个平衡共存的液相互称为共轭溶液。在定温定压下，根据相律，$f=2-2+0=0$，共轭溶液的组成已为定值。只要物系点落在 $l_1 l_2$ 水平线上，共存两相的相点就总为 l_1 和 l_2。但当物系点自 l_1 由左向右移动时，l_1 相的量相对减少，而 l_2 相的量相对增多，两相的互比量遵守杠杆规则。例如，若物系点为 X，则 $x_1 \cdot l_1 X = x_2 \cdot l_2 X$。$x_1$ 和 x_2 分别为液相 l_1 及液相 l_2 的质量分数。若酚量继续增加，使物系点到达 l_2 时，液相 l_1 消失，系统变成单一液相。继续加酚，系统成为在酚中的不饱和溶液，如点 b。

如果把温度由低向高逐渐增加，那么酚在水中的溶解度沿帽形线的左半边随温度的升高而加大，水在酚中的溶解度沿帽形线的右半边也随温度的升高而加大。达到最高点 C 所对应的温度叫作临界溶解温度。在此温度以上，无论两种液体按什么比例混合，都能互溶形成均一的液相。

5.3.2　固液系统

只有固体和液体存在的系统称为凝聚系统。由于压强对凝聚系统的影响很小，因此研究凝聚系统的平衡时，通常都是在恒定标准压强下讨论平衡温度和组成的关系。

1. 液态和固态都完全互溶的固液系统

两组元在液态和固态以任意比例都完全互溶的固溶体称为连续固溶体，其 $T-x$ 图与完全互溶双液系统的 $T-x$ 图形式相似。在这种系统中，析出的固相只能有一个相，所以系统中最多只有液相和固相两个相共存。

图 5-16 为 Bi-Sb 系统的相图及冷却曲线。图中 F 线以上的区域为液相区，M 线以下的区域为固相区，F 线和 M 线之间的区域为液相和固相共存的两相平衡区。F 线为液相冷却时开始凝出固相的凝固点线，M 线为固相加热时开始熔化的熔点线。由图 5-16 可以看出，两相平衡时液相的组成与固相的组成是不同的，平衡液相中熔点较低的 Bi 组元的质量分数要大于固相中 Bi 组元的质量分数。将液相冷却，当冷却到点 A 时，将有组成为 B 的固相析出。若在降温过程中始终能保持固液两相的平衡，则随着固相的析出，液相组成沿 AA' 方向移动，固相组成就沿 BB' 方向移动。当液相组成到达 A' 时，固相组成就到达 B'，这时固相组成与原先冷却液相的组成相同，即液相全部固化了。

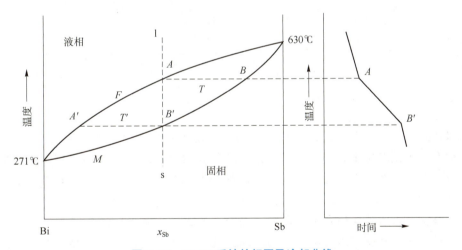

图 5-16　Bi-Sb 系统的相图及冷却曲线

如果冷却速度比较快，那么所析出的固相组成是不均匀的，先析出者高熔点 Sb 组元较多，愈往后析出的固相中 Sb 组元就愈少，最后析出的一点固相几乎是纯 Bi 了。在制备合金时，快速冷却会因固相组成不均匀而造成合金性能上的缺陷。为了使固相组成均匀一致，可将固相温度升高到接近于熔化的温度，在此温度保持相当长时间，让固相中原子扩散达到组成均匀一致，这种方法称为扩散退火。

区域熔炼

20 世纪 50 年代以来，尖端技术的发展需要有高纯度的金属。例如，作为半导体原料的硅，需要纯度为 99.999999%。把材料提纯到这样高的纯度，显然是任何化学处理方法都办不到的。充分利用液固两相平衡成分的差异则可以达到这个目的，这种方法也叫区域熔炼。其原理如图 5-17 所示。微量杂质 B 与元素 A 构成了一个以 A 为溶剂的二组元合金系统，包括液态熔体 l 和固溶体 α。设杂质分配比 $k_B = (x_B^{\alpha}/x_B^l) < 1$。图 5-17 中，上方是熔化液相区，中间是固-液两相平衡区，下方是固相区。如果把含有一定杂质成分 x_B^l 的合金熔化液冷却，在温度 T_1 开始凝固，结晶出的固溶体相成分为 x_B^{α}，固溶体的杂质含量小于液态熔体，即 $x_B^{\alpha} < x_B^l$，杂质含量减少。如果将成分为 x_B^{α} 的固相在 T_2 温度加热熔化，冷凝时得到的固相杂质含量又有减少。如此反复进行，最后凝固的固相的纯度将不断提高。

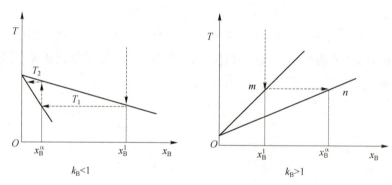

图 5-17 区域熔炼原理

根据此原理可设计出区域熔炼工艺，如图 5-18 所示，把待提纯的元素 A 制成棒状，在其外侧套上可使其熔化的加热环，加热环可以左右移动。加热环移到哪里，哪里的一小段金属锭就被加热熔化，处于加热环内的部分是熔化区。而加热环离开后，熔化区又重新凝固，称为重凝区。熔化区中的杂质含量高于重凝区。移动加热环使富集的杂质右移，整个合金棒除右端外均成为重凝区，合金便得到一次提纯。逐渐提高温度，并反复自左向右移动加热环便可以把杂质赶向右端，使元素 A 获得提纯。加热环就像一把扫帚一样，把杂质一次又一次扫到了右端。

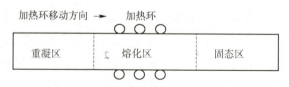

图 5-18 区域熔炼工艺简图

当杂质分配比 $k_B > 1$ 时，情况相反，熔化区的杂质含量低于重凝区，逐次降低温度并反复自左向右移动加热环便可以把杂质赶向左端。

2. 液态完全互溶、固态完全不互溶的固液系统

若两个组元在液态时能以任何比例完全互溶，形成均匀的单相溶液，但在固态时却完全不互溶（两组元相互排斥），只能以纯物质结晶出来，则称为简单低共熔（共晶）型二元系统，体系中只能出现一种液相和两种纯固相。

图 5-19 为 Cd-Bi 简单低共熔（共晶）二元系相图。它有液相 l 区、Cd+l 和 Bi+l 固液两相共存区，以及纯固相 Bi+纯固相 Cd 的两相共存区，有两条液相线 AE、BE 和一条共晶线 CED。液相线 BE 和 AE 表示凝固温度与组成的关系，液相线上的点均为固液两相平衡共存（l+Cd 或 l+Bi），其自由度 $f = 2-2+1 = 1$；直线 CED 的点为三相平衡共存（l+Cd+Bi），根据相律，发生共晶反应的温度和液、固相的平衡成分均为恒定，自由度 $f = 2-3+1 = 0$，因而在 T-x 相图上出现一水平线。点 E 是液相存在的最低温度，是两个纯固相共同熔化的温度，所以点 E 称为最低共熔点，在点 E 所析出的固体称为最低共熔混合物。

当液相完全互溶、固相完全不互溶的体系冷却到共晶温度时，发生共晶反应 l→Cd+Bi，液相同时结晶出两个纯固相 Cd 和 Bi。这是相图在固态溶解度趋近于零时的极端情况，相图中的固相线和固溶度曲线与纵坐标重合，固态单相即为纯固相。常见的 Cd-Bi、Sn-Zn、KBr-AgBr、$CaF_2-Al_2O_3$、CaO-MgO 等二元相图均属此类体系。

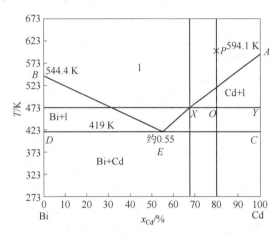

图 5-19 Cd-Bi 简单低共熔（共晶）二元系相图

3. 液态完全互溶、固态部分互溶的固液系统

若体系在液态完全互溶，在固态不完全互溶，一种物质在另一种物质中有一定的溶解度，形成以 A 为溶剂的 α 固溶体和以 B 为溶剂的 β 固溶体，这种固溶体叫端际固溶体。固体部分互溶的现象与液体部分互溶的现象很相似，也是一种物质在另一种物质中有一定的溶解度，超过此浓度将有另一种固溶体产生。两物质的互溶度往往与温度有关。根据相律 $f = 2-3+1 = 0$，系统中可以有两个端际固溶体和一个液相共存。

KNO_3-TiNO_3 系统的相图如图 5-20 所示。图中 $TiNO_3$ 溶于 KNO_3 的固溶体用 α 表示，KNO_3 溶于 $TiNO_3$ 的固溶体用 β 表示。如果将组成在 CE 之间的点 t 的熔化物冷却，当温度降到 m 点时，开始有组成为 n 的 α 固溶体析出；随着温度的降低，液相和 α 相的组成分别沿 AE 曲线和 AC 曲线移动；当温度降到点 P（182 ℃）时，α 相的组成为 C，液相组成为 E。按照杠杆规则，这两个相的互比量为 $pE:pC$；由于 E 组成的熔化物同时与 C 组成和 D 组成两种固溶体平衡，根据相律，$f = 2-3+1 = 0$，故温度和各组成都不能变更。待所有熔化物固

化以后，只剩下组成为 C 和 D 的 α 和 β 固溶体，其互比量为 $pD:pC$，这时温度又可继续下降，α 相和 β 相的组成分别沿 CG 线和 DH 线移动。

如果组成在 ED 之间的熔体冷却时，首先析出的是 β 固溶体。温度降到 182 ℃ 时，组成为 E 的熔化物与组成为 C 的 α 固溶体和组成为 D 的 β 固溶体平衡，此时温度和各相组成都不能变更。待所有熔化物固化后最终只剩下组成为 C 和 D 的 α 和 β 固溶体。

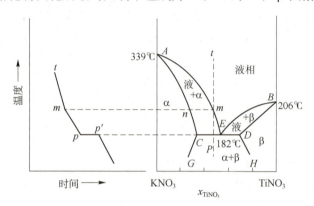

图 5-20　KNO₃-TiNO₃ 系统的相图

图 5-21 是 Ag-Cu 共熔（共晶）型二元系统的相图，在两端有不连续的 α（Ag 中溶解少量 Cu）和 β（Cu 中溶解少量 Ag）固溶体。图中 AE、BE 分别为 α 和 β 开始凝固析出的液相线，它们的交点 E（1 052 K 即 779 ℃）为低共熔（共晶）点；$ACEDB$ 为固相线，CM、DN 分别为 Ag 和 Cu 在固态时的溶解度曲线。当 $x_{Cu}=20\%$ 的 Ag-Cu 熔体冷却到点 a（1 133 K 即 860 ℃）时，开始有 α 固溶体析出，其组成对应于点 b（$x_{Cu}=9\%$），此时 $l_a+\alpha_b$ 固液两相平衡；继续冷却到 1 052 K 时，发生共晶反应 $l_E \rightarrow \alpha_C+\beta_D$，析出的固溶体是 α_C（$x_{Cu}=14.1\%$）和 β_D（$x_{Cu}=95.1\%$），此时平衡各相组成不变，直至液体全部转变为 α+β 的共晶体。在 1 052 K 以下，温度继续下降，仍是 α 和 β 的两相平衡，但固态溶解度随温度下降而减小，α 相的组成沿 CM 变化，β 相的组成沿 DN 变化，随温度降低，Cu 在 α 中的溶解度和 Ag 在 β 中的溶解度不断降低。在一定温度下，平衡的两相的相对量可按杠杆规则计算。

属于这种类型的二元系有 Cd-Zn、Pb-Sn、Pb-Sb、Ni-Cr、MgO-CaO 等。其中 Ni-Cr 二元相图是制备 Ni-Cr 电阻丝的理论依据。

图 5-22 是 Ag-Pt 转熔型二元系统的相图，在两侧有不连续的 α（Ag 中溶解少量 Pt）和 β（Pt 中溶解少量 Ag）固溶体生成。AP、BP 分别为 α 和 β 的开始凝固析出的液相线，三相点 P（对应温度为 1 458 K，1 185 ℃）处发生转熔过程（包晶反应）$l_P+\beta_D \rightarrow \alpha_C$。由于转熔过程所产生的 α 相是依附于已有的 β 相表面，并靠消耗 β 相而生长，通常包围在 β 相的外面，因此称为包晶反应。图中 $ACDN$ 为固相线，CM、DN 分别为 Ag 和 Pt 在固态时的溶解度曲线。当图中 $x_{Pt}=36\%$ 的合金熔体冷却到点 a（1 743 K，1 470 ℃）时，析出组成对应于点 b 的 β 固溶体；温度继续下降，液相组成沿 aP 变化，固相组成沿 bD 变化。温度降到 1 458 K（1 185 ℃）时，熔体点 P 组成为 $x_{Pt}=20\%$，固相点 D 组成为 β_D（$x_{Pt}=77.5\%$），发生包晶反应 $l+\beta \rightarrow \alpha$，生成固溶体 α，直至包晶反应完成，β 相消失。温度继续下降，熔体组成沿 PA 变化，α 相沿 CA 变化，当到达点 e 时，熔体全部凝固为 α 固溶体；温度下降至点 f 时，体系中出现组成为 g 的 β 固溶体；继续冷却，α 和 β 分别沿 fM 和 gN 线变化。属于这

一类型的体系有 Cu-Co、Pt-Re、Pt-W、Hg-Cd、FeO-MnO、AgCl-LiCl 等。

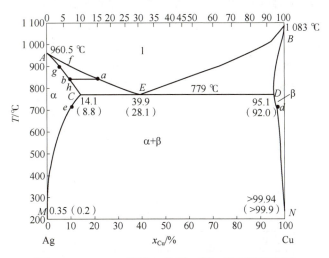

图 5-21　**Ag-Cu** 共熔（共晶）型二元系统的相图

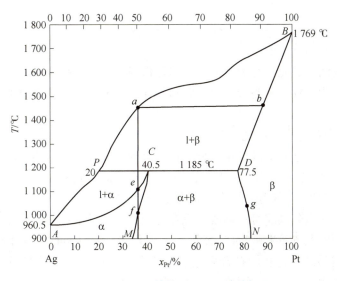

图 5-22　**Ag-Pt** 转熔型二元系统的相图

溶解度

　　溶解度指溶体相与第二相平衡时的溶体成分（浓度），在与第二相平衡时，固溶体的浓度也称为固溶度，溶解度曲线是指溶解度与温度的关系曲线。向 Cu 中加入微量 Bi、As 合金化时所产生的效果完全不同。加入微量 Bi 会使 Cu 显著变脆，而电阻没有显著变化；加入微量 As 并不会使 Cu 变脆，却能显著提高其电阻，下面从溶解度特征的角度对上述现象加以解释。

图 5-23 为 Cu-Bi 和 Cu-As 相图。Bi 在 Cu 中的溶解度低得可以忽略，加入微量 Bi 变会出现第二相纯组元 Bi，并分布在晶界，使 Cu 变脆。而 As 在 Cu 中有一定的溶解度，微量添加 As 不会有第二相 Cu_3As 析出，因而不会造成脆性，固溶态的 As 会使电阻升高。

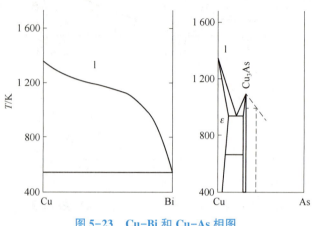

图 5-23　Cu-Bi 和 Cu-As 相图

4. 有化合物生成的固-液系统

在相图中，若两个组元结合力很强，大多数情况下会生成化合物。生成的化合物分为稳定化合物和不稳定化合物两种类型。化合物与相邻的组元或化合物可能形成固溶体，也可能不互溶。

1）有稳定化合物生成的系统

在二元系中，两组元形成稳定的化合物，且到熔点以下都是稳定的，化合物在熔化时有固定的熔点（凝固点），生成的液相组成与固态化合物的组成相同，称为同成分熔化化合物，这是一种稳定的化合物。所谓稳定化合物是指化合物加热至熔点的过程中一直保持稳定。

若系统中两个纯组分之间可以形成一稳定化合物，则其 T-x 图为图 5-22 的形式。图 5-24 为 $CuCl$-$FeCl_3$ 相图，$CuCl$ 和 $FeCl_3$ 能形成一化合物 $CuCl \cdot FeCl$。其相图可看作是由两个简单低共熔点（共晶系）的相图拼合而成。一个是化合物 AB 和 A 之间有一简单低共熔点 E_1，另一个是化合物 AB 和 B 之间有一简单低共熔点 E_2，在两个低共熔点 E_1 和 E_2 之间有一极大点 C。在点 C 溶液的组成与化合物 AB 的组成相同，故点 C 即为化合物 AB 的相合熔点。在点 C 时，二元系统实际上已成为单元系统，可以把化合物 $CuCl \cdot FeCl$ 作为一个纯组元来处理。

在图 5-25 所示 Cu-Mg 相图中，对应同成分熔化化合物的组成处有一最高点，即此化合物的熔点（凝固点），如图中 Mg_2Cu 和 $MgCu_2$ 的熔点为 841 K（568 ℃）和 1 092 K（819 ℃）。值得注意的是，$MgCu_2$ 的固相区 β 不是一条垂线所表示的成分固定的相，而是可扩大至一定成分范围，形成以化合物为基的固溶体，称为中间相。图 5-25 表明 $MgCu_2$ 在固态时可以溶解一定浓度的 Mg 和 Cu，形成以 $MgCu_2$ 为基的固溶体。

这类二元系统可根据生成化合物的个数，把化合物看成一个组元，从化合物的组成处将相图分开，分成两个或多个简单的相图，使复杂相图简化。例如，可以把整个 Mg-Cu 二元相图看成由 3 个共熔型相图合并而成。类似简化分析相图方法在复杂相图分析中经常会遇到。

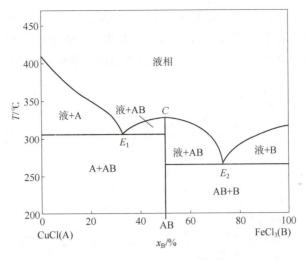

图 5-24 CuCl-FeCl₃ 相图

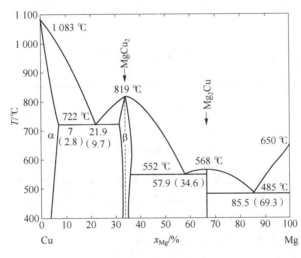

图 5-25 Cu-Mg 相图

2) 有不稳定化合物生成的系统

二元系统中 A、B 两组元所形成的化合物 C_1，在其熔点以下就分解成一个新固相 C_2 和一个组成与化合物 C_1 不同的溶液。C_2 可以是 A、B 或是另一个新的化合物，因此 C_2 熔化后，液相的组成和原来的固态化合物的组成不同，称为不稳定化合物。此类相图如图 5-26 所示（Fe-Ce 相图），图中含有两个异成分熔化化合物 Fe_3Ce 和 Fe_2Ce。不稳定化合物的特点是熔点隐藏在液固两相区内，固态化合物加热尚未到熔点前就开始分解，熔化后成分与固态化合物不同，故称为不稳定化合物。在分解温度下，体系为 3 个平衡相，自由度为零。分解过程是在定温固定成分下进行的，直到固态化合物完全分解完为止。

实际上多数二元系统往往生成一个或几个化合物，既有同成分熔化化合物，又有异成分熔化化合物，如 Al-Ca、Ni-Nb、Cao-FeO 等二元系统。

总之，二元系统中两组元生成的化合物，若是异成分熔化化合物，则是不稳定的，在低于熔点温度就分解了。若是同成分熔化化合物，一般来说是稳定的，但稳定程度因两组元不同而有差异，甚至有些在液态时就有部分解离。大量实验表明，液相线和固相线在化合物处的形状可以反映出化合物的稳定（解离）状况。液相线和固相线在化合物处的曲率半径越大，化合物在熔化时解离程度就越大。一般化合物液态解离程度大于固态解离程度。

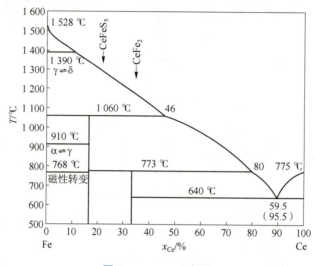

图 5-26 Fe-Ce 相图

单晶制备

单晶是晶体整体在三维方向上由同一空间格子构成，具有优良的力学性质和电学性质。单晶硅可算得上是世界上最纯净的物质，目前纯度为 12 个 9。石榴石铁氧体单晶是微波及磁光器件的核心材料，在航空航天、电子信息、移动通信等领域中具有广泛的应用。如何利用二元相图分析钇铁石榴石（$Y_3Fe_5O_{12}$）单晶制备？如何提高单晶生长速度？

早期用直拉法生长 $Y_3Fe_5O_{12}$ 单晶，按化合物的组成配料，很难得到满意的结果。由图 5-27 可以看出，$Y_3Fe_5O_{12}$ 是异成分熔化化合物，若按化合物组成点（点 a）配料，在转熔温度下只会得到转熔点 P 组成的熔体和另一个更高熔点化合物 $YFeO_3$，即发生转熔反应，$l+YFeO_3 \rightarrow Y_3Fe_5O_{12}$，在制备过程中反应很难进行到底。

若将配料点向左边移动到点 b，避开了转熔反应，即可用直拉法生长出 $Y_3Fe_5O_{12}$ 理想单晶。但从相图上可以看出，熔体成分 b 若偏离化合物成分点 a 很多，又会使晶体生长很慢。

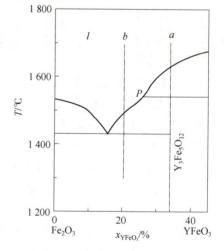

图 5-27 Fe_2O_3-$YFeO_3$ 相图

设 C^l、C^s 分别是某温度下平衡时的液相、固相组成，C^0 是初始配比组成。

则固相供应率 S 为

$$S = \frac{C^l - C^0}{C^l - C^s} = \frac{\frac{1}{\tan \alpha}\Delta T}{C^l - C^s} = \frac{\Delta T}{\Delta T + \tan \alpha (C^0 - C^s)}$$

式中，ΔT 为生长晶体时的过冷度；$\tan \alpha$ 为液相线斜率。

由上式可看出：

（1）可在转熔点 P 和化合物 C^s 之间配料，使熔体成分比较接近晶体成分 C^s；

（2）利用生长晶体时的过冷度，使结晶在转熔温度以下进行。

5.4 三元系统的相平衡

 核心内容

1. 三元系统组成

（1）等含量规则。平行于浓度三角形某一边的直线上的各点，与此线相对的顶点的第三组元的含量一定相同。

（2）定比例规则。从浓度三角形某顶角引出射线上的各点，另外两个顶点组元的含量比例一定相同。

（3）在三元系统内，由两个相（或混合物）合成一个新相时（或新的混合物），新相的组成点必在原来两相组成点的连线上。

（4）若由 3 个三元系统合并成一个新的三元系统，则新系统的组成一定在 3 个三元系统的中间。

2. 二盐-水系统

二盐-水系统包括固相是纯盐的系统、生成水合物的系统、生成复盐的系统。

对于三元系统，考虑两个外界影响因素，则相律变为下列形式：$f = 3 - \varphi + 2 = 5 - \varphi$，则在三元系统中最多可以有五相平衡。当 $\varphi = 1$ 时，$f = 4$，在三元系统中最多有 4 个独立变量。因此，要想完整地表示三元系统的相图，需用四维坐标，这是不可能做到的。对于凝聚系统，压强对相平衡的影响不大，故通常在恒定压强下，$f = 3$，就可用立体图形表示不同温度下平衡系统状态。为了方便讨论，往往把温度加以恒定。于是，在定温定压下，$f = 2$，只要用平面图就可以表示系统的状态。

5.4.1 三元系统的组成

通常使用一个每条边被均分为一百等份的等边三角形来表示三元系统的组成，该三角形称为浓度三角形，如图 5-28 所示。浓度三角形的 3 个顶点各代表 3 个纯组元 A、B、C 的单元系统，3 条边表示 3 个二元系统 A-B、B-C、C-A 的组成，三角形内任意一点表示一个含有 A、B、C 3 个组元的三元系统的组成。

设一个三元系统的组成在图 5-28 中的点 M，该系统中 3 个组元的含量可以用下面的方法求得：过点 M 作 BC 边的平行线，在 AB、AC 边上得到截距 $a=A\%$；过点 M 作 AC 边的平行线，在 BC、AB 边上得到截距 $b=B\%=30\%$；过点 M 作 AB 边的平行线，在 AC、BC 边上得到截距 $c=C\%$。根据等边三角形的几何性质，$a+b+c=BD+AE+ED=AB=BC=CA=100\%$。事实上，点 M 的组成可以用双线法，即过点 M 引三角形两条边的平行线，根据它们在第三条边上的交点来确定。

根据浓度三角形的这种表示组成的方法，一个三元组成点越靠近某一顶角，该顶角所代表的组元含量必定越高。在等边三角形内，三元系统的组成有以下几个特点。

（1）等含量规则。平行于浓度三角形某一边的直线上的各点，与此线相对的顶点的第三组元的含量一定相同。图 5-29 中 MN//AB，则 MN 线上任一点的 C 含量相等，变化的只是 A、B 的含量。

（2）定比例规则。从浓度三角形某顶角引出的射线上的各点，另外两个顶点组元的含量比例一定相同。图 5-29 中 CD 线上各点 A、B、C 三组元的含量不同，但是组元 A 与 B 含量的比值是不变的，都等于 $BD:AD$。

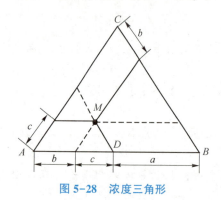

图 5-28 浓度三角形

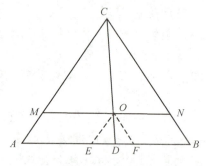

图 5-29 等含量规则和定比例规则

上述两规则对不等边浓度三角形也适用。不等边浓度三角形表示三元组成的方法与等边三角形相同，只是各边需按本身边长均分为 100 等份。

（3）在三元系统内，由两个相（或混合物）合成一个新相时（或新的混合物），新相的组成点必在原来两相组成点的连线上。如图 5-30 所示，设质量为 m 的点 M 组成的相与质量为 n 的点 N 组成的相合成为一个 $(m+n)$ 的新相，新相的组成点 O 必在 MN 线上，按杠杆规则，M 和 N 的比例一定是 $ON:OM$。新相组成点与原来两相组成点的距离和两相的量成反比。

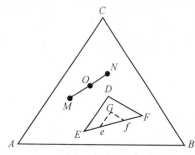

图 5-30 三元系统组成表示法

（4）若由 D、E、F 3 个三元系统合并成一个新的三元系统，则新系统的组成一定在三角形 DEF 的中间，如图 5-30 所示。新系统在 DEF 中的位置与 D、E、F 3 个系统的互比量有关。例如，新系统为点 G，则 D、E、

F 的互比量这样表示：通过点 G 画平行于 DE 和 DF 的两条平行线，交 EF 于 e 和 f 两点，则 ef 线段表示 D 的量，eE 线段表示 F 的量，fF 线段表示 E 的量。这一规则称为重心规则。

5.4.2　二盐-水系统

二盐-水的三元系统类型很多，但是目前只是对有一相同离子的两种盐和水组成的系统研究得比较多。

1. 固相是纯盐的系统

固相是纯盐的二盐-水系统有很多，如 $NH_4Cl+Na_2CO_3+H_2O$，$NH_4Cl+NH_4NO_3+H_2O$ 等。

图 5-31 为 $NH_4Cl-NH_4NO_3-H_2O$ 的相图。图中的点 D 和点 E 分别代表在该温度下的 NH_4Cl 和 NH_4NO_3 在水中的溶解度，即盐在水中的饱和溶液的组成。如果在饱和溶液 S_1 中加入 S_2，则饱和溶液的组成沿 DF 线而改变，在饱和溶液 S_2 中加入 S_1，则饱和溶液的组成沿 EF 线而改变。

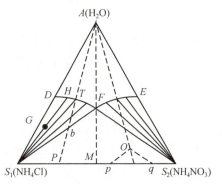

图 5-31　$NH_4Cl-NH_4NO_3-H_2O$ 的相图

DF 线代表 S_1 在含有 S_2 的溶液中的饱和溶解度曲线。

EF 线代表 S_2 在含有 S_1 的溶液中的饱和溶解度曲线。

点 F 是 DF 线和 EF 线的交点，此组成的溶液同时饱和 S_1 和 S_2，即两个固相纯盐 S_1 和 S_2 与溶液三相共存。根据相律，此时 $f=k-\varphi=3-3=0$，自由度为零。

DFS_1 区域代表饱和溶液和 S_1 两相平衡区域。在此区域内，DF 线上任何一点与 S_1 的连线即为结线，杠杆规则在此适用。例如，组成为 G 的点的系统一定有 S_1 和组成为 H 的饱和溶液同时存在，且 S_1 和溶液 H 的互比量为 $GH:S_1G$。

EFS_2 区域代表饱和溶液和 S_2 两相平衡区域。在此区域内，EF 线上任一点与 S_2 的连线即为结线，杠杆规则在此也适用。

$ADFE$ 区域代表 S_1 和 S_2 在水中的不饱和溶液的区域。

FS_1S_2 区域代表 S_1、S_2 和组成为 F 的溶液三相共存区域，在此区域，$f=0$。例如，组成为点 O 的系统中，一定有 S_1、S_2 和组成为 F 的溶液三相共存，这三个相的互比量表示如下：通过点 O 作平行于 FS_1 和 FS_2 的两条直线交 S_1S_2 线于点 p 和点 q，按照重心规则，pq 线段代表组成为 F 的液相的量，S_1p 线段代表 S_2 的量，qS_2 线段代表 S_1 的量。

利用这样的相图，可以初步判断在两种盐的混合物中加水稀释取得某种纯盐的可能性，或将含有两种盐的稀溶液定温蒸发获得某一种纯盐的可能性。加入有 NH_4Cl 和 NH_4NO_3 的混合物，其组成在点 P，往此系统中加水，系统的组成将沿 PA 线而改变。当加入的水量不多，系统的总组成还在 FS_1S_2 区域内时，系统有溶液 F、S_1 和 S_2 三相共存。当加入的水量使系统的总组成达到点 b 时，固相中只有 S_1 而没有 S_2 了。此时溶液 F 和 S_1 两相的互比量为 $S_1b:bF$。过滤即得纯 S_1 固体。

当 S_1 和 S_2 的混合物组成在 S_1 和 M 之间时，往此系统加水可得纯 S_1。在 S_2 和 M 之间加水可得纯 S_2。当混合物组成在点 M 时，则往系统中加水不能得到纯盐。

稀溶液定温蒸发时，如果原料溶液组成在 AF 线的左边，那么蒸发可得纯 S_1；如果原料溶液组成在 AF 线的右边，那么蒸发可得纯 S_2；如果组成在 AF 线上，那么不能得到纯盐。

2. 生成水合物的系统

$NaCl-Na_2SO_4-H_2O$ 为含有一个相同离子（Na^+）的两种盐溶于水的系统，其中 Na_2SO_4 能形成水合物。其在 17.5 ℃ 以下某一温度的相图如图 5-32 所示。图中点 D 为 S_1（NaCl）在水中的溶解度，点 B 为 S_2（Na_2SO_4）与 $10H_2O$ 形成水合物的组成，点 E 为水合物（$S_2 \cdot 10H_2O$）在水中的溶解度。S_1DF 为饱和溶液与 S_1 平衡的两相区域，BEF 为饱和溶液与 $S_2 \cdot 10H_2O$ 平衡的两相区域。$ADFE$ 为不饱和溶液的区域；点 F 为同时饱和了 S_1 和 $S_2 \cdot 10H_2O$ 的溶液组成，根据相律，此时 $f=0$；FS_1B 为 S_1、$S_2 \cdot 10H_2O$ 和组成为 F 的溶液的三相平衡区域；S_1BS_2 为 S_1、S_2 和 $S_2 \cdot 10H_2O$ 的三相平衡区域。

如果将组成为 P 的不饱和溶液定温蒸发，首先物系点将沿 AP 线的箭头方向变化。当物系点到达 DF 线上时，将有 S_1 析出。继续蒸发，析出 S_1 的量逐渐增加，同时溶液组成沿 DF 曲线向点 F 移动，当物系点到达 S_1F 线上时，溶液组成为点 F。继续蒸发，将有 $S_2 \cdot 10H_2O$ 和 S_1 同时析出；当物系点达到 S_1B 线上时，组成为 F 的溶液相消失，再脱水，$S_2 \cdot 10H_2O$ 就逐渐转化为 S_2，系统成为 S_1、S_2 和 $S_2 \cdot 10H_2O$ 的三相共存。组成在 AF 线左边的不饱和溶液蒸发可获得纯 S_1，组成在 AF 线右边的不饱和溶液蒸发可获得 $S_2 \cdot 10H_2O$，不能得到纯 S_2。

3. 生成复盐的系统

$NH_4NO_3-AgNO_3-H_2O$ 的相图如图 5-33 所示，其中的两种盐能形成复盐。图中点 M 为复盐的组成，FG 曲线为复盐 M 的饱和溶解度曲线，点 F 为同时饱和了 S_1 和复盐的溶液组成，点 G 为同时饱和了 S_2 和复盐的溶液组成，点 G 和 F 都是三相点。FS_1M 为 S_1、复盐和组成为 F 的溶液的三相平衡区域，GMS_2 为 S_2、复盐和组成为 G 的溶液的三相平衡区域，FMG 是饱和溶液与复盐的两相平衡区域。

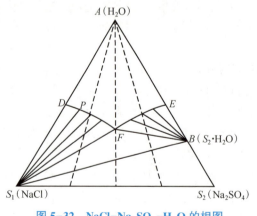

图 5-32　$NaCl-Na_2SO_4-H_2O$ 的相图

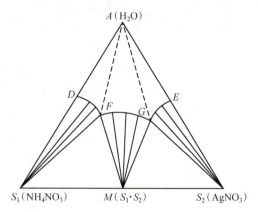

图 5-33　$NH_4NO_3-AgNO_3-H_2O$ 的相图

组成在 AF 线左边的不饱和溶液蒸发可得纯 S_1；组成在 AG 线右边的不饱和溶液蒸发可得纯 S_2；组成在 AF 和 AG 线中间的不饱和溶液蒸发可得复盐。

思考题

1. 对于纯水，当水蒸气、水、冰三相共存时，自由度为多少？

2. 下列两种体系各有几种组分及几个自由度？

（1）NaH_2PO_4 溶于水中成为与水蒸气平衡的不饱和溶液；

（2）$AlCl_3$ 溶于水中并发生水解沉淀出 $Al(OH)_3$ 固体。

3. 有水蒸气变成液态水，是否一定要经过两相平衡态？是否还有其他途径？

4. 怎样从 Cd 80% 的 Bi–Cd 混合物中分离出 Cd 来？能否全部分离出来？

5. 说明水的三相点与它的冰点的区别。

6. 具有最高沸点的 A 和 B 二组分体系，最高恒沸物为 C，最后的残留物是什么？为什么？

习　题

1. 有以下化学反应：

$$N_2(g)+3H_2(g)\longrightarrow 2NH_3(g)$$
$$NH_4HS(s)\longrightarrow NH_3(g)+H_2S(g)$$
$$NH_4Cl(s)\longrightarrow NH_3(g)+HCl(g)$$

在一定温度下，一开始向反应器中加入 NH_4HS、NH_4Cl 两种固体，以及物质的量之比为 $3:1$ 的氢气及氮气。问达到平衡时，组元数为多少？自由度为多少？

2. 一个水溶液中共有 n 中物质，其摩尔分数为 x_1，x_2，$\cdots$，x_n。用一张只允许水通过的半透膜将此溶液与纯水分开。平衡时，纯水面上压强为 p_w；溶液面上的压强为 p_s。

（1）此系统相律的一般表达式是何种形式？

（2）求此系统的自由度与物种数的关系。

3. 根据碳的相图（见图 5-34），说明：

（1）点 O 及曲线 OA、OB、OC 具有什么含义？

（2）讨论常温、常压下石墨与金刚石的稳定性。

（3）2 000 K 时，将石墨变为金刚石需要多大压强？

（4）在任意给定的温度、压强下，金刚石与石墨哪个具有较高的密度？

4. 270 K 的过冷水较冰稳定还是不稳定？谁的化学势高？高多少？

5. $FeCl_3$ 和 H_2O 能形成 4 种具有相合熔点的水合物：$FeCl_3 \cdot 6H_2O(s)$、$2FeCl_3 \cdot 7H_2O(s)$、$2FeCl_3 \cdot 5H_2O(s)$ 和 $FeCl_3 \cdot 2H_2O(s)$，问该体系的组分数是多少？该体系定压条件下最多能有几相共存？有几个低共熔点？

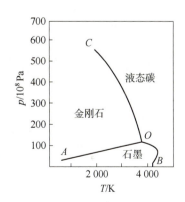

图 5-34　习题 3 图

6. A–B 相图如图 5–35 所示，A、B 两组分液态完全互溶，固态完全不互溶，其低共熔混合物中 $x_B = 60\%$，今有 200 g，$x_B = 30\%$（皆为质量分数）的液体混合物。

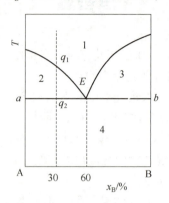

图 5–35　习题 6 图

（1）试将图中标示的各相区及 aEb 线所代表的相区的相数、聚集态及成分求出，聚集态用 g、l、s 标示气态、液态、固态，成分用 A、B 或 A+B 标示。

（2）冷却时，最多得多少克纯 A(s)？

（3）在三相平衡时，若低共熔混合液的质量剩 60 g，与其平衡的固体 A 和固体 B 的质量分别为多少？

第6章 表面物理化学

自然界中的物质一般以气、液、固 3 种相态存在。3 种相态相互接触可产生 5 种界面：气–液、气–固、液–液、液–固、固–固界面。界面即所有两相的接触面。一般常把与气体接触的界面称为表面，如气–液界面常称为液体表面，气–固界面常称为固体表面。

界面并不是两相接触的几何面，它有一定的厚度，一般为几个分子厚，故有时又将界面称为界面相。界面的结构和性质均与相邻两侧的体相不同，这一点已被许多研究证明。自然界中的许多现象都与界面的特殊性质有关，如在光滑玻璃上的微小汞滴会自动呈球形、脱脂棉易于被水润湿、水在玻璃毛细管中会自动上升、固体表面会自动地吸附其他物质、微小的液滴易于蒸发等。

在前面几章的讨论中，并没有提及界面和考虑界面的因素，这是因为在一般情况下，界面的质量和性质与体相相比可忽略不计。但当物质被高度分散时，界面的作用会很明显。例如，直径 1 cm 的球形液滴，表面积是 3.141 6 cm^2，当将其分散为 10^{18} 个直径为 10 nm 的球形小液滴时，其总表面积可高达 314.16 m^2，是原来的 10^6 倍。这就成为一个不可忽视的因素了。由此可知，对一定量的物质而言，分散度越高，其表面积就越大，表面效应也就越明显。

由于在界面上的分子处境特殊，因此有许多特殊的物理和化学的性质，随着表面张力、毛细现象和润湿现象等逐渐被发现，并赋予了科学的解释。随着工业生产的发展，与界面现象有关的应用也越来越多，从而建立了界面化学（或表面化学）这一学科分支。表面化学是一门既有广泛实际应用又与多门学科密切联系的交叉学科，它既有传统、唯象、比较成熟的规律和理论，又有现代分子水平的研究方法和不断出现的新发现。

6.1 表面张力及表面吉布斯自由能

**核心内容**

1. 表面张力

表面张力：引起液体表面收缩的单位长度上的力（N·m⁻¹），亦表示为系统增加单位表面所需的可逆功。其公式表达为

$$\gamma = \left(\frac{\mathrm{d}G}{\mathrm{d}A_s}\right)_{T,p}$$

2. 影响表面张力的主要因素

γ 的值将随 T 的升高而下降；水的表面张力因加入溶质形成溶液而改变。非表面活性物质能使溶液的表面张力升高，表面活性剂加入后却使溶液的表面张力降低。

物质表面层中的分子与体相中的分子二者所处的力场是不同的，以与饱和蒸气相接触的液体表面分子与内部分子受力情况为例进行说明，如图 6-1 所示。在液体内部的任一分子，皆处于同类分子的包围之中，平均来看，该分子与其周围分子间的吸引力是球形对称的，各个相反方向上的力彼此相互抵消，其合力为零。然而表面层中的分子，则处于力场不对称的环境中。液体内部分子对表面层中分子的吸引力，远远大于液面上蒸气分子对它的吸引力，使表面层中的分子恒受到指向液体内部的拉力，因而液体表面的分子总是趋于向液体内部移动，力图缩小表面积。液体表面就如同一层绷紧了的富有弹性的膜。这就是小液滴总是呈球形，肥皂泡要用力吹才能变大的原因：因为相同体积的物体球形表面积最小，扩张表面就需要对系统做功。

6.1.1 表面张力

液体表面的最基本的特性是趋向于收缩，如图 6-1 所示，这是由于液面上的分子受力不均衡，例如小液滴趋向于呈球形，水银珠和荷叶上的水珠也收缩为球形。从液膜自动收缩的实验，可以更好地认识这一现象。

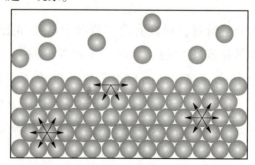

图 6-1 液体表面分子与内部分子受力情况示意图

假如用细钢丝制成一个框架，如图6-2所示，其一边是可自由活动的金属丝，将此金属丝固定后使框架蘸上一层肥皂膜。若放松金属丝，肥皂膜会自动收缩以减小表面积。这时欲使膜维持不变，需在金属丝上施加一相反的力 F，其大小与金属丝的长度成正比，比例系数以 γ 表示，因膜有两个表面，所以液面上分子的作用力在总长度为 $2l$ 的边界上作用，且垂直地作用于单位长度的表面边沿，并指向表面中心，故可得

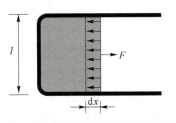

图6-2 表面张力和表面功示意图

$$F = 2\gamma l \tag{6-1}$$

即

$$\gamma = \frac{F}{2l} \tag{6-2}$$

式中，γ 为表面张力，它可以看作是引起液体表面收缩的单位长度上的力，其单位为 $N \cdot m^{-1}$。

也可以从另一角度来理解表面张力 γ。若使同种液膜的面积增大 dA_s，则需用力 F 使液膜移动 dx 的距离，做的可逆非体积功为

$$\delta W_r = F dx = 2\gamma l dx = \gamma dA_s \tag{6-3}$$

式中，$dA_s = 2l dx$，为增大的液体表面积，将上式移项可得

$$\gamma = \frac{\delta W_r}{dA_s} \tag{6-4}$$

由此可知，γ 亦表示为使系统增加单位表面积所需的可逆功，单位为 $J \cdot m^{-2}$。国际理论与应用化学联合会（IUPAC）以此式来定义 γ，称 γ 为表面功。γ 以前曾被称为比表面功。

因为定温、定压下，可逆非体积功等于系统的吉布斯函数变，即

$$\delta W_r = dG_{T,p} = \gamma dA_s \tag{6-5}$$

$$\gamma = \left(\frac{dG}{dA_s} \right)_{T,p} \tag{6-6}$$

上式表示 γ 等于定温、定压下系统增加单位面积时所增加的吉布斯函数，所以 γ 过去也称为比表面吉布斯函数，简称表面吉布斯函数，单位为 $J \cdot m^{-2}$。

表面张力、表面功、表面吉布斯函数三者虽为不同的物理量，但它们的量值和量纲却是等同的，因为 $1 J = 1 N \cdot m$，故 $1 J \cdot m^{-2} = 1 N \cdot m^{-1}$。三者的单位皆可化为 $N \cdot m^{-1}$。

与液体表面类似，其他界面，如固体表面、液-液界面、液-固界面等，因为界面层的分子同样受力不对称，所以也存在着界面张力。

6.1.2 热力学公式

多组分多相系统的热力学公式：

$$dG = -SdT + Vdp + \sum_B \mu_B dn_B \tag{6-7}$$

$$dU = TdS - pdV + \sum_B \mu_B dn_B \tag{6-8}$$

$$dH = TdS + Vdp + \sum_{B} \mu_B dn_B \tag{6-9}$$

$$dA = -SdT - pdV + \sum_{B} \mu_B dn_B \tag{6-10}$$

这 4 个公式的变量除了 T、p、S、V 外，只增加了各个相中各物质的物质的量 n_B，而未考虑相界面面积 A_s。

若再将各相界面面积 A_s 作为变量，先考虑系统内只有一个相界面，且两相 T、p 相同，则相应的热力学公式为

$$dG = -SdT + Vdp + \sum_{B} \mu_B dn_B + \gamma dA_s \tag{6-11}$$

$$dU = TdS - pdV + \sum_{B} \mu_B dn_B + \gamma dA_s \tag{6-12}$$

$$dH = TdS + Vdp + \sum_{B} \mu_B dn_B + \gamma dA_s \tag{6-13}$$

$$dA = -SdT - pdV + \sum_{B} \mu_B dn_B + \gamma dA_s \tag{6-14}$$

式中

$$\gamma = \left(\frac{dG}{dA_s}\right)_{T,p,n_B} = \left(\frac{dU}{dA_s}\right)_{S,V,n_B} = \left(\frac{dH}{dA_s}\right)_{S,p,n_B} = \left(\frac{dA}{dA_s}\right)_{T,V,n_B} \tag{6-15}$$

下脚标中 n_B 表示各相中各物质的物质的量均不变。式(6-15) 中第一个等式表明界面张力 γ 等于定温、定压、各相中各物质的物质的量不变时，增加单位界面面积所增加的吉布斯函数。其余 3 个等式的意义类似。

在定温、定压、各相中各物质的物质的量不变时，由式(6-11) 得

$$dG = \gamma dA_s \tag{6-16}$$

上式表明在上述条件下由于相界面面积变化而引起系统的吉布斯函数变，因这一变化反映在界面上，也称为界面吉布斯函数变，并用 dG^B 表示。在 γ 不变的情况下对上式积分可得

$$G^B = \gamma A_s \tag{6-17}$$

将上式取全微分，可得

$$dG^B = \gamma dA_s + A_s d\gamma \tag{6-18}$$

根据吉布斯函数判据可知：在定温、定压条件下，系统界面吉布斯函数减少的过程为自发过程。上式表明，系统可通过减少界面面积或降低界面张力两种方式来降低界面吉布斯函数，这是一个自发过程。例如，小液滴聚集成大液滴（为表面张力不变时表面面积减少的过程），多孔固体表面吸附气体（为界面面积不变时界面张力减小的过程），以及液体对固体的润湿过程等。界面吉布斯函数有自动减少的趋势，是很多界面现象产生的热力学原因。

6.1.3　影响表面张力的主要因素

由式(6-6) 可知，表面张力是温度、压强和组成的函数，因此对于组成不变的系统，如纯水、指定溶液等，其表面张力取决于温度和压强。

1. 温度对表面张力的影响

从分子的相互作用来看，表面张力是由于表面分子所处的不对称力场造成的。表面上的分子所受的力主要是指向液体内部的分子的吸引力，当增加液体表面积（即将分子由液体

内部移至表面上）时所做的表面功，就是为了克服这种吸引力而做的功。由此看来，表面张力也是分子间吸引力的一种量度。分子运动论表明，温度升高，分子的动能增加，一部分分子间的吸引力就会被克服。其结果有二：①气相中的分子密度增加；②液相中分子间的距离增大。最终使表面分子所受力的不对称性减弱，因而使得 γ 降低。这就是表面张力随温度升高而降低的原因。当温度接近临界温度时，气相与液相的区别逐渐消失，表面张力便随之降为零。

对式（6-11）和式（6-14）进行全微分，可得

$$\left(\frac{\mathrm{d}S}{\mathrm{d}A_s}\right)_{T,p,n_B} = -\left(\frac{\mathrm{d}\gamma}{\mathrm{d}T}\right)_{A_s,p,n_B} \tag{6-19}$$

$$\left(\frac{\mathrm{d}S}{\mathrm{d}A_s}\right)_{T,V,n_B} = -\left(\frac{\mathrm{d}\gamma}{\mathrm{d}T}\right)_{A_s,V,n_B} \tag{6-20}$$

将式（6-19）或式（6-20）两端都乘以 T，则 $-T\left(\dfrac{\mathrm{d}\gamma}{\mathrm{d}T}\right)$ 的值等于在温度不变时可逆扩大单位表面积所吸的热 $\left(T\dfrac{\mathrm{d}S}{\mathrm{d}A_s}\right)$，这是正值，所以 $\dfrac{\mathrm{d}\gamma}{\mathrm{d}T}<0$，即 γ 的值将随 T 的升高而下降。从而可推知，若以绝热的方式扩大表面积，系统的温度必将下降，而事实正是如此。经验表明，在通常温度下，液体的温度每升高 1 K，表面张力约降低 10^{-4} N·m^{-1}。当温度增加时，大多数液体的表面张力呈线性下降，并且可以预期，当达到临界温度 T_C 时，表面张力趋向于零。约特弗斯曾提出温度与表面张力的关系式为

$$\gamma V_{\mathrm{m}}^{2/3} = k(T_C - T) \tag{6-21}$$

式中，V_{m} 为液体的摩尔体积；k 是普适常数，对于非极性液体，$k \approx 2.2\times10^{-7}$ J·K^{-1}。但由于接近临界温度时，气-液界面已不清晰，所以拉姆齐和希尔茨将温度 T_C 修正为（T_C-6.0），则式（6-21）变为

$$\gamma V_{\mathrm{m}}^{2/3} = k(T_C - T - 6.0) \tag{6-22}$$

上式是求界面张力与温度间关系的较常用的公式。不同温度下液体表面张力如表 6-1 所示。

表 6-1　不同温度下液体表面张力　　　　　　　　单位：mN·m^{-1}

液体	温度					
	0 ℃	20 ℃	40 ℃	60 ℃	80 ℃	100 ℃
水	75.64	72.75	69.60	66.24	62.67	58.91
乙醇	24.4	22.3	21.0	19.2	17.3	15.5
甲醇	24.5	22.6	21.0	19.2	17.3	15.5
四氯化碳	29.5	26.9	24.5	22.1	18.6	16.2
丙酮	26.2	23.7	21.2	18.6	16.2	—
甲苯	30.92	28.53	26.15	23.94	21.8	19.6
苯	31.9	29.0	26.3	23.6	21.21	18.2

2. 溶液浓度对表面张力的影响

水的表面张力因加入溶质形成溶液而改变。有些溶质加入后能使溶液的表面张力降低，

另一些溶质加入后却使溶液的表面张力升高。例如，无机盐、不挥发性的酸碱（如 H_2SO_4、NaOH）等，由于这些物质的离子对于水分子的吸引而趋向于把水分子拖入溶液内部，此时在增加单位表面积所做的功中，还必须包括克服静电引力所消耗的功，因此溶液的表面张力升高。这些物质被称为非表面活性物质。

能使水的表面张力降低的溶质都是有机化合物，从广义说来，都可称为表面活性物质，但习惯上只把那些明显降低水的表面张力的两亲性质的有机化合物（即分子中同时含有亲水的极性基团和憎水的非极性碳链或环，一般指 8 个碳以上的碳链者）叫作表面活性剂。所谓两亲分子，以脂肪酸为例，亲水的—COOH 使脂肪酸分子有进入水中的趋向，而憎水的碳氢链则竭力阻止其在水中溶解，这种分子就有很大的趋势存在于两相界面上，不同基团各选择所亲的相而定向，因此称为两亲分子。进入或逃出水面趋势的大小，取决于分子中极性基与非极性基的强弱对比。对于表面活性物质来说，非极性成分大，则表面活性也大。由于憎水部分企图离开水而移向表面，因此增加单位表面积所需的功较之纯水要小些，于是溶液的表面张力明显降低。

表面活性物质的浓度对溶液表面张力的影响，可以从图 6-3 中的 γ–c 曲线中直接看出。通常在低浓度时增加浓度对 γ 的影响比高浓度时要显著。特劳贝在研究脂肪酸同系物的表面活性时发现，同一种溶质在低浓度时表面张力的降低效应和浓度成正比。不同的酸在相同的浓度时，对于水的表面张力降低效应（表面活性）随碳氢链的增长而增加，每增加一个—CH_3 其表面张力降低效应平均可增加约 3.2 倍，这个规则称为特劳贝规则。其他脂肪醇、酯等也有类似的表面活性随碳氢链增长而增加的情况。

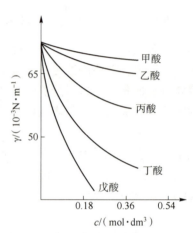

图 6-3　脂肪酸溶液的 γ–c 曲线

3. 压强及其他因素对表面张力的影响

压强对表面张力的影响原因比较复杂。增加气相的压强，可使气相的密度增加，减小液体表面分子受力不对称的程度；此外可使气体分子更多地溶于液体，改变液相成分。这些因素的综合效应，一般是使表面张力下降。通常每增加 1 MPa 的压强，表面张力约降低 1 mN·m^{-1}。例如 20 ℃时，101.325 kPa 下水和 CCl_4 的 γ 分别为 72.8 mN·m^{-1} 和 26.8 mN·m^{-1}，而在 1 MPa 下分别是 71.8 mN·m^{-1} 和 25.8 mN·m^{-1}。分散度对界面张力的影响要物质分散到曲率半径接近分子大小的尺寸时才较明显。

6.2　弯曲表面上的附加压强和蒸气压

核心内容

1. 弯曲表面上的附加压强

弯曲表面上的附加压强——杨–拉普拉斯方程 $p_s = \dfrac{2\gamma}{R'}$，弯曲液面的附加压强 p_s 总是指向液面的曲面圆心。

2. 弯曲表面上的蒸气压

弯曲表面上的蒸气压——开尔文方程 $RT\ln\dfrac{p_s}{p_0}=\dfrac{2\gamma M}{R'\rho}$。

一般情况下，液体的表面是水平的，而滴定管或毛细管中的水面是向下弯曲的。若滴定管中装的是水银，则水银面呈凸形，是向上弯曲的。为什么会出现这些现象，这是本节所要讨论的问题。

本节讨论的内容只适用于曲面半径较表面层的厚度大得多的情况（通常表面层厚度约为 10 nm）。

6.2.1 弯曲表面上的附加压强

由于表面张力的作用，在弯曲表面上的液体或气体与在平面上情况不同，前者受到附加的压强。静止液体的表面一般是一个平面，但在某些特殊情况下例如在毛细管中，则是一个弯曲表面。由于表面张力的作用，在弯曲液面的内外，所受到的压强不相等。

设在液面上有一小面积 AB（见图 6-4），沿 AB 的四周，AB 以外的表面对 AB 面有表面张力的作用，力的方向与周界垂直，而且沿周界处与表面相切。若液面是水平的，则作用于边界的力 f 也是水平的，如图 6-4（a）所示，当平衡时，沿周界的表面作用力互相抵消，此时液体表面内外的压强相等，而且等于表面上的外压 p_0。

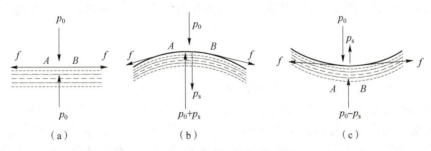

图 6-4 弯曲表面上的附加压强

若液面是弯曲的，则沿 AB 的周界上的表面作用力 f 不是水平的，其方向如图 6-4（b）、（c）所示。平衡时，作用于边界的力将有一合力，当液面为凸形时，合力指向液体内部，当液面为凹形时，合力指向液体外部，这就是附加压强的来源。对于凸面，AB 曲面好像绷紧在液体上一样，使它受到一个指向液体内部的附加的压强。因此在平衡时，表面内部的液体分子所受到的压强必大于外部的压强。对于凹面，则 AB 好像要被拉出液面，因此液体内部的压强将小于外部的压强。

总之，由于表面张力的作用，在弯曲表面上的液体与在平面上不同，它受到一种附加压强，附加压强的方向指向曲面的圆心。

显然，附加压强的大小与曲率半径有关。再以凸形液滴为例：如图 6-5 所示，毛细管内充满液体，管端有半径为 R' 的球状液滴与之平衡，若外压为 p_0，附加压强为 p_s，则液滴所受总压为 $p=p_0+p_s$。

现对活塞稍稍施加压力，以减少毛细管中液体的体积，使液滴体积增加 dV，相应地其表面积增加 dA_s，此时为了克服界面张力所产生的 p_s（即为附加压强），环境所消耗的功应和液滴可逆地增加的表面积的吉布斯自由能相等，即

$$p_s dV = \gamma dA_s \tag{6-23}$$

由 $A_s = 4\pi R'^2$ 可知

$$dA_s = 8\pi R' dR'$$

由 $V = \frac{4}{3}\pi R'^3$ 可知

$$dV = 4\pi R'^2 dR'$$

代入式（6-23）可知

$$p_s = \frac{2\gamma}{R'} \tag{6-24}$$

对于指定液体，上式描述了附加压强与表面曲率半径的具体关系，称为杨-拉普拉斯方程，用于计算附加压强的大小。

由式（6-24）可知：①曲率半径 R' 愈小，则所受到的附加压强愈大，如果没有表面张力，也就不存在附加压强，这恰好说明表面张力是产生附加压强的核源，附加压强是表面张力的后果；②液滴呈凸形，附加压强指向曲面圆心，与外压方向一致。所以凸面上液体所受压强比平面上要大，等于 $p_0 + p_s$，相当于曲率半径 R' 取了正值。如果是凹面，例如玻璃管中水溶液的弯月面，附加压强指向曲面圆心，与外压方向相反。所以，凹面上液体所受压强比平面上要小，等于 $p_0 - p_s$，相当于曲率半径 R' 取了负值。

对于由液膜构成的气泡，例如肥皂泡，因为有内外两个气-液表面，所以泡内的附加压强应为

$$p_s = \frac{4\gamma}{R'} \tag{6-25}$$

式中，R' 是气泡的半径。显然内外表面的半径差异是可以忽略的。

弯曲液面的附加压强可产生毛细现象。把一支半径一定的毛细管垂直地插入某液体中，如果该液体能润湿管壁，液体将在管中呈凹液面，液体与管壁的接触角 $\theta < 90°$，液体将在毛细管中上升，如图6-6所示。由于附加压强 Δp 指向大气，因此凹液面上的液体所承受的压强小于管外水平液面上的压强。在这种情况下，液体将被压入管内，直至上升的液柱所产生的静压强 $\rho g h$ 与附加压强 Δp 在量值上相等，方可达到力的平衡，即

$$\Delta p = \frac{2\gamma}{R'} = \rho g h \tag{6-26}$$

由图6-6中的几何关系可以看出：接触角 θ 与毛细管半径 r 及弯曲液面曲率半径 R' 之间的关系为

$$\cos\theta = \frac{r}{R'} \tag{6-27}$$

将上式代入式（6-26）中，可得液体在毛细管中上升的高度为

$$h = \frac{2\gamma\cos\theta}{r\rho g} \tag{6-28}$$

式中，γ 为液体的表面张力；ρ 为液体密度；g 为重力加速度。由上式可知，在一定温度下，毛细管越细，液体的密度越小，液体对管壁的润湿越好，即接触角 θ 越小，液体在毛细管中

上升得越高。当液体不能润湿管壁，即 $\theta > 90°$，$\cos \theta < 0$ 时，液体在毛细管内呈凸液面，h 为负值，代表液面在管内下降的深度。例如将玻璃毛细管插入汞内，可观察到水银在毛细管内下降的现象。

图 6-5 凸形液滴

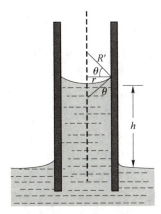

图 6-6 毛细现象

由上述讨论可知，弯曲液面会产生附加压强的根本原因是表面张力，而毛细现象则是弯曲液面具有附加压强的必然结果。掌握了这些基本知识，有利于对表面效应的深入理解。例如农民锄地，不但可以铲除杂草，而且可以破坏土壤中的毛细管，防止植物根下的水分沿毛细管上升到地表而蒸发。

例题 1 用最大泡压法测量液体的表面张力的装置如图 6-7 所示：将毛细管垂直插入液体中，其深度为 h。由上端通入气体，在毛细管下端呈小气泡放出，小气泡内的最大压强可由 U 形管压强计测出（现也可用电子压强计测出）。已知 300 K 时，某液体的密度 $\rho = 1.6 \times 10^3 \, \mathrm{kg \cdot m^{-3}}$，毛细管的半径 $r = 0.001 \, \mathrm{m}$，毛细管插入液体中的深度 $h = 0.01 \, \mathrm{m}$，小气泡的最大表面压强 $p_{最大} = 207 \, \mathrm{Pa}$。问该液体在 300 K 时的表面张力为多少？

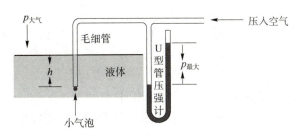

图 6-7 例题 1 图

解： 当向毛细管缓慢压入空气时，毛细管口将出现一小气泡，且不断长大。若毛细管足够细，管下端气泡将呈球缺形，液面可视为球面的一部分。在气泡由小变大的过程中，当气泡半径等于毛细管半径时，气泡呈半球形，这时气泡的曲率半径最小，附加压强最大。此后随气泡不断长大，半径随之增大，附加压强却逐渐变小，最后气泡从毛细管口逸出。

在气泡半径等于毛细管半径、气泡的附加压强最大时：

气泡内的压强：
$$p_{内} = p_{大气} + p_{最大}$$

气泡外的压强：
$$p_{外} = p_{大气} + \rho g h$$

根据附加压强的定义及杨-拉普拉斯方程，半径为 r 的小气泡的附加压强：

$$\Delta p = p_内 - p_外 = p_{最大} - \rho g h = \frac{2\gamma}{r}$$

于是求得所测液体的表面张力：

$$\gamma = \frac{\Delta p \cdot r}{2} = \frac{(p_{最大} - \rho g h)r}{2}$$

$$= \frac{207 - 1.6 \times 10^3 \times 9.807 \times 0.01}{2} \times 0.001 \ N \cdot m^{-1} = 25.04 \ mN \cdot m^{-1}$$

例题 2 已知 298 K 时水的表面张力为 0.072 14 N·m^{-1}，密度为 1 000 kg·m^{-3}，重力加速度为 9.8 m·s^{-2}。将半径为 500 nm 的洁净毛细管插入水中，求管中液面上升的高度。

解：$h = \dfrac{2\gamma \cos\theta}{r\rho g} = \dfrac{2 \times 0.072\ 14 \times \cos 0°}{1\ 000 \times 9.8 \times 500 \times 10^{-9}} \ m = 29.4 \ m$

参天大树正是利用树皮中无数的毛细管将土壤中的水和养分源源不断地输送到树冠（当然，渗透压也起到了一定作用，因为树中有盐分，地下水会因为渗透压进入树中，通过毛细管上升）。人们也可以利用此原理从树皮中输液，杀灭药液无法喷洒到的高大树木树冠上的害虫，从而达到保护树木的目的。

6.2.2　弯曲表面上的蒸气压——开尔文公式

在常压下，杯子中水的压强约为 $p^\ominus$，而半径为 10^{-8} m 的小雾滴的压强竟高达 $144.7p^\ominus$，这样高的压强必对水的其他性质产生显著影响，由相平衡的知识可知，在一定温度下，液体的压强越大，其蒸气压越大，因此小液滴比平面液体具有更高的蒸气压，小液滴的蒸气压又与液滴的大小有关。前面各章中所说的蒸气压均是对平面液体而言，在本节将专门讨论液滴大小对蒸气压的影响。

液体的蒸气压与曲率的关系，可用如下方法获得：

平面液体 $\underset{}{\overset{(1)}{\rightleftharpoons}}$ 蒸气（正常蒸气压 p_0）

↓(2)　　↑(4)

小液滴 $\underset{}{\overset{(3)}{\rightleftharpoons}}$ 蒸气（小液滴蒸气压 p_s）

过程（1）和（3）是定温定压下的气液两相平衡过程，$\Delta_{vap}G_1 = \Delta_{vap}G_3 = 0$。过程（2）是定温定压下的液滴分割过程，小液滴具有平面液体所没有的表面张力，在分割过程中，系统的摩尔体积 V_m 并不随压强而变。将 $V_m = \dfrac{M}{\rho}$ 和 $\Delta p = \dfrac{2\gamma}{R'}$ 代入，于是根据杨-拉普拉斯方程，得

$$\Delta G_2 = \int V_m dp = V_m \Delta p = \frac{2\gamma M}{R'\rho} \tag{6-29}$$

式中，M 为液体的摩尔质量；ρ 为液体的密度。

过程（4）的蒸气压由 $p_s \rightarrow p_0$，则

$$\Delta G_4 = RT\ln\frac{p_0}{p_s} = -RT\ln\frac{p_s}{p_0} \tag{6-30}$$

在循环过程中 $\Delta G_2 + \Delta G_4 = 0$，故可得

$$RT\ln\frac{p_s}{p_0}=\frac{2\gamma M}{R'\rho} \tag{6-31}$$

上式描述在定温和等外压下，液体的蒸气压与液滴大小的关系，称为开尔文公式。它表明液滴的蒸气压随着半径的变小而增大。293.15 K 时水的蒸气压与水滴半径的关系如表6-2所示。

表6-2　293.15 K 时水的蒸气压与水滴半径的关系

R'/m	10^{-9}	10^{-8}	10^{-7}	10^{-6}
p_s/p_0	2.95	1.114	1.011	1.001

对于凹表面液体，开尔文方程中的 $R'<0$，即凹面液体的蒸气压比平面液体的低，这是因为凹面上液体的压强小于外压。由开尔文方程可以理解，为什么水蒸气中若不存在任何可以作为凝结中心的粒子，则可以达到很大的过饱和度而水不会凝结出来，因为此时水蒸气的压强虽然对水平液面的水来说，已经是过饱和了，但对于将要形成的小液滴来说，则尚未饱和，因此小液滴难以形成。如果有微小的粒子存在，则使凝聚水滴的初始曲率半径加大，水蒸气就可以在较低的过饱和度时开始在这些微粒的表面上凝结出来。人工降雨的基本原理就是为云层中的过饱和水蒸气提供凝聚中心而使之成雨滴落下。

又如，对于液体中的小气泡（对液体加热，沸腾时将有气泡生成），气泡壁的液面是凹面，曲率半径为负值。根据开尔文方程，气泡中的液体饱和蒸气压将小于平面液体的饱和蒸气压，而且气泡越小，蒸气压也越低。在沸点时，水平液面的饱和蒸气压等于外压，而沸腾时形成的气泡需经过从无到有、从小到大的过程。最初形成的半径极小的气泡其蒸气压远小于外压，所以，小气泡开始难以形成（广义地说，在物系中要产生一个新相总是困难的），致使液体不易沸腾而形成过热液体，过热液体是不稳定的，容易发生暴沸。如果在加热时，先在液体中加入浮石（或称沸石），由于浮石是多孔硅酸盐，内孔中贮有气体，加热时这些气体成为新相（气相）的"种子"，因而绕过了产生极微小气泡的困难阶段，使液体的过热程度大大地降低了。

还原法炼锌时，其主要反应为

$$ZnO(s)+C(s)\stackrel{\qquad}{=\!=\!=\!=}Zn(g)+CO(g)$$

产生的锌蒸气从蒸馏罐中排出，然后在冷凝器中凝结成液态锌。实践表明，锌蒸气的过饱和程度很大，所以要得到液态锌，就必须把冷凝器的温度控制在正常凝结温度之下，并且其凝结作用往往不是发生在冷凝器的整个空间，而是发生在较冷的器壁上。这是由于器壁上存在着已经凝结的液态锌，能促进锌蒸气的继续凝结。

6.3　固体表面吸附

　**核心内容**

朗缪尔吸附等温式

朗缪尔单分子层吸附及吸附等温式：$\theta=\dfrac{aq}{1+ap}$，吸附体积：$V=V_\infty\dfrac{ap}{1+ap}$。

固体表面与液体表面有一个重要的共同点，即表面层分子受力是不对称的，因此固体表面也有表面张力及表面吉布斯函数存在。但固体表面又与液体表面有一个重要的不同，即固体表面上分子几乎是不可移动的。这使得固体不能像液体那样以收缩表面的形式来降低表面吉布斯函数。但固体可以从表面的外部空间吸引气体分子到表面，以减小表面分子受力不对称的程度，降低表面张力及表面吉布斯函数。在定温、定压下，吉布斯函数降低的过程是自发过程，所以固体表面会自发地将气体富集到表面，使气体在固体表面的浓度（或密度）不同于气相中的浓度（或密度）。这种在相界面上某种物质的浓度不同于体相浓度的现象称为吸附。具有吸附能力的固体物质称为吸附剂，被吸附的物质称为吸附质。例如用活性炭吸附甲烷气体，活性炭是吸附剂，甲烷是吸附质。

吸附是表面效应，即固体吸附气体后，气体只停留在固体表面，并不进入固体内部。若气体进入固体内部，则称为吸收。吸收不在本节讨论的范围内。固体表面的吸附在生产和科学实验中有着广泛的应用。具有高比表面的多孔固体如活性炭、硅胶、氧化铝、分子筛等常被人们作为吸附剂、催化剂载体等，用于化学工业中的气体分离提纯、催化反应、有机溶剂回收等许多过程，以及城市的环境保护、现代高层建筑和潜水艇的空气净化调节、民用和军用的防毒面具等许多方面。研究固/气界面吸附可为人们提供有关固体的比表面积、孔隙率、表面均匀程度等很多有用的信息。

6.3.1 物理吸附与化学吸附

按吸附剂与吸附质作用本质的不同，吸附可分为物理吸附与化学吸附。物理吸附时，吸附剂与吸附质分子间以范德华力相互作用；而化学吸附时，吸附剂与吸附质分子间发生化学反应，以化学键相结合。由于物理吸附与化学吸附在分子间作用力上有本质的不同，因此表现出许多不同的吸附性质，如表 6-3 所示。因物理吸附的作用力是范德华力，它是普遍存在于所有分子之间的，所以当吸附剂表面吸附了一层气体分子之后，被吸附的分子还可以再继续吸附气体分子，因此物理吸附可以是多层的。气体分子在吸附剂表面上依靠范德华力形成多层吸附的过程，与气体凝结成液体的过程很相似，故吸附热与气体的凝结热具有相同的数量级，它比化学吸附热小得多。又因为物理吸附力是分子间力，所以吸附基本上是无选择性的，不过临界温度高的气体，也就是易于液化的气体比较易于被吸附。如 H_2O 和 Cl_2 的临界温度分别高达 373.91 ℃ 和 144 ℃，而 N_2 和 O_2 的临界温度分别低至 -147.0 ℃ 和 -118.57 ℃，所以吸附剂很容易从空气中吸附水蒸气和氯气，活性炭可以从空气中吸附氯气而作为防毒面具就是根据这一原理。此外，因为吸附力弱，所以物理吸附也容易脱附（或解吸），吸附速率快，易于达到吸附平衡。

表 6-3　物理吸附与化学吸附的区别

性质	物理吸附	化学吸附
吸附力	范德华力	化学键力
吸附层数	单层或者多层	单层
吸附热	小（近于液化热）	大（近于反应热）
选择项	无或者很差	较强

续表

性质	物理吸附	化学吸附
可逆性	可逆	不可逆
吸附平衡	易达到	不易达到
吸附速率	较快，不受温度影响，一般不需要活化能	较慢，温度升高则速度加快，故需要活化能

与物理吸附不同，产生化学吸附的作用力是化学键力，化学键力很强。吸附剂表面在与被吸附的分子之间形成了化学键以后，就不会再与其他分子成键，故化学吸附是单分子层的。化学吸附过程发生键的断裂与形成，故化学吸附热的数量级与化学反应相当，比物理吸附热大得多。由于化学吸附是在吸附剂与吸附质之间形成化学反应，因此化学吸附选择性很强，这点非常重要。因为很多气相反应速率很慢，往往需要催化剂来加速。在反应物之间可发生众多反应的情况下，使用选择性强的催化剂就可以使所期望的反应进行。此外，一般来说化学键的生成与破坏是比较困难的，故化学吸附平衡较难建立，而且过程一般是不可逆的。

物理吸附与化学吸附不是截然分开的，两者有时可同时发生，并且在不同的情况下，吸附性质也可以发生变化。如 $CO(g)$ 在 Pd 上的吸附，低温下是物理吸附，高温时则表现为化学吸附；而氢气在许多金属上的化学吸附则是以物理吸附为前奏的，故吸附活化能接近零。

6.3.2　朗缪尔单分子层吸附及吸附等温式

研究指定条件下的吸附量是人们十分关心的问题。吸附量的大小，一般用单位质量吸附剂所吸附气体的物质的量 n^a 或其在标准状况下（0 ℃，101.325 kPa）所占有的体积 V^a 来表示：

$$n^a = \frac{n}{m} \tag{6-32}$$

$$V^a = \frac{V}{m} \tag{6-33}$$

固体对气体的吸附量是温度和气体压强的函数。为了便于找出规律，在吸附量、温度、压强这 3 个变量中，常常固定一个变量，测定其他两个变量之间的关系，这种关系可用曲线表示。在等压下，反映吸附量与温度之间关系的曲线称为吸附等压线；吸附量恒定时，反映吸附的平衡压强与温度之间关系的曲线称为吸附等量线；在等温下，反映吸附量与平衡压强之间关系的曲线称为吸附等温线。如果吸附温度在气体的临界温度以下，那么吸附等温线也可表示为 V^a 与 p/p^* 之间的关系曲线，p^* 为吸附质的饱和蒸气压。

上述 3 种吸附曲线中最重要、最常用的是吸附等温线。3 种曲线之间具有相互联系，例如测定一组吸附等温线，可以分别求算出吸附定压线和吸附等量线。

吸附等温线大致可归纳为 5 种类型，如图 6-8 所示，其中除第 I 种为单分子层吸附等温线外，其余 4 种皆为多分子层吸附等温线。根据大量的实验结果，人们曾提出过许多描述吸附的物理模型及等温线方程，下面主要介绍描述第 I 种吸附等温线的两个重要吸附定温方程。

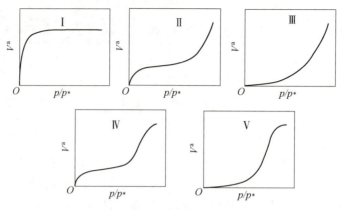

图 6-8　5 种类型的吸附等温线

1916 年，朗缪尔在研究低压下气体在金属上的吸附时，根据实验数据发现了一些规律，然后又从动力学的观点提出了一个吸附等温式，并总结出朗缪尔单分子层吸附理论。这个理论的基本观点是气体在固体表面上的吸附乃是气体分子在吸附剂表面凝集和逃逸（即吸附与脱附）两种相反过程达到动态平衡的结果。该理论的基本假定如下。

（1）固体具有吸附能力是因为吸附剂表面的原子力场没有饱和，有剩余价力。当气体分子碰撞到固体表面上时，其中一部分就被吸附并放出吸附热。但是气体分子只有碰撞到尚未被吸附的空白表面上才能够发生吸附作用。当固体表面上已铺满一层吸附分子之后，这种力场得到了饱和，因此吸附是单分子层的。

（2）已吸附在吸附剂表面上的分子，当其热运动的动能足以克服吸附剂引力场的能垒时，又重新回到气相。再回到气相的机会不受邻近其他吸附分子的影响，也不受吸附位置的影响。换言之，即认为被吸附的分子之间不互相影响，并且表面是均匀的。

如以 θ 代表表面被覆盖的分数，即表面覆盖率，则（$1-\theta$）就表示表面尚未被覆盖的分数。气体的吸附速率与气体的压强成正比，由于只有当气体碰撞到空白表面部分时才可能被吸附，即又与（$1-\theta$）成正比，所以，吸附速率 r_a 为

$$r_a = k_a(1-\theta) \tag{6-34}$$

被吸附的分子脱离表面重新回到气相中的脱附速率与 θ 成正比，即脱附速率 r_d 为

$$r_d = k_d\theta \tag{6-35}$$

式中，k_a，k_d 都是比例系数。在定温下达平衡时，吸附速率等于脱附速率，所以

$$k_d\theta = k_a(1-\theta) \quad 或 \quad \theta = \frac{k_a p}{k_d + k_a p} \tag{6-36}$$

令 $\dfrac{k_a}{k_d} = a$，则得

$$\theta = \frac{ap}{1+ap} \tag{6-37}$$

式中，a 是吸附作用的平衡常数（也叫作吸附系数）。a 值的大小代表了固体表面吸附气体能力的强弱程度。如果 V 代表平衡压强为 p 时气体的吸附量；V_∞ 代表饱和吸附量，即压力很大时，表面全部吸附满一层分子时的吸附量，那么表面覆盖率为

$$\theta = \frac{V}{V_\infty} \tag{6-38}$$

将式(6-38)代入式(6-37)，可得

$$V = V_\infty \frac{ap}{1+ap} \tag{6-39}$$

若将式(6-39)改写成如下形式：

$$\frac{p}{V} = \frac{p}{V_\infty} + \frac{1}{aV_\infty} \tag{6-40}$$

则以 $\frac{p}{V}$ 对 p 作图应为直线，根据所得斜率可以求得 V_∞。

式(6-37)~式(6-40)均称为朗缪尔吸附等温式，它反映出第Ⅰ种吸附等温线的特点。

式(6-38)定量地指出了表面覆盖率 θ 与平衡压强 p 之间的关系：

（1）当压强足够低或吸附很弱时，$ap \ll 1$，则 $\theta \approx ap$，即 θ 与 p 成线性关系；

（2）当压强足够高或吸附很强时，$ap \gg 1$，则 $\theta \approx 1$，即 θ 与 p 无关；

（3）当压强适中时，θ 用式(6-37)表示（或 $\theta \propto p^m$，m 介于 0~1 之间）。

图 6-9 是朗缪尔吸附等温式的示意图，以上 3 种情况都已描绘在图 6-9 中。

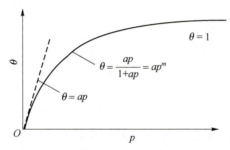

图 6-9　朗缪尔吸附等温式的示意图

总的来说，如果固体表面比较均匀，并且吸附只限于单分子层，那么朗缪尔吸附等温式能够较好地描述实验结果。对于一般的化学吸附及低压高温下的物理吸附，朗缪尔吸附等温式取得了很大的成功，并且对后来的吸附理论的发展起到了重要的奠基作用。

不过应当指出的是，朗缪尔的基本假设并不是很严格的。例如，对于物理吸附，当表面覆盖率不是很低时，被吸附的分子之间往往存在不可忽视的相互作用力；另外很多时候固体表面并不是均匀的，吸附热会随着表面覆盖率而变化，a 不再是常数。在这些情况下朗缪尔吸附等温式则与实验结果出现偏差。此外，对于多分子层吸附，朗缪尔吸附等温式也不再适用。

例题3　在一定温度下，对 H_2 在 Cu 上的吸附测试结果如表 6-4 所示。

表 6-4　例题 3 表

$p_{H_2}/10^3\,Pa$	5.066	10.133	15.199	20.265	25.331
$(p/V)/(10^6\,Pa \cdot dm^{-3})$	4.256	7.599	11.65	14.895	17.732

表 6-4 中 V 是不同压强下每克 Cu 上吸附的 H_2 气体的体积，试证明它符合朗缪尔吸附

等温式，求吸附满单分子层所需要的 H_2 的体积 V_∞。

解： 以 p/V 对 p 作图为直线（见图 6-10），求得斜率为 $\dfrac{1}{V_\infty} = 670$ dm^{-3}，因此 $V_\infty = 1.5 \times 10^{-3}$ dm^3。

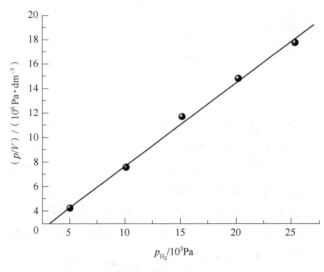

图 6-10　例题 3 图

6.3.3　BET 理论

在朗缪尔单分子层吸附理论的基础上，由布鲁诺尔（Brunauer）、埃梅特（Emmett）和特勒（Teller）于 1938 年提出多分子层吸附理论，简称 BET 理论。BET 理论接受朗缪尔关于固体表面均匀以及被吸附分子间无相互作用的两个基本假定，即气体分子的吸附及被吸附分子的脱附对不同分子都是等概率的。不同的是，BET 理论的基本观点认为固体对气体的吸附是多分子层，且认为并不是第一层盖满之后才开始第二层，而是一开始就表现为多层，即被表面所吸附的气体分子还可能继续吸附外部空间的气体分子，如图 6-11 所示。该理论认为，除第一层外，第一层对第二层的吸附、第二层对第三层的吸附等均是靠范德华力，这些吸附就像气体液化一样。

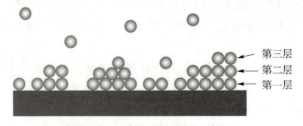

图 6-11　多层分子吸附示意图

多层吸附使得许多分子在表面上堆积起来，被埋在里边的分子既不能再继续吸附也不可能脱附，每一层的吸附速率都正比于气体的压强和前一层所暴露在外面的表面积，而每一层的脱附速率都正比于该层尚未被覆盖的表面积。当吸附平衡时每一层的吸附速率等于该层的脱附速率，即所有各层均处在这样的动态平衡，以此为基础对吸附进行定量处理，得到

$$V = \frac{CpV_{\max}}{(p_V - p)\left[1 + (C-1)\dfrac{p}{p_V}\right]} \tag{6-41}$$

上式叫作 BET 公式，其中 V 是气体压强为 p 时所吸附气体的体积（标准状况）；$V_{\max}$ 是单独将第一层盖满所需要的气体的体积（标准状况），故也称单层最大（饱和）吸附体积；p 是该温度时气体液化的最小压强，即吸附质的饱和蒸气压；C 是一个与吸附过程热效应有关的常数。

由于单分子层吸附只是多分子层吸附的一种特殊情况，可以想象，当吸附量很小时，主要表现为固体表面本身对气体分子的吸附，多层吸附就变成单层吸附了，因此 BET 公式既适用于多分子层吸附也适用单分子层吸附。但实验发现，它的适用范围是相对压强 p/p_V 在 0.05 至 0.35 之间。当气体压力过小或过大时，其计算值与实验值呈现偏差。当压力太小时，可能是由于表面各部位的不均匀性不可忽略；当压力太高时，可能是由于分子的脱附受到邻近的其他被吸附分子的明显影响。这些实际情况都是与推导公式时的基本假定相矛盾的。可见 BET 公式与朗缪尔吸附等温式一样也只能用来进行粗略的计算。

BET 公式的重要用途之一是测定固体的比表面。对固体比表面的测定虽然曾有过许多研究，提出过许多种方法，但大家公认的是 BET 法最为简单可靠，而且经过了许多实验的检验。

式（6-41）整理后可写成

$$\frac{p}{V(p_V - p)} = \frac{C-1}{V_{\max} C} \cdot \frac{p}{p_V} + \frac{1}{V_{\max} C} \tag{6-42}$$

在测定不同压强下的吸附体积以后，若以 $\dfrac{p}{V(p_V - p)}$ 对 $\dfrac{p}{p_V}$ 绘图，得一直线，其斜率为 $\dfrac{C-1}{V_{\max} C}$，截距为 $\dfrac{1}{V_{\max} C}$，所以

$$V_{\max} = \frac{1}{斜率 + 截距} \tag{6-43}$$

式（6-42）叫作 BET 二常数公式。还有一个 BET 三常数公式，此处不进行说明。在导出 BET 公式之后，布鲁诺尔夫妇和特勒考虑到吸附时的毛细凝结现象，于是导出了一个复杂的公式。虽然这个公式实用价值不大，但与 BET 二常数公式和三常数公式一起，第一次成功地解释了全部 5 种类型的吸附等温线（见图 6-8），使人们对吸附的认识大大地深入了一步。与朗缪尔理论一样，BET 理论也认为固体表面完全均匀，同一层被吸附分子间无横向相互作用。这不仅与事实不符，也有自相矛盾之处：①因为实际的固体表面总是不均匀的；②BET 理论假定多层吸附时相邻两层间靠的是范德华力，同时认为同一层被吸附分子间无相互作用，这本身是矛盾的，因为没有理由认为只有上下分子间才有相互吸引而左右分子间毫无作用。这种情况使得 BET 公式的计算结果有时与实验事实不符（例如当 p/p_V 过大或过小时）。多年来，许多人想建立一个包括表面不均匀性和分子间有相互作用的吸附理论，但至今仍未取得满意的结果。因此，尽管 BET 理论还有种种缺点，但至今它仍然是应用最为广泛、最成功的吸附理论。

6.4　固–液界面

1. 润湿过程

润湿过程可以分为三类：沾湿、浸湿和铺展，吉布斯自由能变化值分别为

沾湿过程：$\qquad \Delta G = \gamma_{l-s} - \gamma_{l-g} - \gamma_{s-g}$

浸湿过程：$\qquad \Delta G = \gamma_{l-s} - \gamma_{s-g}$

铺展过程：$\qquad \Delta G = \gamma_{l-s} - \gamma_{g-l} - \gamma_{s-g}$

2. 液体在固体表面上的吸附——杨氏润湿方程

$$\cos\theta = \frac{\gamma_{s-g} - \gamma_{l-s}}{\gamma_{g-l}}$$

表征润湿程度的方法：习惯上当 $\theta < 90°$ 称为润湿，$\theta > 90°$ 为不润湿。

　　固体与液体接触，可产生固–液界面。固–液界面上发生的过程一般分两类来讨论，一类是吸附，另一类是润湿。固–液界面上的吸附与固体吸附气体的情况类似，固体表面由于力场的不对称性，对溶液中的分子也同样具有吸附作用。润湿是固体与液体接触后，液体取代原来固体表面上的气体而产生固–液界面的过程。

　　润湿过程可以分为三类：沾湿（或黏附）、浸湿（或浸润）和铺展，它们各自在不同的实际问题中起作用。若液体在固体上的接触角 $\theta \leqslant 180°$，则发生沾湿；若接触角 $\theta \leqslant 90°$，则发生浸湿；若欲铺展，要求最高，则 $\theta \approx 0°$。凡能铺展者，必能浸湿，更能沾湿。

6.4.1　沾湿过程

　　沾湿是指液体与固体从不接触到接触，使部分液–气界面和固–气界面转变成新的固–液界面的过程，如图 6–12 所示。

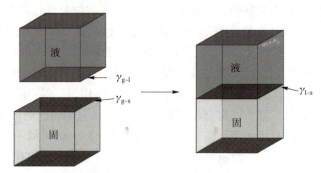

图 6–12　沾湿过程示意图

　　设备相界面都是单位面积，该过程的吉布斯自由能变化值为

$$\Delta G = \gamma_{l-s} - \gamma_{l-g} - \gamma_{s-g} \tag{6-44}$$

$$W_a = \Delta G = \gamma_{l-s} - \gamma_{l-g} - \gamma_{s-g} \tag{6-45}$$

式中，γ_{l-s}、γ_{l-g}、γ_{s-g} 分别代表液-固、液-气和固-气界面张力；W_a 为沾湿功，它是液-固界面沾湿过程中，系统对外所做的最大功。W_a 的绝对值愈大，液体愈容易沾湿固体，界面黏得愈牢。农药喷雾能否有效地附着在植物枝叶上，雨滴会不会黏在衣服上，皆与沾湿过程能否自动进行有关。

6.4.2　浸湿过程

在定温定压可逆情况下，将具有单位表面积的固体浸入液体中，气-固界面转变为液-固界面的过程称为浸湿过程（在过程中液体的界面没有变化），如图 6-13 所示。该过程的吉布斯自由能的变化值为

$$\Delta G = \gamma_{l-s} - \gamma_{s-g} = W_i \tag{6-46}$$

式中，W_i 称为浸湿功，它是液体在固体表面上取代气体能力的一种量度，有时也被用来表示对抗液体表面收缩而产生的浸湿能力，故 W_i 又称为黏附张力。$W_i \leqslant 0$ 是液体浸湿固体的条件。

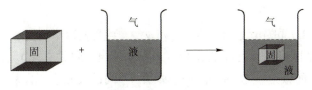

图 6-13　浸湿过程示意图

6.4.3　铺展过程

当液体滴到固体表面上后，新生的液-固界面在取代气-固界面的同时，气-液界面也扩大了同样的面积，这一过程就是铺展，如图 6-14 所示。原来 ab 为气-固界面，当液体铺展后转为液-固界面时，气-液界面也增加了相同的面积。

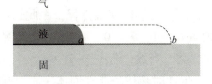

图 6-14　铺展过程示意图

在定温定压下，可逆铺展一单位面积时，系统吉布斯自由能的变化值为

$$\Delta G = \gamma_{l-s} + \gamma_{g-l} - \gamma_{s-g} \tag{6-47}$$

$$S = -\Delta G = \gamma_{s-g} - \gamma_{l-s} - \gamma_{g-l} \tag{6-48}$$

式中，S 称为铺展系数，当 $S \geqslant 0$ 时，液体可以在固体表面上自动铺展。使用农药喷雾时不仅要求农药能附着于植物的叶枝上，而且要求能自动铺展，且覆盖的面积越大越好。目前只有 γ_{g-l} 可以通过实验来测定，而 γ_{l-s}、γ_{s-g} 还无法直接测定，所以上面的有些公式都只是理论

上的分析，在实际工作中不可能作为判断的依据。以后人们发现润湿现象还与接触角有关，而接触角是可以通过实验来测定的，因此根据上述理论分析，结合实验所测的 γ_{g-l} 和接触角的数据，可以作为解释各种润湿现象的依据。

6.4.4　接触角与润湿方程

液体在固体表面上形成的液滴，它可以是扁平状，也可以是圆球状，这主要是由各种界面张力的大小来决定的，例如图 6-15 所示的液滴是比较典型的两种状态。

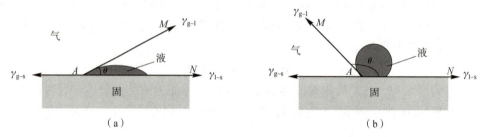

图 6-15　液滴形状与接触角

图 6-15 中，以 AM 和 AN 分别代表 γ_{g-l} 和 γ_{l-s}，当系统达平衡时，在气、液、固三相交界处，气-液界面与固-液界面之间的夹角（即 AM 和 AN 间的夹角）称为接触角，用 θ 表示，它实际是液体表面张力 γ_{g-l} 与液-固界面张力 γ_{l-s} 间的夹角。θ 的大小是可以通过实验测定的（例如用斜板法、吊片法等实验方法测量，可参阅有关专著）。接触角的大小是由在气、液、固三相交界处，3 种界面张力的相对大小所决定的，从接触角的数值可看出液体对固体润湿的程度。如图 6-15(a)，在点 A 处 3 种表面张力相互作用，γ_{s-g} 力图使液滴沿 NA 表面铺开，而 γ_{g-l} 和 γ_{l-s} 则力图使液滴收缩。达到平衡时有以下关系：

$$\gamma_{s-g} = \gamma_{l-s} + \gamma_{g-l} \cos\theta \tag{6-49}$$

即

$$\cos\theta = \frac{\gamma_{s-g} - \gamma_{l-s}}{\gamma_{g-l}} \tag{6-50}$$

上式由托马斯·杨提出来，故称为杨氏润湿方程，由此式可得出以下结论。

（1）若 $\gamma_{s-g} - \gamma_{l-s} = \gamma_{g-l}$，则 $\cos\theta = 1$，$\theta = 0°$，这是完全润湿的情况。在毛细管中上升的液面呈凹型，半球状就属于这一类。当然，若 $\gamma_{s-g} - \gamma_{l-s} > \gamma_{g-l}$，则直到 $\theta = 0°$ 仍然没有达到平衡，因此式（6-46）就不适用，但此时液体仍能在固体表面上铺展开来，形成一层薄膜，如水在洁净玻璃表面。

（2）若 $\gamma_{s-g} - \gamma_{l-s} < \gamma_{g-l}$，则 $1 > \cos\theta > 0$，$\theta < 90°$，固体能被液体所润湿，如图 6-15(a)所示。

（3）若 $\gamma_{s-g} < \gamma_{l-s}$，则 $\cos\theta < 0$，$\theta > 90°$，固体不为液体所润湿，如图 6-15(b)所示，如水银滴在玻璃上。

能被液体所润湿的固体，称为亲液性的固体，不被液体所润湿者，则称为憎液性的固体。固体表面的润湿性能与其结构有关。常见的液体是水，极性固体皆为亲水性，而非极性固体大多为憎水性。常见的亲水性固体有石英、硫酸盐等，憎水性固体有石蜡、某些植物的茎叶及石墨等。

在电解铝生产中，熔融电解质（主要是氧化铝和助熔剂冰晶石）与碳阳极接触角 θ 小于 90°时，说明润湿良好，电解液与碳阳极接触紧密，阳极上产生的小气泡能被排除出去。反之，若两者的接触角 θ 大于 90°，润湿性能不好，电解液与碳阳极接触不良，气体就不能被很好地排走，从而使电阻增大，电压升高，产生阳极效应。一般加入适量的 AlF_3 可降低电解液的表面张力，减小接触角，提高对碳阳极的润湿性能。

在生产金属陶瓷时，总是希望金属相连续分布，而陶瓷相为很细的分散相并均匀散布在金属基体中。这就要求金属能很好地润湿陶瓷，若润湿不好，则烧结时金属就会从陶瓷间隙中离去；为了提高金属对陶瓷的润湿性，常常将少量物质加入金属中。如纯铜在 1 100 ℃时，它在碳化锆上的接触角为 135°（不润湿），而当铜中添加少量金属镍（0.25%）时，铜在碳化锆陶瓷上的接触角降为 54°（润湿），从而使铜-碳化锆金属陶瓷的物理化学性能显著提高。

此外，要使焊接剂能在被焊接的金属表面上铺展，就要使焊接剂的附着功 W_a 较大，常用的焊接剂 Sn-Pb 合金要配合溶剂（如 $ZnCl_2$ 的酸性水溶液）使用。溶剂的作用是除去金属的氧化膜，并在金属表面上覆盖保护，以防止再生成氧化物膜。因此溶剂既要能润湿金属，又要能使被熔融的焊接剂从金属表面顶替出来，即焊接剂对金属的铺展系数要大于溶剂对金属的铺展系数。松香酸（酯）能溶解金属氧化膜，又有亲金属的极性基团，有利于在金属上铺展，是常用的溶剂。

江雷院士——道法自然

200 多年前，超浸润现象就已经引起了科学家的关注。1805 年，英国科学家托马斯·杨提出可以用接触角来衡量材料表面的液体浸润性，这一标准沿用至今。当液滴与材料表面之间的接触角接近 0°（超亲）或者大于 150°（超疏）时，这种材料就被称为超浸润材料。超疏水的荷叶、超亲水的蜘蛛丝、水下超疏油的鱼鳞等，每一种自然超浸润材料都为材料科学带来启示。虽然人类对于超浸润材料的认识由来已久，但直到大概 30 年前，科学家才开始对自然界中超浸润材料的微观结构进行观察与模仿，并且基于仿生策略实现了系列材料超疏水表面的构筑。江雷院士主要从事仿生功能界面材料的制备及物理化学性质的研究，提出了"二元协同纳米界面材料"设计体系，阐述了特殊浸润性材料的设计思想和制备方法，并揭示了自然界中具有特殊浸润性表面的结构与性能的关系，在超双亲/超双疏功能材料的制备和性质研究等方面取得了系统的原创性创新成果，受到国际同行的关注，带动了该方向在世界范围内的发展。因此，江雷院士于 2009 年当选中国科学院院士；2012 年当选发展中国家科学院院士；2015 年获第三届中国国际纳米科学技术会议奖；2016 年当选为美国国家工程院外籍院士。

6.5 表面活性剂及其作用

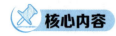

1. 表面活性剂的分类

（1）表面活性剂：显著降低表面张力的物质。一般表面活性剂都是由亲水性的极性基团和憎水（亲油）性的非极性基团所构成。

（2）当表面活性剂溶于水时，凡能电离生成离子的，叫离子型表面活性剂，凡在水中不电离的就叫作非离子型表面活性剂。

2. 临界胶束浓度

开始形成胶束所需表面活性剂的最低浓度称为临界胶束浓度。

3. 表面活性剂的 HLB

HLB 代表亲水亲油平衡；HLB 值越大，表示该表面活性剂的亲水性越强。

某些物质当它们以低浓度存在于某一系统（通常是指以水为溶剂的系统）中时，可被吸附在该系统的表面（界面）上，使这些表面的表面张力（或表面自由能）发生明显降低的现象，这些物质被称为表面活性剂，现在被广泛地应用于石油、纺织、农药、医药、采矿、食品、民用洗涤等各个领域。因为在工农业生产中其主要用来改变水溶液的表面活性，所以一般若不加说明，就是指降低水的表面张力的表面活性剂。表面活性剂分子结构的特点是它具有不对称性，是由具有亲水性的极性基团和具有憎水性的非极性基团所组成的有机化合物，它的非极性憎水基团（又称为亲油性基团）一般是 8~18 个碳的直链烃（也可能是环烃），因而表面活性剂都是两亲分子，吸附在水表面时采取极性基团向着水、非极性基团远离水（即头浸在水中，尾竖在水面上）的表面定向。这种定向排列，使表面上不饱和的力场得到某种程度上的平衡，从而降低了水的表面张力。

6.5.1 表面活性剂的分类

表面活性剂有很多种分类方法，如图 6-16 所示。人们一般都认为按它的化学结构来分比较合适，即当表面活性剂溶于水时，凡能电离生成离子的，叫离子型表面活性剂，凡在水中不电离的就叫作非离子型表面活性剂。

离子型的还可按生成的活性基团是阳离子或阴离子再进行分类。使用时应该注意，如果表面活性物质是阴离子型，它就不能和阳离子型混合使用，否则就会发生沉淀而不能得到应有的效果。多数表面活性剂的疏水基呈长链状，故形象地把疏水基称为"尾"，把亲水基叫作"头"。

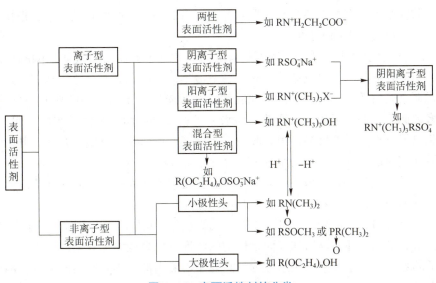

图 6-16 表面活性剂的分类

6.5.2 表面活性剂的基本性质

表面活性剂的分子都由亲水性的极性基团和憎水（亲油）性的非极性基团所构成。因此，表面活性剂的分子能定向地排列于任意两相之间的界面层中，使界面不饱和力场得到某种程度的补偿，从而使表面张力降低。如在 293.15 K 的纯水中加入油酸钠，当油酸钠的浓度从零增加到 1 mmol·dm^{-3} 时，表面张力从 72.75 mN·m^{-1} 降至 30 mN·m^{-1}，此时即使再增加油酸钠的浓度，溶液的表面张力也变化不大。

为什么表面活性剂在浓度极稀时，稍微增加其浓度就可使溶液的表面张力急剧降低？而当表面活性剂的浓度超过某一数值之后，溶液的表面张力又几乎不随浓度的增加而变化？这些问题可借助图 6-17 进行解释。

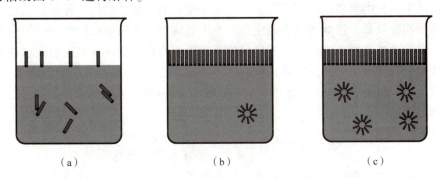

图 6-17 表面活性剂的分子在溶液本体及表面层中的分布
(a) 表面活性剂浓度很稀；(b) 表面活性剂浓度足够大；(c) 超过临界胶束浓度

图 6-17(a) 表示当表面活性剂浓度很稀时，表面活性剂的分子在溶液本体和表面层中分布的情况。在这种情况下，稍微增加表面活性剂的浓度，一部分表面活性剂分子就将自动聚集于表面层，使水和空气的接触面减小，溶液的表面张力急剧降低。表面活性剂的分子在表面不一定都是直立的，也可能是东倒西歪而使非极性的基团翘出水面。另一部分表面活性

剂分子则分散在水中，有的以单分子的形式存在，有的则三三两两相互接触，把憎水性的基团靠拢在一起，形成简单的聚集体。

图 6-17(b) 表示当表面活性剂浓度足够大时，达到饱和状态，液面上刚刚挤满一层定向排列的表面活性剂分子，形成单分子膜。在溶液本体则形成具有一定形状的胶束，它是由几十个或几百个表面活性剂的分子，排列成憎水基团向里、亲水基团向外的多分子聚集体。胶束中许多表面活性剂分子的亲水性基团与水分子相接触；而非极性基团则被包在胶束中，几乎完全脱离了与水分子的接触。因此胶束在水溶液中可以比较稳定地存在。开始形成胶束所需表面活性剂的最低浓度，称为临界胶束浓度，以 cmc（critical micelle concentration 的缩写）表示。实验表明，cmc 不是一个确定的数值，而常表现为一个窄的浓度范围。例如，离子型表面活性剂的 cmc 一般在 1~10 mmol·dm^{-3}之间。

图 6-17(c) 是超过临界胶束浓度的情况。这时液面上早已形成紧密、定向排列的单分子膜，达到饱和状态。即使再增加表面活性剂的浓度，也只能增加胶束的个数，以及胶束中所包含分子的数目。由于胶束是亲水性的，它处于溶液内部，不具有表面活性，因此不再能使表面张力进一步降低。胶束的形状可以是球状、椭球状、棒状或层状。一般认为表面活性剂浓度不是很大时，形成的胶束多为球状，随着表面活性剂浓度的增加，胶束中表面活性剂分子数目增多，胶束的形状会逐渐过渡到椭球状、棒状及层状。

胶束的存在已被 X 射线衍射图谱及光散射实验所证实。cmc 和在液面上开始形成饱和吸附层对应的浓度范围是一致的。在这个狭窄的浓度范围前后，不仅溶液的表面张力发生明显的变化，其他物理性质，如电导率、渗透压、蒸气压、光学性质、去污能力及增溶作用等皆产生很大的差异。一般表面活性剂的浓度略大于 cmc 时，溶液的表面张力、渗透压及去污能力等几乎不随浓度的变化而改变，但增溶作用、电导率等却随着浓度的增加而急剧增加。某些有机化合物难溶于水，但可溶于表面活性剂浓度大于 cmc 的水溶液中。

6.5.3　表面活性剂的 HLB

表面活性剂的种类繁多，应用广泛。对于一个指定的系统，如何选择最合适的表面活性剂才可达到预期的效果，目前还缺乏理论指导。一般认为，比较表面活性剂分子中的亲水基团的亲水性和亲油基团的亲油性是一项衡量效率的重要指标，而亲水基团的亲水性和亲油基团的亲油性可以有两种类型的简单的比较方法。一种方法是：

表面活性剂的亲水性＝亲水基的亲水性－憎水基的憎水性

另一种方法是：

$$表面活性剂的亲水性 = \frac{亲水基的亲水性}{憎水基的憎水性}$$

由于每一个表面活性物质都包含着亲水基和憎水基两部分。亲水基的亲水性代表表面活性物质溶于水的能力，憎水基的憎水性却与此相反，它代表溶油能力。在表面活性物质中的这两种性能完全不同的基团，互相作用、互相联系又互相制约。因此采用第二种方法，如果能找出亲水性和憎水性之比，就能用来表达表面活性物质的亲水性。问题在于用什么尺度来衡量亲水性和憎水性。

已知当两种表面活性剂的亲水基团相同时，憎水基团碳链愈长（摩尔质量越大），则憎水性愈强，因此其憎水性可以用憎水基的摩尔质量来表示。但对于亲水基，由于种类繁多，用摩尔质量表示其亲水性不一定都合理。但聚乙二醇型非离子型表面活性剂确实是摩尔质量越大亲水性就越大，所以这一类非离子型表面活性剂的亲水性可以用其亲水基的摩尔质量大小来表示。从以上的讨论来看，因为憎水基的憎水性和亲水基的亲水性在大多数情况下不能用同样的单位来衡量，所以表示表面活性剂的亲水性也不能用第一种相减的方法，而多半用第二种相比的方法来衡量。

为解决表面活性剂的选择问题，许多工作者曾提出不少方案，比较成功的是 1945 年格里芬所提出的 HLB 法。以聚乙二醇和多元醇型非离子表面活性剂的 HLB 值为例，计算公式为：

$$\text{非离子型的表面活性剂的 HLB} = \frac{\text{亲水基部分的摩尔质量}}{\text{表面活性剂的摩尔质量}} \times \frac{100}{5}$$

$$= \frac{\text{亲水基质量}}{\text{憎水基质量}+\text{亲水基质量}} \times \frac{100}{5} \qquad (6-51)$$

$$= (\text{亲水基质量}\%) \times \frac{1}{5}$$

例如石蜡完全没有亲水基，所以 HLB = 0，而完全是亲水基的聚乙二醇的 HLB = 20，所以非离子型表面活性剂的 HLB 值介于 0~20 之间，如表 6-5 所示。HLB 代表亲水亲油平衡。此法用数值的大小来表示每一种表面活性剂的亲水性，HLB 值越大，表示该表面活性剂的亲水性越强。

表 6-5　表面活性剂的 HLB 值与性质的对应关系

表面活性物质加水后的性质	HLB 值	应用	
	0	—	
不分散	2	W/O 乳化剂	
	4		
分散得不好	6		
不稳定乳状分散体系	8	润湿剂	
稳定乳状分散体系	10		
半透明至透明分散体系	12	洗涤剂	O/W 乳化剂
	14		
透明溶液	16	增溶剂	
	18		

根据表面活性剂的 HLB 值的大小，就可知道它适宜的用途，表 6-5 给出了这种对应关系。例如，HLB 值为 2~6 的，可作油包水型乳化剂（W/O 乳化剂），而 HLB 值为 12~18 的，可作水包油型乳化剂（O/W 乳化剂）等。然而，在选择表面活性剂时 HLB 值可供参考，但确定 HLB 值的方法还很粗糙，所以单靠 HLB 值来确定最合适的表面活性剂是不够的。

6.5.4　表面活性剂的应用

表面活性剂的种类甚多，不同的表面活性剂常具有不同的作用。概括地说，表面活性剂具有润湿、助磨、乳化、去乳、分散、增溶、发泡和消泡，以及匀染、防锈、杀菌、消除静电等作用。因此在生产、科研和日常生活中被广泛地使用。例如在纺织工业中，表面活性剂可用作渗透剂、润湿剂、净洗剂、匀染剂、柔软剂、抗静电剂等。在造纸工业中可用作蒸煮剂、废纸脱墨剂、施胶剂、阻垢剂、软化剂、除油剂、杀菌灭藻剂、缓蚀剂等。在制药工业中，经常使用表面活性剂作为乳化剂、润湿剂、助悬剂、起泡剂和消泡剂等。在农药行业中，许多农药粉剂为憎水性的有机化合物，只有通过加入表面活性剂，降低水的表面张力，药粒才有可能被水润湿，形成水的悬浮液。表面活性剂还可改善农药在农作物叶面上的润湿性，提高其在叶面上的附着能力和沉积量，进而提高农药有效成分的释放速度和扩展面积，提高防病治病的效果。在医药行业中表面活性剂也有广泛应用，例如利用表面活性剂的增溶作用，可使一些脂溶性纤维素、甾体激素等许多难溶性药物增加溶解度并形成透明溶液；小肠不能直接吸收脂肪，却能通过胆汁对脂肪的增溶而将其吸收。

 拓展阅读

表面活性剂在采矿工业中的应用

许多贵金属在矿脉中的含量很低，冶炼前必须设法提高其品位，通常采用的方法是泡沫浮选，其示意图如图6-18所示。其基本原理是：将低品位的原矿磨成一定粒度的粉粒，倾入水池中，加入一些表面活性剂（此处常称为捕集剂和起泡剂），表面活性剂会选择性吸附在有用的矿石粉粒的表面上，使其具有憎水性。表面活性剂的极性基团吸附在亲水性矿物的表面上，而非极性基团则朝向水中，于是矿物就具有憎水的表面。随着表面活性剂浓度的增加，固体表面的憎水性增强，最后达到饱和状态，在固体表面形成很强的憎水性薄膜层。在水池底部通入气泡后，有用的矿石粒子由于其表面的憎水性而吸附在气泡上，上升到液体表面被捕集，其他无用成分如泥沙等则留在水池底部被除去，从而将有用的矿物与无用的矿渣分离开来。利用不同的表面活性剂和其他助剂可以使含有多种金属的矿物分别浮起而被捕集。

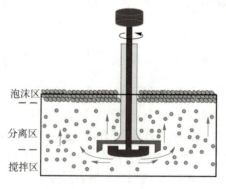

泡沫区

分离区

搅拌区

图6-18　泡沫浮选示意图

思考题

1. 表面张力与表面吉布斯自由能有哪些异同点？

2. 解释下列现象及其产生的原因。

（1）气泡、小液滴、肥皂泡等都呈圆形；

（2）粉尘大的工厂或矿山容易发生爆炸事故。

3. 玻璃管两端各有一大一小两个肥皂泡，若将中间的旋塞打开使两气泡相通，将发生什么变化？到何时小肥皂泡不再变化？

4. 在毛细管中分别装有两种不同液体，一种能润湿管壁，另一种不能润湿管壁。当在毛细管一端加热时，液体应向何方移动？为什么？

5. 用同一支滴管滴出相同体积的苯、水和 NaCl 溶液，所得滴数是否相同？

6. 用学到的关于界面现象的知识解释以下几种做法或现象的基本原理：人工降雨（雪）；沸石能防止暴沸；锄地保墒的科学道理；喷洒农药时常常要在药液中加少量表面活性剂。

7. 在一定温度、压强下，为什么物理吸附都是放热过程？

习　题

1. 已知纯水的表面张力与温度的关系为：$\gamma = (75.64 - 0.004\ 95\ T/\text{K}) \times 10^{-3}\ \text{N} \cdot \text{m}^{-1}$，在 283 K 时，可逆地使一定量的纯水的表面积增加 $0.01\ \text{m}^2$（设体积不变），求系统的如下各量：ΔU、ΔH、ΔS、ΔA、ΔG、Q 和 W。

2. （1）求 20 ℃时球形汞滴的表面吉布斯函数。设此汞滴与其蒸气接触，汞滴半径为 $10^{-3}\ \text{m}$，汞与汞蒸气界面上表面张力 $\gamma = 0.471\ 6\ \text{N} \cdot \text{m}^{-1}$。

（2）若将上述汞滴分散成半径为 $10^{-9}\ \text{m}$ 的小滴，求此时总表面吉布斯函数，并与（1）进行比较。

3. 已知 100 ℃时水的表面张力 $\gamma = 0.058\ 85\ \text{N} \cdot \text{m}^{-1}$，密度 $\rho = 950\ \text{kg} \cdot \text{m}^{-3}$。

（1）100 ℃时，若水中有一半径为 $1 \times 10^{-6}\ \text{m}$ 的气泡，求气泡内水的蒸气压。

（2）气泡内的气体受到的附加压强为多大？气泡能否稳定存在？

4. 已知 27 ℃及 100 ℃时，水的饱和蒸气压分别为 3.565 kPa 及 101.325 kPa，密度分别为 997 $\text{kg} \cdot \text{m}^{-3}$ 及 958 $\text{kg} \cdot \text{m}^{-3}$，表面张力分别为 0.071 8 $\text{N} \cdot \text{m}^{-1}$ 及 0.058 9 $\text{N} \cdot \text{m}^{-1}$。

（1）若 27 ℃时，水在半径为 $R_1 = 5.0 \times 10^{-4}\ \text{m}$ 的毛细管内上升 0.028 m，求水与毛细管壁的接触角。

（2）27 ℃时，水蒸气在半径为 $R_2 = 2 \times 10^{-9}\ \text{m}$ 的毛细管内凝聚的最低蒸气压为多少？

（3）如以 $R_3 = 2 \times 10^{-6}\ \text{m}$ 的毛细管作为水的助沸物，则使水沸腾需过热多少摄氏度（设水的沸点及水与毛细管壁的接触角与 27 ℃时近似相等）？欲提高助沸效果，毛细管半径应加大还是减小？

5. 假设室温下树根的毛细管管径为 2.00×10^{-6} m，水渗入与根壁交角是 $30°$，求其产生的附加压强，并求水可输送的高度。

6. 已知在 298 K 时，平面水面上的水的饱和蒸气压为 3 168 Pa，求在相同温度下，半径为 3 nm 的小水滴上的饱和蒸气压。已知此时水的表面张力为 0.072 N·m^{-1}，水的密度设为 1 000 kg·m^{-3}，水的摩尔质量是 18.0 g·mol^{-1}。

7. 水蒸气骤冷会发生过饱和现象。夏天的乌云中，用飞机撒干冰微粒，使气温骤降至 293 K，水汽的过饱和度（p/p_s）为 4。已知在 293 K 时，水的表面张力为 0.072 88 N·m^{-1}，密度为 997 kg·m^{-3}。试计算：

（1）在此时形成的雨滴的半径；

（2）每一滴雨滴中所含有的分子数。

8. 在某温度下，乙醚-水、汞-乙醚、汞-水的表面张力分别为 0.011 N·m^{-1}、0.379 N·m^{-1}、0.375 N·m^{-1}，在乙醚与汞的界面上滴一滴水，试求其接触角。

9. 设甲醛 $CH_2O(g)$ 在活性炭上的吸附服从朗缪尔吸附等温式。在 298 K 时，当 $CH_2O(g)$ 的压强为 5.2 kPa 及 13.5 kPa 时，平衡吸附量分别为 0.069 2 m^3·kg^{-1} 和 0.082 6 m^3·kg^{-1}（已换算成标准状态），求：

（1）$CH_2O(g)$ 在活性炭上的吸附系数 a；

（2）活性炭的饱和吸附量 V_∞。

10. 用活性炭吸附 $CHCl_3$，在 0 ℃ 时的饱和吸附量为 93.8 dm^3·kg^{-1}，已知 $CHCl_3$ 的分压为 13.3 kPa 时平衡吸附量为 82.5 dm^3·kg^{-1}，求：

（1）朗缪尔吸附等温式中的 a 值；

（2）$CHCl_3$ 的分压为 6.6 kPa 时的平衡吸附量。

第 7 章　电化学

电化学是研究化学现象和电现象之间的相互关系以及化学能和电能相互转化规律的学科，是物理化学的一个重要分支。化学现象和电现象的联系，化学能和电能的转化，都必须通过电化学装置才能实现。在电化学装置中，将化学能转化为电能的装置称为原电池，将电能转化为化学能的装置称为电解池。所有电化学装置中都包含有电解质和电极两部分。本章主要内容包括四部分：电化学基本原理，电池及电化学电动势，电化学测试体系及常用的电化学测试方法。

7.1　电化学基本原理

 核心内容

1. 电化学研究内容

（1）研究电现象与化学现象之间的关系，以及电能和化学能之间的相互转化及转化过程中的有关规律；

（2）离子学和电极学。

2. 电化学装置

原电池：将化学能转化为电能的装置。

电解池：将电能转化为化学能的装置。

3. 法拉第定律

当电流通过电解质溶液时，通过电极的电荷量与发生电极反应的电子的物质的量成正比。

4. 电解质溶液的电导

电解质溶液的导电能力用电导（电阻的倒数）表示。

7.1.1 电化学定义及研究内容

电化学是物理化学的一个分支。物理化学是研究物质的化学变化，以及和化学变化相联系的物理过程的科学，如温度、压强、浓度、体积、光线、磁场、电场对化学反应的影响等。电化学则主要是研究电现象与化学现象之间的关系，以及电能和化学能之间的相互转化及转化过程中有关规律的科学。

电化学的研究内容应包括两个方面：一是电解质的研究，即电解质学，包括电解质的导电性质、离子的传输性质、参与反应离子的平衡性质等，其中电解质溶液的物理化学研究常称作电解质溶液理论；二是电极的研究，即电极学，包括电极的平衡性质和通电后的极化性质，也就是电极和电解质界面上的电化学行为。电解质学和电极学的研究都会涉及化学热力学、化学动力学和物质结构。

电化学的热力学研究电化学系统中没有电流通过时系统的性质，主要处理和解决电化学反应的方向和倾向问题，电化学的动力学研究电化学系统中有电流通过时系统的性质，主要处理和解决电化学反应的速率和机理问题。

7.1.2 电化学应用的广泛性

自然界中，电化学现象普遍存在，其原因有以下 3 个方面。

（1）相互接触的两相容易形成界面双电层和界面电势差。这是因为各种带电荷的粒子（如电子和离子）在两相中的化学位一般是不相等的。这些带电荷的粒子可能发生的相间转移或相间化学反应的自由能变化一般不为零，所以必然有电荷在相间自发转移而形成界面双电层和界面电势差。此外，两相界面常有吸附的离子或带偶极矩的分子，也会产生电势差。

（2）双电层两侧产生明显的电势差所需的过剩电荷很少，双电层两侧各有符号相反、数量相等的过剩电荷分布着。界面电势差的数量级为伏特，每伏相应的过剩电荷量约为 $0.1 \ C/m^2$，相当于 $1 \times 10^{-6} \ mol/m^2$ 的电荷数量，不足该界面单原子层数量的 1/10，这表明只要极少量的过剩电荷就足以产生明显的界面电势差。另外，界面积累这些过剩电荷的速度很快。

（3）电解质溶液是普遍存在的。这是因为地球上广泛存在的水的介电常数大，是各类电解质的好溶剂，这样电解质溶液很容易形成。

电化学是一门交叉学科，它研究带电界面的性质，凡是和带电界面有关的学科，都和电化学有关。电化学是多学科融合、具有重要应用背景和前景的领域，应用十分广泛（见图 7-1），其理论方法与技术应用越来越多地与其他自然科学或技术学科相互交叉、渗透。

在日常生活中，需要各种类型的化学电源。而电池发展的主要推动因素来自便携式电子设备和电动车的快速发展，以及人们对降低环境污染的需求。现如今市面上可见的电动力车都有一个普遍特点：新能源、环境友好、能源利用率高。化学电源可实现能源多样化、降低人类对化石燃料的依赖，开发体积更小、比能量更高的各类微型电池是电化学的又一个重要任务。

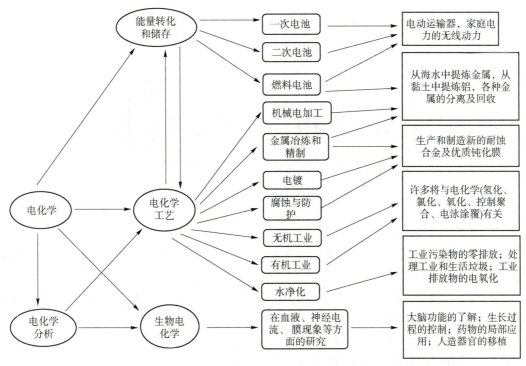

图 7-1 电化学的应用

7.1.3 电化学装置

电化学装置可分为两大类：原电池和电解池。将化学能转化为电能的装置称为原电池；将电能转化为化学能的装置称为电解池。无论是原电池还是电解池，都必须含有电解质溶液、电极和组成回路的装置三部分。

原电池是将化学能转化为电能的装置，图 7-2(a) 为原电池原理图。以铜锌原电池为例，用导线将两电极相连，锌电极上发生氧化反应，释放电子，称为阳极。因为其电势较低，所以又称为负极。负极上氧化反应释放的电子通过导线输送到铜电极上，铜电极接收电子发生还原反应，称为阴极。因为电势较高，所以又称为正极。在电解质溶液中，正负离子分别向两电极定向迁移，正离子向阴极移动，负离子向阳极移动。

电解池是将电能转化为化学能的装置，图 7-2(b) 为电解池原理图。将两个惰性电极分别与外电源的正负极连接，然后插入 HCl 溶液中；与电源正极相连的电极失去电子，发生氧化反应，称为阳极；与电源负极相连的电极得到电子，发生还原反应，称为阴极。接通电源后，溶液中的 H^+ 向阴极移动，在电极表面发生还原反应；Cl^- 向阳极移动，在电极表面发生氧化反应。反应式如下：

阴极：$2H^+(aq) + 2e^- \longrightarrow H_2(g)$

阳极：$2Cl^-(aq) \longrightarrow Cl_2(g) + 2e^-$

总反应：$2HCl \longrightarrow Cl_2(g) + H_2(g)$

原电池和电解池中都发生了氧化还原反应，同时伴随着能量的转化。在原电池中，化学能转化为电能；在电解池中，电能转化为化学能。

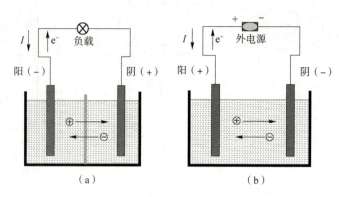

图 7-2　原电池和电解池原理图
（a）原电池原理图；（b）电解池原理图

不管是原电池还是电解池，在两电极上都发生了氧化还原反应。综上所述，可以归纳得到以下两个结论。

（1）借助电化学装置可以实现电能与化学能的相互转化。在电解池中，电能转变为化学能；在原电池中，化学能转变为电能。

（2）电解质溶液的导电机理是：

①溶液中通过正负离子的定向迁移来实现电流流通；

②电流在电极与溶液界面处得以连续，是因为两电极上分别发生氧化还原反应导致电子得失。

应强调指出，借助电化学装置实现电能与化学能的相互转换时，必须既有电解质溶液中的离子定向迁移，又有电极上发生的电化学反应。两者缺一不可。关于电化学装置的电极命名法，目前各书刊尚不统一。为避免混乱，本书采用如下规定：

（1）电化学装置的两电极中，电势高者称为正极，电势低者称为负极；

（2）电化学装置的两电极中，发生氧化反应者称为阳极，发生还原反应者称为阴极；

（3）一般习惯上对原电池用正极和负极命名，对电解池用阴极和阳极命名。但有些场合下，不论对原电池还是电解池，都需要既用正、负极，又用阴、阳极，此时需明确正、负极和阴、阳极的对应关系，如表 7-1 所示。

表 7-1　电极命名的对应关系

原 电 池	电 解 池
正极是阴极（还原极）	正极是阳极（氧化极）
负极是阳极（氧化极）	负极是阴极（还原极）

7.1.4　法拉第定律

1833 年，法拉第在研究电解作用时，归纳实验结果得出法拉第定律。实际上，该定律不论对电解反应还是电池反应都是适用的。

法拉第定律的主要内容是：当电流通过电解质溶液时，通过电极的电荷量与发生电极反应的电子的物质的量成正比。

由电解质溶液的导电机理可以看出,如果电极上只有电化学反应,法拉第定律则是必然的结果。电流通过电极是通过电化学反应实现的。通过的电荷量越多,表明电极与溶液间得失电子的数目越多,发生化学变化的电子的物质的量也越多,因为电子的电荷量是一定的。1 mol 电子的电荷量是 96 485 C(库仑),以 F 表示,F 为法拉第常数,通常取值为 $F = 96.5\ kC \cdot mol^{-1}$。

由于不同离子的价态变化不同,因此产生 1 mol 物质的电极反应所需的电子数不同,通过电极的电荷量自然也不同。例如,1 mol Cu^{2+} 在电极上还原为 Cu 需要 2 mol 电子,而 1 mol Ag^+ 在电极上还原为 Ag 仅需要 1 mol 电子,所以通过电极的电荷量为

$$Q = nF \tag{7-1}$$

上式即为法拉第定律的数学表达式,式中 n 是发生电极反应时得失电子的物质的量。若发生电极反应的物质的物质的量为 1 mol,则 n 的数值等于该离子的价态变化数。例如,对于 Cu 电极,$n = 2$ mol,对于 Ag 电极,$n = 1$ mol。

对于电流通过电极引发电极反应的现象,法拉第于 1833 年总结出了两条基本规则,称为法拉第定律。

(1)在电极上发生电极反应的物质的量 n 与通过的电荷量 Q 成正比,即

$$n = KQ = KIt \tag{7-2}$$

式中,K 为比例系数;Q 为电极上通过的电荷量,C;I 为通过电极的电流,A;t 为电极反应持续的时间,s。

(2)若将几个电解池串联,通入一定的电荷量后,在各个电解池的电极上发生反应的物质,其物质的量相同。

若回路上串联一个阴极反应:$X^{z+} + ze^- \longrightarrow X$,当消耗 1 mol 的 X^{z+}(即生成 1 mol 的 X)时,通过的电荷量为

$$Q = It = zF\ (如电流不恒定,则\ Q = \int I dt)$$

式中,F 为法拉第常数,即 1 mol 电子所带的电荷量;z 为参与电极反应的电荷数。

换言之,当有电荷量 Q 通过时,生成 X 的物质的量 n 为

$$n = Q/zF$$

生成 X 的质量为

$$m = MQ/zF$$

法拉第定律具有以下特点:

(1)法拉第定律是电化学史上最早的定量基本定律,揭示了通入的电荷量与析出物质之间的定量关系;

(2)该定律在任何温度、任何压强下均可以适用;

(3)法拉第定律是自然科学中最准确的定律之一。

实际电解时,因为电极上有副反应或次级反应发生,所以消耗的电荷量比按照法拉第定律计算所需要的理论电荷量多,两者之比为电流效率。

例题 1　在 25 ℃、101.325 kPa 下电解 $CuSO_4$ 溶液,当通入的电荷量为 965 C 时,在阴极上沉积出 0.285 9 g 铜,同时在阴极上有多少氢气放出?

解:在阴极上发生的反应为

$$Cu^{2+} + 2e^- \longrightarrow Cu$$
$$2H^+ + 2e^- \longrightarrow H_2$$

根据法拉第定律，在阴极上析出物质的总量 [以（1/2）Cu 或 H 为基本单位] 为

$$n = 1/2\ n_{Cu} + n_H$$

$$n = \frac{Q}{F} = \frac{965}{96\ 500} \text{mol} = 0.010\ 00\ \text{mol}$$

$$1/2 n_{Cu} = \frac{0.285\ 9 \times 2}{63.54} \text{mol} = 0.008\ 999\ \text{mol}$$

$$n_H = n - 1/2\ n_{Cu} = (0.010\ 00 - 0.008\ 999)\ \text{mol} = 0.001\ 001\ \text{mol}$$

$$V(H_2) = \frac{n_H RT}{p} = \frac{0.001\ 001 \times 8.314 \times 298.15}{2 \times 101\ 325} \text{m}^3 = 0.012\ 2\ \text{dm}^3$$

例题 2 在体积为 100 mL、浓度为 $0.2\ \text{mol} \cdot \text{dm}^{-3}$ 的 $Fe_2(SO_4)_3$ 溶液中通入 2 A（A=C·s⁻¹）电流，需要多少时间能将 $Fe_2(SO_4)_3$ 完全还原为 $FeSO_4$？

解： 电极反应为

$$Fe^{3+} + e^- \longrightarrow Fe^{2+}$$

根据法拉第定律，有

$$Q = zF\xi = 1 \times 100 \times 10^{-3}\ \text{dm}^{-3} \times 0.2\ \text{mol} \cdot \text{dm}^{-3} \times 96\ 500\ \text{C} \cdot \text{mol}^{-1} = 1\ 930\ \text{C}$$

又 $Q = It$，即

$$t = \frac{Q}{I} = \frac{1\ 930\ \text{C}}{2\ \text{A}} = 965\ \text{s} = 16.08\ \text{min}$$

7.1.5 电解质溶液的电导

金属导体的导电能力通常用电阻 R（单位为欧姆，Ω）表示，而电解质溶液的导电能力则用电阻的倒数——电导 G 来表示，$G = 1/R$，单位 S（西门子）或 Ω^{-1}。根据欧姆定律，电压、电流和电阻三者之间的关系为

$$R = \frac{U}{I} \tag{7-3}$$

式中，U 为外加电压，V；I 为电流，A。由于 $G = R^{-1}$，因此有

$$G = R^{-1} = \frac{I}{U} \tag{7-4}$$

导体的电阻与其长度 l 成正比，与其截面积 A 成反比，即

$$R \propto \frac{l}{A} \quad \text{或} \quad R = \rho \frac{l}{A} \tag{7-5}$$

式中，ρ 为电阻率，$\Omega \cdot \text{m}$。

电导率 κ 是电阻率的倒数，即

$$\kappa = \frac{1}{\rho} \tag{7-6}$$

则电解质溶液的电导可表示为

$$G = \kappa \frac{A}{l} = \frac{\kappa}{K_{cell}} \tag{7-7}$$

式中，K_{cell} 为电解池常数。

为比较各个电解质溶液的导电能力，这里引入了摩尔电导率的概念。在相距单位距离的两个平行平板电极之间加入含 1 mol 电解质的溶液时所测得的电导（见图 7-3），称为该溶液的摩尔电导率，以符号 Λ_m 表示。

在摩尔电导率的定义中，因为电极相距 1 m，所以浸入溶液的电极面积应等于含单位物质的量电解质的溶液体积，按 Λ_m 定义应有 $\Lambda_m = \kappa V_m$，而溶液的物质的量浓度 c（单位为 $mol \cdot m^{-3}$）与 V_m 的关系为 $V_m = 1/c$，因此 $\Lambda_m = \kappa/c$，由此式可看出 Λ_m 的单位是 $S \cdot m^2 \cdot mol^{-1}$。

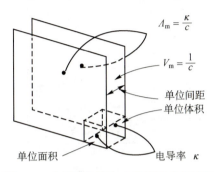

图 7-3　电导率与摩尔电导率定义示意图

7.1.6　电导率和摩尔电导率随浓度的变化

电解质溶液的电导率及摩尔电导率均随溶液的浓度而变化，但强、弱电解质的变化规律却不尽相同。几种不同的强、弱电解质的电导率与浓度的关系如图 7-4 所示。由图可以看出，对强电解质来说，浓度在达到 $5\ mol \cdot dm^{-3}$ 之前，κ 随浓度增大而明显增大，几乎成正比关系。这是因为随着浓度的增加，单位体积溶液中的离子数目不断增加。当浓度超过一定范围之后，κ 反而有减小的趋势。这是因为溶液中的离子已相当密集，正、负离子间的引力明显增大，从而限制了离子的导电能力。

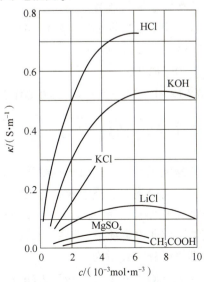

图 7-4　几种不同的强、弱电解质的电导率与浓度的关系

对弱电解质来说，电导率 κ 虽然也随浓度增大而有所增大，但变化并不显著。这是因为浓度增大时，虽然增加了单位体积溶液中电解质分子数，但电离度却受到抑制，因此离子数目增加得并不显著。

与电导率不同，无论是强电解质还是弱电解质，溶液的摩尔电导率 Λ_m 均随浓度的增大而减小。一些电解质的摩尔电导率与浓度的关系如图 7-5 所示。由图可以看出，强电解质与弱电解质的摩尔电导率随浓度变化的规律也是不同的。

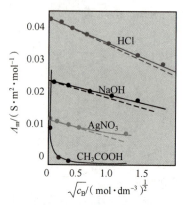

图 7-5 一些电解质的摩尔电导率与浓度的关系

强电解质溶液在稀释过程中 Λ_m 变化不大，因为参加导电的离子数目并没有变化，仅仅是随着浓度的下降，离子间引力变小，离子迁移速率略有增加，导致 Λ_m 略有增加而已。而弱电解质溶液在稀释过程中，虽然电极之间的电解质数量未变，但电离度却大为增加，致使参加导电的离子数目大为增加，因此 Λ_m 随浓度的降低而显著增大。

例题 3 25 ℃时，在电解池中装入 $0.01\ mol\cdot dm^{-3}$ KCl 溶液，测得电阻为 150 Ω，若用同一电解池装入 $0.01\ mol\cdot dm^{-3}$ HCl 溶液，测得电阻为 51.40 Ω。试计算：

（1）电解池常数（$0.01\ mol\cdot dm^{-3}$ KCl 溶液的电导率为 $0.141\ 3\ S\cdot m^{-1}$）；

（2）$0.01\ mol\cdot dm^{-3}$ HCl 溶液的电导率；

（3）$0.01\ mol\cdot dm^{-3}$ HCl 溶液的摩尔电导率。

解：由题意知 $0.01\ mol\cdot dm^{-3}$ KCl 溶液的电导率为 $0.141\ 3\ S\cdot m^{-1}$，则

$K_{cell} = \kappa_{KCl}/G_{KCl} = 0.141\ 3 \times 150\ m^{-1} = 21.195\ m^{-1}$

$\kappa_{HCl} = K_{cell} \cdot G_{HCl} = K_{cell}/R_{HCl} = 0.412\ 4\ S\cdot m^{-1}$

$\Lambda_m = \kappa_{HCl}/c_{HCl} = 0.412\ 4/(0.01 \times 10^3)\ S\cdot m^2\cdot mol^{-1} = 0.041\ 24\ S\cdot m^2\cdot mol^{-1}$

7.1.7 强电解质的活度和活度系数

由于阴阳离子间存在较强的静电吸引，因此与非电解质溶液相比，电解质溶液更容易偏离理想溶液的行为。从理论上应如何描述电解质溶液的行为呢？

原则上讲，以活度代替浓度将化学势表示为 $\mu_B = \mu_B^{\ominus} + RT\ln a_B$ 同样适用于电解质溶液，但由于电解质的电离，使得其情况比非电解质溶液更复杂。在电解质稀溶液中，强电解质完全电离成阴阳离子，它们的化学势可分别表示为

$$\mu_+ = \mu_+^{\ominus} + RT\ln a_+ ; \quad \mu_- = \mu_-^{\ominus} + RT\ln a_-$$

式中，阳离子活度 $a_+ = \gamma_+ m_+ / m^\ominus$，阴离子活度 $a_- = \gamma_- m_- / m^\ominus$，$\gamma_+$、$\gamma_-$ 和 m_+、m_- 分别是阳离子和阴离子的活度系数和质量摩尔浓度。强电解质溶液由阴阳离子共同组成，其溶液总的化学势应该是各离子化学势的和。对任一强电解质 $M_{\nu_+} A_{\nu_-}$：

$$M_{\nu_+} A_{\nu_-} \longrightarrow \nu_+ M^{z+} + \nu_- A^{z-}$$

有

$$\mu = \nu_+ \mu_+ + \nu_- \mu_- = (\nu_+ \mu_+^\ominus + \nu_- \mu_-^\ominus) + RT\ln a_+^{\nu_+} a_-^{\nu_-} = \mu^\ominus + RT\ln a \tag{7-8}$$

比较可知

$$\mu^\ominus = \nu_+ \nu_+^\ominus + \nu_- \mu_-^\ominus$$
$$a = a_+^{\nu_+} \cdot a_-^{\nu_-} \tag{7-9}$$

因为单一离子的溶液不存在，故无法测定单一离子的活度及活度系数，实验测量的只能是阴阳离子共同的对外表现，为此需引入离子的平均活度 $a_\pm$、平均活度系数 $\gamma_\pm$ 和平均质量摩尔浓度 $m_\pm$，令 $\nu_+ + \nu_- = \nu$，根据式（7-9）定义 $a_\pm$ 为

$$a_\pm^\nu \stackrel{\text{def}}{=\!=} a_+^{\nu_+} \cdot a_-^{\nu_-} \tag{7-10}$$

令 $a_\pm = \gamma_\pm m_\pm / m^\ominus$，将其代入式（7-10）可得

$$\gamma_\pm^\nu \cdot m_\pm^\nu = (\gamma_+^{\nu_+} \cdot \gamma_-^{\nu_-}) \cdot (m_+^{\nu_+} \cdot m_-^{\nu_-})$$

所以

$$\gamma_\pm^\nu = \gamma_+^{\nu_+} \cdot \gamma_-^{\nu_-} \tag{7-11}$$
$$m_\pm^\nu = m_+^{\nu_+} \cdot m_-^{\nu_-} \tag{7-12}$$

可见，离子平均活度、平均活度系数和平均质量摩尔浓度都是几何平均值。对浓度为 m 的强电解质 $M_{\nu_+} A_{\nu_-}$ 溶液，阳离子和阴离子的浓度分别为 $m_+ = \nu_+ m$ 和 $m_- = \nu_- m$，代入式（7-12）得

$$m_\pm^\nu = (\nu_+ m)^{\nu_+} \cdot (\nu_- m)^{\nu_-} = (\nu_+^{\nu_+} \cdot \nu_-^{\nu_-}) m^\nu$$
$$m_\pm = (\nu_+^{\nu_+} \cdot \nu_-^{\nu_-})^{1/\nu} m \tag{7-13}$$

上式表明，只要知道电解质及其浓度即可计算其平均质量摩尔浓度 $m_\pm$，再由实验测出其溶液的 $\gamma_\pm$，便可依据式（7-10）求算出 $a_\pm$ 及 a。

测量溶液平均活度系数的方法与测量非电解质溶液的相同，主要有蒸气压法、冰点降低法、渗透压法等，也可以采用电动势法。

7.2 电池及电化学电动势

核心内容

1. 可逆电池

可逆电池：将化学能转化为电能的装置，且其转化是以热力学可逆方式进行的。
了解可逆电池的书写原则。

2. 可逆电池电动势与浓度的关系

热力学函数与电池电动势关系。
根据能斯特方程计算热力学函数。

3. 电池组成

电池由电极、电解质、隔离物及外壳组成。
了解多种实用化学电源。

7.2.1　可逆电池

将化学能转化为电能的装置称为原电池（简称为电池），若此转化是以热力学可逆方式进行的，则这个电池称为可逆电池。可逆电池必须符合如下条件。

（1）电池放电时的反应与充电时物质的转变可逆，即化学反应可逆。例如图7-6中的电池基本上符合这个条件。该电池在放电时的反应为：

Zn 极发生氧化：$Zn(s) \longrightarrow Zn^{2+} + 2e^-$

Cu 极发生还原：$Cu^{2+} + 2e^- \longrightarrow Cu(s)$

总反应：$Zn(s) + Cu^{2+} \longrightarrow Zn^{2+} + Cu(s)$

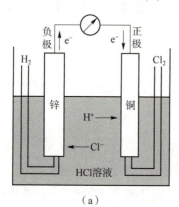 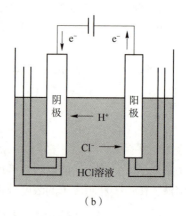

（a）　　　　　　　　　　　（b）

图 7-6　原电池和电解池

（a）原电池；（b）电解池

该电池充电时的反应为：

Zn 极发生还原：$Zn^{2+} + 2e^- \longrightarrow Zn(s)$

Cu 极发生氧化：$Cu(s) \longrightarrow Cu^{2+} + 2e^-$

总反应：$Zn^{2+} + Cu(s) \longrightarrow Cu^{2+} + Zn(s)$

充电与放电时的两个半反应互为逆反应，所以具备了组成可逆电池的第一个条件。严格来讲这样的电池仍有不可逆的地方，在两个溶液之间，充、放电时离子迁移的方向不完全相同。这里需要使用盐桥，盐桥的使用可使其近似地作为可逆电池来对待。

（2）电池在充电和放电时能量必须可逆，即热力学可逆。不论是充电还是放电，通过电极的电流必须无限小，电池反应在接近平衡的条件下进行。当电池放电时对外能做最大电功，在充电时环境只消耗最小能量。如果把放电时的电能全部贮存起来，再用来充电，可以使系统和环境全部恢复原状。

如果可逆电动势为 E 的电池按电池反应式进行，当反应进度 $\xi = 1\ mol$ 时，吉布斯自由能的变化值可表示为

$$(\Delta_r G_m)_{T,p} = -nEF/\xi = -zEF \tag{7-14}$$

电池由两个半电池组成，而每个半电池又由电极和电解液组成。对于可逆电池而言，其电极也必须是可逆电极。常见的可逆电极主要有以下 3 种类型。

①第一类电极，主要包括金属电极和气体电极。其中金属电极表示式和电极反应为：

作负极发生氧化：$M(s) \mid M^{z+}(a_+)$　　　$M(s) \longrightarrow M^{z+} + ze^-$

作正极发生还原：$M^{z+}(a_+)\,|\,M(s)$　　　　$M^{z+}+ze^- \longrightarrow M(s)$

气体电极表示式和电极反应分别为：

$H^+(a_+)\,|\,H_2(g)\,|\,Pt$　　　　　$2H+2e^- \longrightarrow H_2(g)$

$OH^-(a_+)\,|\,H_2(g)\,|\,Pt$　　　　　$2H_2O+2e^- \longrightarrow H_2(g)+2OH^-(a_-)$

$H^+(a_+)\,|\,O_2(g)\,|\,Pt$　　　　　$O_2(g)+4H^++4e^- \longrightarrow 2H_2O$

$OH^-(a_+)\,|\,O_2(g)\,|\,Pt$　　　　　$O_2(g)+2H_2O+4e^- \longrightarrow 4OH^-(a_-)$

②第二类电极，主要包括难溶盐电极和难溶氧化物电极。其中金属难溶盐电极，如银/氯化银电极和甘汞电极，它们的电极表示式和还原反应分别为：

$Cl^-(a_-)\,|\,AgCl(s)\,|\,Ag(s)$　　　　$AgCl(s)+e^- \longrightarrow Ag(s)+Cl^-(a_-)$

$Cl^-(a_-)\,|\,Hg_2Cl_2(s)\,|\,Hg(1)$　　　$Hg_2Cl_2(s)+2e^- \longrightarrow 2Hg(1)+2\,Cl^-(a_-)$

难溶氧化物电极，如银/氧化银电极，在酸性和碱性溶液中的电极表示式和还原反应分别为：

$H^+(a_+)\,|\,Ag_2O(s)\,|\,Ag(s)$　　　　$Ag_2O(s)+2H^+(a_+)+2e^- \longrightarrow 2Ag(s)+H_2O$

$OH^-(a_+)\,|\,Ag_2O(s)\,|\,Ag(s)$　　　$Ag_2O(s)+H_2O+2e^- \longrightarrow 2Ag(s)+2OH^-(a_-)$

③第三类电极，即氧化还原电极。将一惰性金属插入含有某种离子的不同氧化态所组成的溶液中，即构成了氧化还原电极，在此电极中，惰性金属仅起导电作用。例如：

$Fe^{3+}(a_1),Fe^{2+}(a_2)\,|\,Pt$　　　　$Fe^{3+}(a_1)+e^- \longrightarrow Fe^{2+}(a_2)$

$Sn^{4+}(a_1),Sn^{2+}(a_2)\,|\,Pt$　　　　$Sn^{4+}(a_1)+2e^- \longrightarrow Sn^{2+}(a_2)$

$Cu^{2+}(a_1),Cu^+(a_2)\,|\,Pt$　　　　$Cu^{2+}(a_1)+e^- \longrightarrow Cu^+(a_2)$

括号中的 a_1 和 a_2 分别表示溶液中该离子的活度，为了方便、科学地表达电池电极，规定电池的书写原则如下。

①按照真实的接触关系排列电池中各物质，用单垂线"｜"表示电极与溶液的接触界面（表示可混溶的两种溶液间的接界）。若电池中使用盐桥，则用双垂线"‖"表示，盐桥可以起到降低液体接界电势的作用。

②写在左边的电极发生氧化反应，为负极；写在右边的电极发生还原反应，为正极。

③电池中各物质需要分别注明所处的状态（固、液、气），气体需要标明压强，电解质溶液要注明活度。

④需要惰性金属作电极导体的，也应标明。例如，$H_2(g)$ 吸附在 Pt 片上。一般地，若不加特殊说明，所写电池的工作条件为 298.15 K 和标准压强。

7.2.2　可逆电池热力学

1. 可逆电池电动势与浓度的关系

1）能斯特方程

1889 年，能斯特（Nernst）提出著名的经验方程。对于一个一般的电池反应：

$$a\mathrm{A}+b\mathrm{B}+\Longleftrightarrow g\mathrm{G}+h\mathrm{H}+\cdots$$

生成物与反应物的活度商为 Q_a，则根据范特霍夫等温式，有

$$\Delta_r G_m = \Delta_r G_m^\ominus + RT\ln Q_a$$

又由 $(\Delta_r G_m)_{T,p} = -nFE$ 得 $E = -\dfrac{\Delta_r G_m}{nF}$；而 $E^\ominus = -\dfrac{\Delta_r G_m^\ominus}{nF}$ 称为电池的标准电动势。于是能斯

特方程为

$$E = E^\ominus - \frac{RT}{nF}\ln Q_a = E^\ominus - \frac{RT}{nF}\ln\frac{a_G^g \cdot a_H^h}{a_A^a a_B^b} \tag{7-15}$$

式中，n 为电极反应中得失电子数；a_i 为参与反应物质 i 的活度。

例题 4 同一电池反应写法不同，$E^\ominus$、E、$\Delta_r G_m$、$K^\ominus$ 是否分别相同？如：

$$\frac{1}{2}H_2(p^\ominus) + AgI(s) \longrightarrow Ag(s) + HI(a) \cdots\cdots\cdots① $$

$$H_2(p^\ominus) + 2AgI(s) \longrightarrow 2Ag(s) + 2HI(a) \cdots\cdots\cdots② $$

解： 由化学平衡知，$(K_1^\ominus)^2 = K_2^\ominus$，则 $2\Delta_r G_{m,1}^\ominus = \Delta_r G_{m,2}^\ominus$，而 $E^\ominus = -\dfrac{\Delta_r G_m^\ominus}{nF}$；$n_1 = 1$，$n_2 = 2$，所以 $E^\ominus$ 相同。

又因为 $E = E^\ominus - \dfrac{RT}{nF}\ln Q_a = E^\ominus - \dfrac{RT}{nF}\ln\dfrac{a_G^g \cdot a_H^h}{a_A^a a_B^b}$，即

$$E_1 = E^\ominus - \frac{RT}{1F}\ln\frac{a_{Ag} \cdot a_{HI}}{a_{H_2}^{\frac{1}{2}} \cdot a_{AgI}}$$

$$E_2 = E^\ominus - \frac{RT}{2F}\ln\frac{a_{Ag}^2 \cdot a_{HI}^2}{a_{H_2} \cdot a_{AgI}^2} = E^\ominus - \frac{RT}{2F}\ln\left(\frac{a_{Ag} \cdot a_{HI}}{a_{H_2}^{\frac{1}{2}} \cdot a_{AgI}}\right)^2 = E^\ominus - \frac{RT}{1F}\ln\frac{a_{Ag} \cdot a_{HI}}{a_{H_2}^{\frac{1}{2}} \cdot a_{AgI}}$$

所以 $E_1 = E_2$。

又因为 $(\Delta_r G_m)_{T,p} = -nFE$，$n$ 不同，所以 $\Delta_r G_m$ 不同。

2）电池标准电动势 $E^\ominus$ 的测定和求算

求算 $E^\ominus$：先求出 $\Delta_r G_m^\ominus$，然后利用 $E^\ominus = -\dfrac{\Delta_r G_m^\ominus}{nF}$ 求出。

测定 $E^\ominus$：电池中各参与反应的物质活度为 1 时，可用电势差计直接测定；电池中各参与反应的物质活度不为 1 时，用外推法测定。

2. 热力学函数与电池电动势的关系

（1）吉布斯自由能与电池电动势的关系为

$$(\Delta_r G_m)_{T,p} = -nFE \tag{7-16}$$

标准状态时，有

$$\Delta_r G_m^\ominus = -nFE^\ominus \tag{7-17}$$

（2）熵与电池电动势温度系数的关系。在定压下，式（7-17）两端对 T 求偏微商：

$$\left(\frac{\partial \Delta_r G_m}{\partial T}\right)_p = -nF\left(\frac{\partial E}{\partial T}\right)_p$$

式中，$\left(\dfrac{\partial E}{\partial T}\right)_p$ 为电池电动势的温度系数。又因为 $\left(\dfrac{\partial \Delta_r G_m}{\partial T}\right)_p = -\Delta_r S_m$，所以

$$\Delta_r S_m = nF\left(\frac{\partial E}{\partial T}\right)_p \tag{7-18}$$

标准状态时：

$$\Delta_r S_m^\ominus = nF\left(\frac{\partial E^\ominus}{\partial T}\right)_p \tag{7-19}$$

在定温条件下，电池可逆工作时，反应的可逆热 $Q_r = T\Delta_r S_m$，所以

$$Q_r = T\Delta_r S_m = nFT\left(\frac{\partial E}{\partial T}\right)_p \tag{7-20}$$

可用式(7-20)来判断电池放电时将吸热还是放热，即

$\left(\frac{\partial E}{\partial T}\right)_p > 0$ 时，电池定温可逆工作时吸热；

$\left(\frac{\partial E}{\partial T}\right)_p < 0$ 时，电池定温可逆工作时放热；

$\left(\frac{\partial E}{\partial T}\right)_p = 0$ 时，电池定温可逆工作时与环境无热交换。

（3）焓与电池电动势的关系。可逆电池放电也是在定压下进行的，故 $Q_r = Q_p$，但有电功（非体积功）存在，所以 $Q_p \neq \Delta H$，而 ΔH 只能用下式来求：

$$\Delta_r H_m = \Delta_r G_m + T\Delta_r S_m = -nFE + nFT\left(\frac{\partial E}{\partial T}\right)_p \tag{7-21}$$

标准状态时：

$$\Delta_r H_m^\ominus = -nFE^\ominus + nFT\left(\frac{\partial E^\ominus}{\partial T}\right)_p \tag{7-22}$$

所以，只要已知电池电动势及其温度系数，就可以很方便地求得电池反应的 $\Delta_r G_m$、$\Delta_r S_m$、$\Delta_r H_m$ 及可逆热 Q_r。

（4）标准平衡常数与电池电动势的关系为

$$K^\ominus = \exp\left\{\frac{nFE^\ominus}{RT}\right\} \tag{7-23}$$

例题 5 已知电池在 298.15 K 时 $E_1 = 1.103\,0$ V，在 313.15 K 时 $E_2 = 1.096\,1$ V。并假定在 298~313 K 之间 $\left(\frac{\partial E}{\partial T}\right)_p$ 为一常数。计算该电池在 298.15 K 时的 $\Delta_r G_m$、$\Delta_r H_m$、$\Delta_r S_m$、$K^\ominus$ 及电池的 Q_r。

解：$\left(\frac{\partial E}{\partial T}\right)_p = \frac{E_2 - E_1}{T_2 - T_1} = \frac{-0.006\,9}{15}$ V·K^{-1} = $-0.000\,46$ V·K^{-1}

$\Delta_r G_m = -nFE_1 = -2 \times 1.103\,0 \times 96\,485$ J·mol^{-1} = -212.85 kJ·mol^{-1}

$\Delta_r H_m = -nFE + nFT\left(\frac{\partial E}{\partial T}\right)_p = [-212\,850 + 2 \times 96\,487 \times 298.15 \times (-0.000\,46)]$ J·mol^{-1}

$\qquad = -239.32$ kJ·mol^{-1}

$\Delta_r S_m = nF\left(\frac{\partial E}{\partial T}\right)_p = 2 \times 96\,485 \times (-0.000\,46)$ J·K^{-1}·mol^{-1} = 88.77 J·K^{-1}·mol^{-1}

$K^\ominus = \exp\left(\frac{nFE^\ominus}{RT}\right) = \exp\left\{\frac{2 \times 96\,487 \times 1.103}{8.314 \times 298.15}\right\} = 1.9 \times 10^{37}$

$Q_r = T\Delta_r S_m = 298.15 \times (-88.77)$ J·mol^{-1} = -26.47 kJ·mol^{-1}

7.2.3 电池电动势的产生

可逆电池热力学问题只是解决了电极电动势和参与反应的物质之间的关系，对于电池电

动势是怎么产生的并没有说明，下面将对电池电动势产生的原因进行解释。

电池是最常见的电化学系统，其中存在着各种相界面，如电极与电解质溶液之间，导线与电板之间，以及不同电解质溶液之间等，不同相间存在电势差是电池电动势产生的原因。

1）电极与电解质溶液界面间电势

以金属电极为例，金属由构成晶格的金属离子和能够自由移动的电子构成。将一金属电极浸入含有某种金属离子的电解质溶液时，若金属离子在电极与溶液中的化学势不相等，则金属离子会从化学势较高的相转移到化学势较低的相中。可能发生的情况有两种：金属离子由电极相进入溶液相使溶液带正电，剩余的电子留在电极上使电极带负电；金属离子由溶液进入电极，使电极带正电，溶液带负电。无论哪种情况发生，都使电极与溶液间出现电势差。

当金属表面带负电荷时，如图7-7（a）所示，溶液中金属附近的正离子会被吸引至金属表面附近，形成一定的浓度梯度分布；负离子被金属电极所排斥，因此在金属电极的附近浓度较低。这样电极表面上的电荷层与溶液中多余的带相反电荷的离子层就形成了双电层。金属与溶液之间由于电荷不均等而产生电势差，是电动势中最重要的构成部分。

在双电层中，与金属电极靠得较紧密的溶液层称为紧密层，扩散到溶液中的称为扩散层。紧密层的厚度一般只有0.1 nm左右，而扩散层的厚度变动范围较大，受溶液的浓度、金属的电荷及温度等的影响。图7-7（b）为双电层电势示意图。

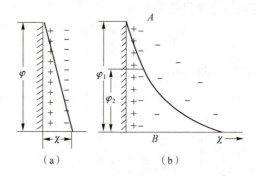

图7-7　双电层结构和双电层电势示意图

（a）双电层结构；（b）双电层电势

2）接触电势

接触电势通常指两种金属相接触时，在界面处产生的电势差。不同金属在接界处电子的逸出功不同，当两种金属相互接触时，由于相互嵌入的电子数目不相等，因此接触界面上电子分布不均匀。当电子在两种金属间的扩散达到相对平衡时，在接触面的两侧便产生了电势差，称为接触电势。

3）液体接界电势

液体接界电势指两种不同电解质溶液，或浓度不同的同一电解质溶液相接触时，由于离子相互扩散时迁移速率不同，在界面两侧形成双电层而产生电势差，其大小一般不超过0.03 V。例如，在两种浓度不同的HCl溶液界面上，HCl将从高浓度一侧向低浓度一侧扩散。因为H^+的运动速度比Cl^-快，所以在低浓度的一侧将出现过剩的H^+而带正电。在高浓度的一

侧因为有过剩的 Cl^- 而带负电，所以在两溶液形成的界面两侧产生了电势差（见图7-8）。这一电势差的存在使 H^+ 的扩散速度减慢，同时加快了 Cl^- 的扩散速度。当两种离子的扩散速度相同时，达到平衡状态，此时，电势差保持恒定。

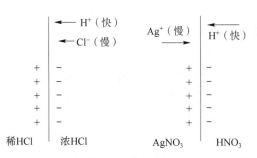

图 7-8　液体接界电势的形成示意图

扩散电池的不可逆性导致实验测定难以得到稳定的数值，减小这种现象的方法是在两个溶液之间插入一个盐桥，从而有效地减小液体接界电势。这是因为用于制作盐桥的电解质溶液中正离子和负离子的迁移速率几乎相等。

理解界面电势差的产生原因，对于理解电池电动势的产生机理具有很大的帮助。原电池的电动势等于组成电池的各相间的各个界面上所产生的电势差的代数和。例如：

$$(-)Cu \mid Zn \mid ZnSO_4(m_1) \mid CuSO_4(m_2) \mid Cu(+)$$

实验测量其电动势（测量时使用铜导线）应包含以下相间电势差：

$$E = \Delta\varphi(Cu, Cu^{2+}) + \Delta\varphi(CuSO_4, ZnSO_4) + \Delta\varphi(Zn^{2+}, Zn) + \Delta\varphi(Zn, Cu)$$

为了正确地表示有接触电势存在，所以将电池符号的两边写成相同的金属（左方的 Cu 实际上是连接 Zn 电极的导线）。$\varphi_{接触}$ 表示接触电势，$\varphi_{扩散}$ 表示液体接界电势，电极与溶液间的电势差 φ_+ 和 φ_- 则对应于两电极的电势差。它们的值分别为

$$\varphi_{接触} = \Delta\varphi(Zn, Cu)$$

$$\varphi_{扩散} = \Delta\varphi(CuSO_4, ZnSO_4)$$

$$\varphi_- = \Delta\varphi(Zn^{2+}, Zn), \varphi_+ = \Delta\varphi(Cu, Cu^{2+})$$

整个电池的电动势 E 为

$$E = \varphi_+ + \varphi_- + \varphi_{接触} + \varphi_{扩散} \tag{7-24}$$

即整个原电池的电动势等于组成电池的各相间的各个界面上所产生的电势差的代数和。

例题 6　25 ℃ 时，电池 $Ag(s)-AgCl(s) \mid KCl(m) \mid Ag_2Cl_2(s)-Hg(l)$ 的电动势 $E = 0.045\ 5\ V$，$\left(\dfrac{\partial E}{\partial T}\right)_p = 3.38 \times 10^{-4}\ V \cdot K^{-1}$。试写出该电池的反应，并求出该温度下的 $\Delta_r G_m$、$\Delta_r S_m$、$\Delta_r H_m$ 及可逆放电时的热效应 Q_r。

解： 负极：$Ag + Cl^- \longrightarrow AgCl + e^-$

正极：$\dfrac{1}{2}Ag_2Cl_2 + e^- \longrightarrow Hg + Cl^-$

电极反应：$Ag + \dfrac{1}{2}Ag_2Cl_2(s) \longrightarrow AgCl(s) + Hg(l)$

由 $\Delta_r G_m = -nFE = (-1 \times 96.5 \times 10^3 \times 0.045\ 5)\ J \cdot mol^{-1} = -4\ 391\ J \cdot mol^{-1}$

由 $\Delta_r S_m = nF(\partial E/\partial T)_p = (1 \times 96.5 \times 10^3 \times 3.38 \times 10^{-4})\,J \cdot K^{-1} \cdot mol^{-1} = 32.62\,J \cdot K^{-1} \cdot mol^{-1}$

$Q_r = T\Delta_r S_m = (298 \times 32.62)\,J \cdot mol^{-1} = 9\,720\,J \cdot mol^{-1}$

$\Delta_r H_m = \Delta_r G_m + T\Delta_r S_m = (-4\,391 + 9\,720)\,J \cdot mol^{-1} = 5\,329\,J \cdot mol^{-1}$

7.2.4 实用化学电池

电池可分为化学电池和物理电池（如太阳能电池和温差发电器等）两大类。本书只讨论化学电池。任何两个氧化还原反应都可构成化学电池，但要开发商用电池，却受到诸多条件的限制。

1. 电池的组成

任何电池都由 4 个基本部分组成，即电极、电解质、隔离物及外壳。

1）电极

电极是电池的核心部分，由活性物质、导电材料和添加剂组成，有时还包含集流体。活性物质是能够通过化学变化将化学能转变为电能的物质，导电骨架主要起传导电流、支撑活性物质的作用，电池内的电极又分正极和负极。导电材料也常用作集流体。

2）电解质

电解质起到保证正、负极间离子导电的作用。电流经闭合的回路做功，在电池外的电路中电流传输由电子导电完成，而在电池的内部，靠离子的定向移动来完成，电解质溶液则是离子导电的载体。电解质不能具有电子导电性，否则会造成电池内部短路。电解质也不能与电池其他组分反应。在有的电池系列中，电解质还参与电化学反应，如干电池中的氯化铵（NH_4Cl）、铅酸电池中的硫酸（H_2SO_4）等。电解质一般是酸、碱、盐的水溶液，当构成电池的开路电压大于 2.3 V 时，水易被电解成氢气和氧气，故一般使用非水溶剂的电解质。很多电池系列的电解质有较强的腐蚀性，所以无论电池是否用过，消费者都不要解剖电池。

3）隔离物

隔离物的作用是防止正、负极短路，但允许离子顺利通过。在电池内部，若正负两极材料相接触，则电池出现内部短路，其结果如同外部短路，电池所储存的电能也被消耗，所以在电池内部需要一种材料或物质将正极和负极隔离开，以防止两极在储存和使用过程中被短路，这种隔离正极和负极的材料被称作隔离物。

4）外壳

外壳是储存电池其他组成部分（如电极、电解质、隔离物等）的容器，起到保护和容纳其他部分的作用，所以一般要求外壳有足够的力学性能和化学稳定性，保证外壳不影响到电池其他部分的性能。为防止电池内外的相互影响，通常将电池进行密封，所以还要求外壳便于密封。防爆盖是为了防止电池内部意外出现高压发生危险而配套的安全装置，所以在封口工序点焊防爆盖时，不得将泄气孔封死，以免出现危险。

2. 化学电池的主要性能指标

1）容量

容量是指电池存储电荷量的大小，是指以维持一定大小的工作电流所给出的电荷量：

$$Q = It \tag{7-25}$$

或者说，容量是指在一定放电条件下，电池所能释放出的总电荷量。电池容量的单位是

mA·h（毫安·时），对于大容量电池如铅蓄电池，常用 A·h（安·时），1 A·h=1 000 mA·h。

理论容量是根据活性物质的质量，按法拉第定律计算得到的；实际容量是在使用条件下，电池实际放出的电荷量；额定容量是在设计和生产时，规定和保证电池在给定的放电条件下应放出最低限度的电荷量，一般标明在电池外壳或外包装上。电池的容量也一般用 C 表示，通常制造厂家在设计电池的容量时以某一特定的放电电流为基准，这一放电电流通常在数字上是设计容量的 1/20、1/10、1/8、1/5、1/3 或 1 等，相应地其容量被称为 20 h、10 h、5 h、3 h、或 1 h 容量。铅蓄电池的额定容量一般以 20 h 为基准，那么容量为 4 A·h 的电池意味着以 1/20×4 A=0.2 A 的电流放电至规定的终止电压，时间可持续 20 h。充电或放电电流（安培）通常表示为额定容量的倍数（称为 C 率）。例如额定容量为 1 A·h 的电池，$C/10$（也称为 10 h 率放电）放电电流为 1 A/10=100 mA。

按照国际电工委员会（IEC）标准和国标，镉镍和镍氢电池在（20±5）℃ 条件下，以 $0.1C$ 充电 16 h 后以 $0.2C$ 放电至 1.0 V 时所放出的电荷量为电池的额定容量，以 C 表示；锂离子电池在常温、先恒流（$1C$）后定压（4.2 V）条件下充电 3 h 后再以 $0.2C$ 放电至 2.75 V 时所放出的电荷量为电池的额定容量。以 AA 2 300 mA·h 镍氢充电电池为例，表示该电池以 230 mA（$0.1C$）充电 16 h 后以 460 mA（$0.2C$）放电至 1.0 V 时，总放电时间为 5 h，所放出的电荷量为 2 300 mA·h。若以 230 mA 的电流放电，其放电时间约为（一般大于）10 h。

2）电压

电压包括开路电压、工作电压、终止电压、平均电压、额定电压、充电电压等。电池不放电时，电池两极之间的电势差被称为开路电压。电池的开路电压，会依电池正、负极与电解液的材料而异，同种材料制造的电池，不管电池的体积有多大，几何结构如何变化，其开路电压基本上是一样的。

工作电压：电池输出电流时，电池两电极端间的电势差。

终止电压：电池放电时，电压下降到电池不宜再继续放电的最低工作电压值。电池放电电势低于终止电压，就会造成过放电。电池过放电可能会给电池带来灾难性后果，如会使电池内压升高，正负极活性物质可逆性受到破坏，即使充电也只能部分恢复，容量也会有明显衰减。特别是大电流过放，或反复过放对电池影响更大。放电终止电压与电池类型及放电电流的大小有关。通常根据放电电流来确定放电终止电压，放电电流越大，放电终止电压也越低。

平均电压又名中点电压，指电池放电容量达到 50% 时的电压。

额定电压（又称标称电压）：规定的电池开路电压的最低值。充电电池外套上标的 1.2 V 是其额定电压，大致相当平均电压或者平台电压，其中平台电压是指电压变化最小而容量变化较大时对应的电压值，一般对于 MH-Ni、Cd-Ni 电池，$0.2C$ 放电 1.2 V 以上时间应占总时 80% 以上，$1C$ 放电 1.2 V 以上时间应占总时 60% 以上。

图 7-9 给出了 MH-Ni 电池以 2.5 h 率（$0.4C_5$ 率）放电的放电曲线（镉镍电池与之相似）。由图可见，电池开始放电后，其电压从接近 1.4 V 的开路电压迅速下降到 1.2 V 的平台电压，在放电结束时曲线出现明显的膝形，电压在此迅速降低。由平台电压的平稳和曲线的对称性可看出，可以用平均电压估计整个放电过程中的平均电压。

3）比能量、比功率

单位质量或单位体积电池输出的电能、功率称作电池的比能量、比功率。比能量也称为

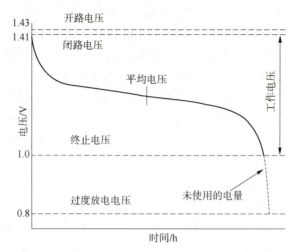

图 7-9　MH-Ni 电池以 2.5 h 率放电的放电曲线

能量密度。一般在相同体积下，锂离子电池的比能量是镉镍电池的 2.5 倍，是镍氢电池的
1.8 倍，因此在电池能量相等的情况下，锂离子电池就会比镍镉、氢镍电池的体积更小。实
际比能量为理论比能量的 1/5~1/3，其原因在于实际电池有一部分不可用的空间，当然还有
一部分可能填充的空间，减少这部分空间体积，提高活性物质的填充密度可以提高实际比
能量。

例如铅酸蓄电池的反应为

$$Pb+PbO_2+2H_2SO_4 \Longrightarrow 2PbSO_4+2H_2O \quad E=2.044\ V$$

由法拉第定律可知，每产生 1 A·h 的电荷量要消耗 3.866 g Pb（$Pb \rightarrow Pb^{2+}$），4.663 g
PbO_2（$PbO_2 \rightarrow Pb^{2+}$）及 3.659 g H_2SO_4，三者之和约为 12 g，1 kg 反应物反应后产生的电荷量
为 1 000/12=88.33 A·h，故铅酸蓄电池的理论质量比能量是：W=2.044×88.33×1 W·h·kg^{-1}=
170.5 W·h·kg^{-1}。

4）寿命

寿命包括充放寿命（又称循环寿命）、使用寿命和储存寿命。其中充放寿命是指二次电
池的充放周期次数。充放寿命与充放条件密切相关：

（1）一般充电电流越大（充电速度越快），充放寿命越短；

（2）放电深度（Depth of Discharge，DOD，在电池使用过程中，电池放出的容量占其额
定容量的百分比）越深，其充放寿命就越短，有时二者呈指数变化，这是由于通常情况下，
电池充放电一般伴随着电极的膨胀与收缩，低 DOD 对电池机械结构的破坏较小，其寿命
也长。

鉴于不同的循环制度得到的循环次数截然不同，国标中规定 MH-Ni 电池的充放寿命测
试条件及要求为：①条件，在 25 ℃室温条件下，按照 IEC 标准，以深充深放方式进行；
②要求，可达到充放 500~1 000 周；按 1C 充放电快速寿命性能测试，可达 300~600 周。实
际的使用条件千差万别，因此实际中也常用使用寿命来衡量充放寿命。使用寿命是指电池在
一定条件下实际使用的时间。因充放电控制深度、精度及使用习惯的影响，同一电池在不同
人、不同环境及条件下使用，其寿命差异可能很大。

储存寿命指电池容量或电池性能不降到额定指标以下的储存时间。影响储存寿命的重要

因素是自放电。糊式锌锰干电池、纸板锌锰干电池、碱性电池、锂一次电池的保质期通常是 1 年、2 年、3~7 年、5~10 年，镉镍电池、镍氢电池、锂离子电池的保质期是 2~5 年（如果期间经历充放电，且带电存储，可用 10~20 年）。

5）荷电保持能力

自放电（俗称"漏电"）是指电池在储存期间容量降低的现象。荷电保持能力是表征电池自放电性能的物理量，它是指电池在一定环境条件下经一定时间存储后剩余容量为最初容量的多少，用百分数表示（见图 7-10）。自放电是由电池材料、制造工艺、储存条件等多方面的因素决定的。通常温度越高，自放电率越大。一次电池和充电电池都有一定程度的自放电。以镍氢电池为例，IEC 标准规定电池充满电后，在温度为（20±5）℃、湿度为（65±20）%条件下，开路搁置 28 d，$0.2C$ 放电时间不得小于 3 h（即剩余电荷量大于 60%）。

6）内阻

电池的内阻是指电流通过电池内部时所受到的阻力（见图 7-11）。充电电池的内阻很小，需要用专门的仪器才可以测量到比较准确的结果。一般来讲，放电态内阻（电池充分放电后的内阻）比充电态内阻（充满电时的内阻）大，并且不太稳定。电池内阻越大，电压降低得越多，电池自身消耗掉的能量也越多，电池的使用效率越低。

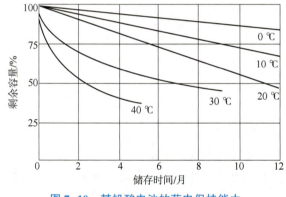

图 7-10 某铅酸电池的荷电保持能力

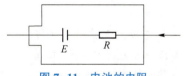

图 7-11 电池的内阻

7）高倍率放电性能

高倍率放电性能即大电流放电能力（见图 7-12）。数码相机、电动工具、电动玩具、电动汽车等用电器具尤其需要大电流放电能力优秀的电池。

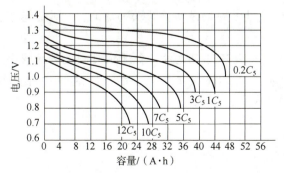

图 7-12 某种 Cd-Ni 单体电池的各种倍率放电特性

锂离子电池

我国于 20 世纪 90 年代初开始研究锂离子电池电极材料和电池，1996 年研制成功移动电话、摄像机用 18650 型电池，电池的容量达到日本索尼公司的电池水平，但到 2000 年，锂离子电池的生产尚处于起步时期，还没有一家企业进入规模化生产阶段。不过，由于国家鼓励发展锂离子电池的生产，将其列入"863"计划及"九五"重点攻关项目，并投入大量的财力和物力，极大地促进了民族锂离子电池工业的发展。之后，许多企业开始大规模生产锂离子电池，我国的锂离子电池产量呈现逐年增长的良好趋势，并且出口额也逐年上升，据统计，2018 年我国锂离子电池出口额达到 108.25 亿美元。近年来，我国锂离子电池行业骨干企业高度重视创新能力建设，研发投入保持了高速增长。宁德时代、国轩高科、天津力神等企业先后研发出比能量超过 300 W·h/kg 的单体三元电池。此外，国内磷酸铁锂电池单体比能量也已突破 190 W·h/kg。2019 年锂离子电池出口持续增长，出口金额 130.3 亿美元，同比增长 20.3%，延续高速增长态势。我国锂离子电池进出口贸易顺差持续扩大。众多锂离子电池企业逐步走向国际化。

7.3 电化学测试体系

核心内容

1. 三电极体系

工作电极，又称研究电极，是指所研究的反应在该电极上发生。

参比电极被用来测量工作电极的电势。其电势已知且稳定、与被测物质无关，仅提供测量电势参考的电极。

辅助电极也叫对电极，电势在测量中始终保持一个稳定值，作为测量回路中的电势基准。

2. 参比电极的注意事项

（1）电极内部溶液的液面应始终高于试样溶液液面（防止试样对内部溶液的污染或因外部溶液与 Ag^+、Hg^+ 发生反应而造成液接面的堵塞，尤其是后者，可能是测量误差的主要来源）。

（2）上述试液污染有时是不可避免的，但通常对测定影响较小。但如果用此类参比测量 K^+、Cl^-、Ag^+、Hg^{2+}，其测量误差可能会较大。这时可用盐桥（不含干扰离子的 KNO_3 或 Na_2SO_4）来克服。

7.3.1 三电极体系

一般电化学测试体系分为二电极体系和三电极体系，用得较多的是三电极体系。相应的

3 个电极为工作电极（又称研究电极）、参比电极和辅助电极。其中被研究电极过程的电极被称为"研究电极"或"工作电极"。"参比电极"用来测量工作电极的电势，"辅助电极"的作用是与工作电极构成电流回路，以形成对工作电极的极化。用三电极体系测得的工作电极上电流密度随电极电势的变化即单个电极的极化曲线。对于化学电池和电解装置，辅助电极和参比电极通常合二为一，即二电极体系。

必须注意的是，在使用甘汞电极前应取下参比电极下端口及上侧加液口的小胶帽，不用时应及时戴上。如果使用时未取下电极下端口的橡胶套，极化回路将在绝缘的橡胶套处断开，导致测量回路的离子通道中断，相当于 $R_{测量} \to \infty$。

7.3.2　工作电极和辅助电极

研究的反应发生在工作电极（Working Electrode，WE）上。通常，工作电极的基本要求是：所研究的电化学反应不会因电极自身所发生的反应而受影响，并且能在较大的电势区域中进行测定；电极不能与溶剂或电解液组分发生反应；电极面积不宜太大，其表面最好应是均一平滑的，且能通过简单的方法进行表面净化等。各种能导电的材料均可用作电极，工作电极可以是固体或液体。最普通的"惰性"固体电极材料是玻碳、铂、铅和导电玻璃等。在液体电极中，汞和汞齐是最常用的工作电极，它们都是液体，均有可重现的均相表面，制备和保持清洁都较容易。采用固体电极时，为保证实验的重现性和可靠性，必须注意建立合适的电极预处理步骤，以保证电极表面氧化还原、表面形貌和不存在吸附杂质的可重现状态。

化学电池中电极材料可以参加成流反应，本身可溶解或化学组成发生改变。对于电解过程，电极一般不参加化学或电化学的反应，仅是将电能传递至发生电化学反应的"电极/溶液"界面。制备在电解过程中能长时间保持本身性能的不溶性电极一直是电化学工业中最复杂也是最困难的问题之一。不溶性电极除应具有高的化学稳定性外，对催化性能、机械强度等亦有要求。

辅助电极（Counter Electrode，CE）也叫对电极，其作用比较简单，它和工作电极组成一个串联回路，使工作电极上电流畅通。在电化学研究中经常选用性质比较稳定的材料作辅助电极，比如铂或者炭电极。为了减少辅助电极极化对工作电极的影响，辅助电极本身电阻要小，并且不容易极化，同时对其面积、形状和位置也有要求，其面积通常要比工作电极大。当工作电极的面积非常小时，$I_{极化}$ 引起的辅助电极的极化可以忽略不计，即辅助电极的电势在测量中始终保持一个稳定值，此时辅助电极可以作为测量回路中的电势基准，即参比电极。

例如，当工作电极为（超）微电极时，用两电极体系就可以完成极化曲线的测量。为了减少辅助电极上的反应对工作电极的干扰，可用烧结玻璃、多孔陶瓷或离子交换膜等来隔离两电极区的溶液。有时为了使电解液组分不变，辅助电极上可以安排工作电极反应的逆反应。

7.3.3　参比电极

1. 参比电极的定义与作用

参比电极（Reference Electrode，RE），其电势已知且稳定、与被测物质无关，仅提供测量电势参考的电极。参比电极上基本没有电流流过，用于测定工作电极（相对于参比电极）

的电极电势。在控制电势实验中，因为参比半电池保持固定的电势，因而加到电化学电池上的电势的任何变化值直接表现在"工作电极/电解质溶液"的界面上。与标准氢电极一致的是：当工作电极相对于参比电极为正极时，有 $\varphi = \varphi_\text{工} - \varphi_\text{参}$，$\varphi_\text{工} = \varphi_\text{参} + \varphi$，当工作电极为负极时，则 $\varphi = \varphi_\text{参} - \varphi_\text{工}$，$\varphi_\text{工} = \varphi_\text{参} - \varphi$。对参比电极的要求如下。①电极电势已知且稳定、重现性好的可逆电极。即电极过程的交换电流密度 i^0 很高，是不极化或难极化的电极体系，因此能迅速建立热力学平衡电势，其电极电势符合能斯特方程。流过微小电流（$i \ll i^0$）时的极化也较小，且电极电势能迅速恢复。由于现在恒电势仪的性能已有明显的提高，电流测量的下限也扩展到 pA 级，因此 $i \ll i^0$ 已变得很容易做到。②电极电势的温度系数小。③参比电极内的电解液与工作介质之间不能互相污染，基本不产生液接电势，或通过计算容易修正。④电极结构、材料足够稳定，能抵抗介质腐蚀且不污染试验介质。参比电极插入介质不会扰乱待测体系。在电化学测试时，需要注意温度、光、电解质浓度和电解质中的气泡等因素，这些都会影响到参比电极的电势。电解质中的气泡甚至可能导致参比电极断路。

2. 常见参比电极

水溶液体系中常见的参比电极有：饱和甘汞电极、Ag/AgCl 电极、标准氢电极等。常用的非水参比体系为 Ag/Ag⁺（乙腈）。工业上常应用简易参比电极，或用辅助电极兼作参比电极。下面介绍两种常用的参比电极。

1）甘汞电极

定义：甘汞电极是由汞、甘汞（Hg_2Cl_2）和一定浓度的氯化钾溶液所构成的微溶盐电极。

电极组成：$Hg \mid Hg_2Cl_2, KCl(x \text{ mol/L})$。

电极反应：$Hg_2Cl_2(s) + 2e^- \Longrightarrow 2Hg(l) + 2Cl^-(aq)$。

电极电势：$\varphi_\text{甘汞} = \varphi_\text{甘汞}^\ominus - \dfrac{RT}{F}\ln a(\text{Cl}^-)$，298.15 K，$\varphi^\ominus = 0.267\,6$ V。

从上式可见，电极电势与 Cl⁻ 的活度或浓度有关。常用的有 3 种浓度：0.1 mol/L、1.0 mol/L 和饱和。其中以饱和式最容易配置，因而最常用（使用时溶液内应保留少许 KCl 晶体，以保证饱和），但温度系数较大。0.1 mol/L KCl 溶液的甘汞电极温度系数最小，适用于精密测量。

特点：①可逆性好，制作简单、使用方便，常用作外参比电极。②使用温度较低（<70 ℃，一般<40 ℃）且受温度影响较大（温度较高时，甘汞的歧化反应为：$Hg_2Cl_2 \Longrightarrow Hg + HgCl_2$）；当 T 从 20 ℃变到 25 ℃时，饱和甘汞电极电势从 0.247 9 V 变到 0.244 4 V，$\Delta\varphi = 3.5$ mV。③当温度改变时，电极电势平衡时间较长。④Hg(Ⅱ)可与一些离子发生反应。

甘汞电极制备容易，只需在纯汞表面上加一层氯化亚汞和汞的糊体，充入一定浓度的氯化钾溶液即可制成，放置数日后，电势趋于稳定即可使用。

甘汞电极的外形、结构如图 7-13 所示。在电极的内部有一根小玻璃管，管内上部放置汞，它通过封在玻璃管内的铂丝与外部的导线相通；汞的下部放汞和甘汞糊状物。使用时打开上部橡皮塞，这样可使电极内的 KCl 溶液（在静压强下）很缓慢地从素瓷渗出，以抑制外界溶液渗进电极管内。使用完毕后应将甘汞电极的下端浸泡在饱和 KCl 溶液中。

在中性和酸性溶液中常使用硫酸亚汞电极：$Pt \mid Hg \mid H_2SO_4(a), H_2SO_4(a)$，在碱性溶液中常使用氧化汞电极：$Pt \mid Hg \mid HgO, OH^-(a)$。

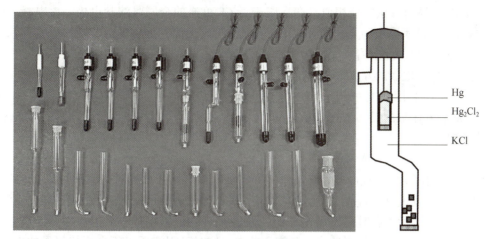

图 7-13 甘汞电极的外形、结构

2）Ag/AgCl 电极

定义：Ag/AgCl 电极是将氯化银涂在银表面上再浸入含有 Cl⁻ 的溶液中构成的。两种常见的 Ag/AgCl 电极如图 7-14 所示。

电池组成：Ag/AgCl，KCl（x mol/L）。

电极反应：$AgCl(s) + e^- \longrightarrow Ag(s) + Cl^-(aq)$。

注意与银电极不同。

银电极：$Ag(s) \mid Ag^+(a)$

$\qquad Ag^+(a) + e^- \longrightarrow Ag(s)$

电极电势：$\varphi = \varphi^{\ominus}_{Ag^+/Ag} - \dfrac{RT}{F} \ln a(Cl^-)$，$\varphi^{\ominus}_{Ag^+/Ag} = 0.2224$ V。

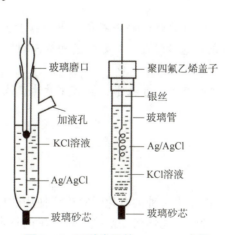

图 7-14 两种常见的 Ag/AgCl 电极

构成：同甘汞电极，只是将甘汞电极内管中的（Hg，Hg₂Cl₂+饱和 KCl 溶液）换成涂有 AgCl 的银丝即可。

特点：①可在高于 60 ℃（甚至可达 275 ℃）的温度下使用。②较少与其他离子反应（可与蛋白质作用）并导致与待测物界面的堵塞。③常用作内参比电极。

Ag/AgCl 电极与甘汞电极相似，都是属于对 Cl⁻ 可逆的金属难溶盐电极，该电极的电极电势在高温下较甘汞电极稳定。但 AgCl(s)遇光易分解，而且如果失水干燥，AgCl 涂层也会脱落，故 AgCl 电极不易保存。

制备 Ag/AgCl 电极的方法很多。较简便的方法是取一根洁净的银丝与一根铂丝，均插入 0.1 mol/dm³ 的 HCl 溶液中，外接直流电源和可调电阻进行电解。控制电流密度为 5 mA/cm²，通过约 5 min，在阳极的银丝表面即镀上一层 AgCl。用去离子水洗净后，浸入指定浓度的 KCl 溶液中保存待用。

3. 参比电极使用注意事项

（1）电极内部溶液的液面应始终高于试样溶液液面（防止试样对内部液的污染或因外部溶液与 Ag⁺、Hg⁺ 发生反应而造成液接面的堵塞，尤其是后者，可能是测量误差的主要来源）。

（2）上述试液污染有时是不可避免的，但通常对测定影响较小。但如果用此类参比测量 K⁺、Cl⁻、Ag⁺、Hg²⁺，其测量误差可能会较大。这时可用盐桥（不含干扰离子的 KNO₃ 或 Na₂SO₄）来克服。

7.4 常用的电化学测试方法

核心内容

1. 循环伏安法
在两电压上下限之间对电极（或器件）施加一个线性的电压，然后测定输出电流。通过大范围的扫描进行动力学分析。

2. 恒流充放电法
超极电容器的电容可通过计算曲线的斜率而得，当 $V\text{-}t$ 曲线并不是呈良好的线性时，容量的计算可通过放电时间或充电时间段内对电流的积分而得。

3. 电化学交流阻抗法
电化学交流阻抗法是一种暂态电化学技术，具有测量速度快，对研究对象表面状态干扰小的特点。

7.4.1 循环伏安法

循环伏安法因功能多样化而成为一种被电化学家广泛使用的技术，但是其大多应用于实验室级的元件上。在实验室级别中，循环伏安法是一种精确的技术，它可以：

（1）定性和半定量研究；

（2）通过大范围的扫描进行动力学分析；

（3）决定电压窗口。

循环伏安法的原理是在两电压上下限之间对电极（或器件）施加一个线性的电压，然后测定输出电流。施加的电压如下：

$$V(t) = V_0 + vt, V \leqslant V_1$$

$$V(t) = V_0 - vt, V \geq V_2$$

式中，v 为扫描速率，$\mathrm{V \cdot s^{-1}}$；V_1、V_2 为电压上下限。

图 7-15 为活性炭双电极单元在乙腈-1.5M 四乙基四氟硼酸铵电解液的循环伏安曲线，其中扫描速率为 $20~\mathrm{mV \cdot s^{-1}}$，测试温度为 $25~^\circ\mathrm{C}$。对于这样的超级电容器，可获得一个典型的方形 i-V 曲线。

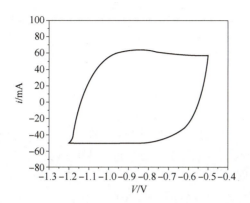

图 7-15　活性炭双电极单元在乙腈-1.5M 四乙基四氟硼酸铵电解液的循环伏安曲线

下面的公式通常用来描述电化学信号：

$$i = vC_{\mathrm{dl}}\left[1 - \exp(-t/R_{\mathrm{s}}, C_{\mathrm{dl}}) \right] \tag{7-26}$$

式中，i 表示电流，A；t 表示时间，min；C_{dl} 和 R_{s} 分别表示双电层电容和等效串联阻抗（经常简化为整个电解质的阻抗）。从这个曲线可以测定一个电极（或一个超级电容器）的电压窗口，也就是说，这个曲线不包括任何不可逆法拉第反应的信号；电解液的分解或者电极的氧化通常限制电压窗口。同样，应用下式，可以描绘 Q 与 V 的关系：

$$Q_i = \left| \int i \mathrm{d}t \right|_{V_i} \tag{7-27}$$

式中，Q_i 为 $V = V_i$ 时的电荷量，其中 V_i 表示电流 i 保持恒定时的电压。

7.4.2　恒流充放电法

恒流充放电法与循环伏安法有很大不同，其电流受控而被测试的是电压，这是电池领域应用最为广泛的技术，其不仅可应用于实验室级规模，还可应用于工业化规模。这个方法也被称作计时电势分析法，而且可以得到不同参数，如电容、阻抗、循环性能。

下式描述了电压变化 $V(t)$：

$$V(t) = Ri + \frac{t}{C}i \tag{7-28}$$

由式（7-28）可以得到，超级电容器的电容可通过计算曲线的斜率而得；对于电容器而言，当 V-t 曲线并不是呈良好的线性时，容量的计算可通过放电时间或充电时间段内对电流的积分而得：

$$C = i\frac{\partial t}{\partial V} \tag{7-29}$$

$$C = \frac{i\Delta t}{\Delta V} \qquad (7\text{-}30)$$

式中，i 为设置的电流；Δt 为放电时间（或充电时间）；ΔV 为电压窗口。

等效串联阻抗（R）可以由电流（Δi）反向时的电压降（V_{drop}）进行推导：

$$R = \frac{V_{drop}}{\Delta i} \qquad (7\text{-}31)$$

7.4.3 电化学交流阻抗法

电化学交流阻抗法是一种暂态电化学技术，具有测量速度快，对研究对象表面状态干扰小的特点。电化学交流阻抗法作为一种重要的电化学测试方法，不仅在电化学研究［例如电池、电镀、电解、腐蚀科学（金属的腐蚀行为和腐蚀机理、涂层防护机理、缓蚀剂、金属的阳极钝化和孔蚀行为等）〕与测试领域应用，而且在材料、电子、环境、生物等多个领域也获得了广泛的应用和发展。这种方法通过电化学阻抗谱（Electrochemical Impedance Spectroscopy，EIS）计算电化学测试体系中各部位的阻抗。

EIS 反映的是电极上整个测试面积的平均信息，然而很多时候需要对电极的局部进行测试，例如金属主要发生局部的劣化，运用电化学交流阻抗法并不能很清晰地反映体系金属腐蚀的发生发展过程，因此电化学交流阻抗法将向以下方向发展：①测量电极微小部阻抗信息；②交流阻抗测试仪器进一步提高微弱信号的检测能力和抗环境干扰能力；③计算机控制测量仪器和数据处理的能力进一步增强，简化阻抗测量操作程序，提高实验效率。

用某些电工元件组成的电路来模拟发生在"电极/溶液"界面上的电化学现象，称为电化学等效电路。

刀片电池

2020 年 3 月 29 日比亚迪发布的刀片电池，是拥有我国自主知识产权的新的锂电产品。刀片电池通过结构创新，在成组时可以跳过"模组"，大幅提高了体积利用率，最终达成在同样的空间内装入更多电芯的设计目标。相较传统电池包，刀片电池的体积利用率提升了 50% 以上，也就是说续航里程可提升 50% 以上，达到了高比能量三元锂电池的同等水平。中国科学院院士欧阳明高分析指出，刀片电池的设计使得它在短路时产热少、散热快，并且评价其在针刺试验中的表现"非常优异"。

与此同时，国内的科学家团队也在此领域取得了不凡的成就。复旦大学夏永姚团队开发出一种可在-70 ℃条件下使用的锂离子电池，采用凝固点低、可在极端低温条件下导电的乙酸乙酯作为电解液，并使用两种有机化合物作为电极，分别为 PTPAn 阳极和 PNTCDA 阳极。传统锂电池在-20 ℃时性能只有其最优水平的 50%，-40 ℃时只有最优水平的 12%。俄罗斯和加拿大等极寒地区温度低于-50 ℃；在太空中，温度甚至低至零下157 ℃。这款电池未来有望在地球极寒地区甚至外太空使用，这部分工作发表在著名的美国能源学术期刊《焦耳》上。

思考题

1. "由于离子迁移数与离子的迁移速率成正比, 因此, 一种离子的迁移速率一定时, 其迁移数也一定, 凡是能改变离子迁移速率的因素都能改变离子迁移数。" 这个推论是否正确? 为什么?

2. 电解质溶液的导电能力和哪些因素有关? 在表示溶液的导电能力方面, 已经有了电导率的概念, 为什么还要提出摩尔电导率的概念?

3. 极限摩尔电导率是无限稀释电解质时电解质溶液的摩尔电导率。既然溶液已经 "无限稀释", 为什么还会有摩尔电导率? 此时溶液电导率应为多少?

4. 为什么不能用普通电压表直接测量可逆电池的电动势?

5. 在电化学中为什么可以用电流密度来表示电极的反应速率?

习 题

1. 已知 25 ℃ 时, AgCl 的标准摩尔生成焓是 -127.04 kJ $\cdot$ mol^{-1}, Ag、AgCl 和 Cl$_2$(g) 的标准摩尔熵分别是 42.70、96.11 和 222.95 kJ $\cdot$ K^{-1} $\cdot$ mol^{-1}。试计算 25 ℃ 时, 对于电池 (Pt)Cl$_2$($p^{\ominus}$) | HCl(0.1 mol $\cdot$ dm^{-3}) | AgCl(s)-Ag(s):

(1) 电池的电动势;

(2) 电池可逆放电时的热效应;

(3) 电池电动势的温度系数。

2. 有如下电池: Cu(s) | Cu(Ac)$_2$(0.1 mol $\cdot$ kg^{-1}) | AgAc(s)-Ag(s)。已知 298 K 时, $E^{\ominus}_{Ag^+|Ag}=0.799$ V, $E^{\ominus}_{Ac^-|AgAc|Ag}=0.638$ V, 则:

(1) 写出电极反应和电池反应;

(2) 求乙酸银 AgAc(s) 的溶度积 $K^{\ominus}_{sp}$ (设活度因子均为 1)。

3. 已知电池 Zn | ZnSO$_4$(a=1) ‖ CuSO$_4$(a=1) | Cu 的 $E_{(298\ K)}=1.0934$ V, $E_{(293\ K)}=1.0913$ V, 求反应在 298 K 时的 $\Delta_r H_m$、$\Delta_r G_m$ 和 $\Delta_r S_m$。

4. 电池 Hg(l) | Hg$_2$Br$_2$(s), Br$^-$(aq) | AgBr(s) | Ag(s) 的标准电势 $E^{\ominus}$ 与热力学温度 T 的关系为 $E^{\ominus}=0.06804+0.000312(T-298)$, 则:

(1) 请写出电极反应与电池反应;

(2) 求所写电池反应在温度为 298 K 时的 $\Delta_r G^{\ominus}_m$、$\Delta_r H^{\ominus}_m$、$\Delta_r S^{\ominus}_m$。

5. 已知下列数据:

(A) 298.15 K 时的热力学数据, 如表 7-1 所示;

(B) 电池 Pt | H$_2$(g,$p^{\ominus}$) | NaOH(aq) | HgO(s) | Hg(l) | Pt 的标准电动势 $E^{\ominus}=0.9265$ V。

表 7-1 习题 5 表

表 7-1　习题 5 表

物质	$\Delta_f H_m^{\ominus}/(kJ \cdot mol^{-1})$	$S_m^{\ominus}/(J \cdot K^{-1} \cdot mol^{-1})$
HgO(s)		73.22
O$_2$(g)		205.1
H$_2$O(l)	−285.85	70.08
Hg(l)		77.4
H$_2$(g)		130.7

（1）写出阴、阳两极反应和电池反应；

（2）计算该电池反应的 $\Delta_r G_m^{\ominus}$；

（3）计算 298.15 K 时 HgO(s) 的分解反应 $HgO(s) \!=\!\!=\!\! Hg(l) + \dfrac{1}{2}O_2(g)$ 的 $\Delta_r G_m^{\ominus}$；

（4）计算 HgO(s) 在 298.15 K 时的分解压。

6. 电池 Pb│PbSO$_4$(s)│H$_2$SO$_4$(1 mol·kg^{-1})│PbSO$_4$(s)│PbO$_2$(s)│Pt 在 298 K 时的标准电动势 $E^{\ominus} = 2.041$ V，并已知电池电动势与温度的关系是

$$E = 1.902 + 5.61 \times 10^{-5} T \,(V)$$

（1）写出电极反应和电池反应；

（2）若 1 mol PbO$_2$ 反应，则该电池反应在 298 K 时的 $\Delta_r G_m^{\ominus}$、$\Delta_r H_m^{\ominus}$、$\Delta_r S_m^{\ominus}$ 各为多少？

7. 电池 Pb│PbSO$_4$(s)│Na$_2$SO$_4$·10H$_2$O 饱和溶液│Hg$_2$SO$_4$(s)│Hg 在 25 ℃时电动势为 0.964 7 V，电动势的温度系数为 1.74×10^{-4} V·K^{-1}。

（1）写出电池反应；

（2）计算 25 ℃时该反应的 $\Delta_r G_m$、$\Delta_r S_m$、$\Delta_r H_m$，以及电池定温可逆放电时该反应过程的 $Q_{r,m}$。

第8章 化学反应动力学基础

对于一个化学反应而言，需要解决两个方面的问题。第一，在给定的条件下，该反应能否发生（反应方向问题）？若反应可以进行，是吸热还是放热（能量转换问题）？其反应极限如何（转化程度问题）？这些问题都是化学热力学研究的内容。第二，若该反应能发生，该反应的速率是多少？反应条件怎样影响反应速率，在反应过程中是按照什么步骤进行的？这些问题是化学动力学的问题。但化学反应的热力学与动力学是两回事，二者多数一致，即趋势大者速度也快；但是有时却不一致，趋势大者速度不一定快。例如：氢气与氧气在常温常压下混合放置千年也未能观测到反应产物，可见在常温常压下该反应的速率已小得使人无法觉察到反应的存在。若升高温度至 1 073 K，则该反应以爆炸的方式瞬间完成：

$$H_2(g) + \frac{1}{2}O_2(g) =\!=\!= H_2O(g) \qquad \Delta_r C_{m,298 K}^{\ominus} = -228.59 \text{ kJ}$$

这类问题是热力学无法回答的，因为速率问题必与时间因素有关，而热力学只关心过程的初末状态和过程进行的方式（如定温定压），而不考虑时间因素。化学动力学的基本任务之一就是要了解反应的速率，了解各种因素（如分子结构、温度、压强、浓度、介质、催化剂等）对反应速率的影响，从而给人们提供选择反应条件、控制反应进行的主动权，使化学反应按所希望的速率进行。化学动力学的另一个基本任务是研究反应历程。所谓反应历程，就是反应物究竟按什么途径、经过哪些步骤才转化为最终产物。同时，知道了这些历程，可以找出决定反应速率的关键所在，使主反应按照所希望的方向进行，并使副反应以最小的速率进行，从而在生产上就能达到多快好省的目的。

8.1 基本概念

 核心内容

1. 反应速率

定义式：$r = \dfrac{1}{\nu_B} \dfrac{dn_B}{dt} \dfrac{1}{V}$；定容条件下：$r = \dfrac{1}{\nu_B} \dfrac{dc_B}{dt}$。

2. 基元反应

（1）反应分子经一次碰撞后就能完成的反应；

（2）基元反应的反应速率方程服从质量作用定律。

3. 反应级数

$r = kc_A^{n_A} c_B^{n_B}$，反应级数是各组分反应级数的代数和，即 $n = n_A + n_B$；k 称为反应速率常数。

影响反应速率的基本因素是反应物的浓度和反应的温度。为使问题简化，先研究温度不变时的反应速率与浓度的关系，再研究温度对反应速率的影响。表示一化学反应的反应速率与浓度等参数间的关系式，或浓度与时间等参数间的关系式，称为化学反应的速率方程式，简称速率方程，或称为动力学方程。

8.1.1 反应速率

反应进度是表达反应进行的程度的物理量，用符号 ξ 表示，对于化学反应：

$$\nu_A A + \nu_B B \longrightarrow \nu_C C + \nu_D D \tag{8-1}$$

式中，A、B 表示反应物，C、D 表示产物（又称生成物），ν_A、ν_B、ν_C、ν_D 分别为相应物质的化学计量数（反应物取负号，产物取正号）。因此，对于任意化学反应，均可写成 $0 = \sum_B \nu_B B$，用单位时间内在单位体积中化学反应进度的变化来表示反应进行的快慢程度，称为化学反应速率（简称反应速率），用符号 r 表示，即

$$r = \frac{d\xi}{dt} \frac{1}{V} \tag{8-2}$$

式中，V 为体积，m^3；ξ 为反应进度，mol；t 为时间，所以反应速率 r 的单位为 $mol \cdot m^{-3} \cdot s^{-1}$。

由反应进度 ξ 的定义知，$d\xi$ 与任意物质 B 的 dn_B 的关系为

$$d\xi = \frac{dn_B}{\nu_B} \tag{8-3}$$

代入式(8-2) 可得

$$r = \frac{1}{\nu_B} \frac{dn_B}{dt} \frac{1}{V} \tag{8-4}$$

若反应在定容条件下进行，则可以写成

$$r = \frac{1}{\nu_B} \frac{dc_B}{dt} \tag{8-5}$$

式中，c_B 为物质 B 的物质的量浓度（简称浓度），$mol \cdot m^{-3}$。当物质 B 的分子式较复杂时，为了书写方便，常将 c_B 记作 [B]。

式(8-2) 叫作反应速率的定义式。而式(8-5) 则是定容反应的反应速率定义，本章所讨论的反应均属于这种情况。dc_B/dt 代表单位时间内物质 B 浓度的变化。对产物而言，dc_B/dt 和 ν_B 同时为正；对于反应物而言，dc_B/dt 和 ν_B 同时为负，因此反应速率 $r = (dc_B/dt)/\nu_B$ 永远为正值。

显然，反应速率与 B 具体选用哪种物质无关，但与方程式的写法有关。例如，在一定温度下，某容器中合成氨反应

$$N_2 + 3H_2 \xrightarrow{\hspace{2cm}} 2NH_3 \tag{8-6}$$

的反应速率为 r_1，则

$$r_1 = \frac{1}{-3}\frac{dc_{H_2}}{dt} = \frac{1}{-1}\frac{dc_{N_2}}{dt} = \frac{1}{2}\frac{dc_{NH_3}}{dt} \tag{8-7}$$

若将方程式写为

$$2N_2 + 6H_2 \xrightarrow{\hspace{2cm}} 4NH_3 \tag{8-8}$$

则反应速率为 r_2，有

$$r_2 = \frac{1}{-6}\frac{dc_{H_2}}{dt} = \frac{1}{-2}\frac{dc_{N_2}}{dt} = \frac{1}{4}\frac{dc_{NH_3}}{dt} \tag{8-9}$$

可以得出 r_1 与 r_2 不相等，$r_1 = 2r_2$。因此在给出反应速率时，应该具体写出反应方程式。

对于任意反应：

$$aA + bB \xrightarrow{\hspace{2cm}} cC + dD \tag{8-10}$$

反应速率为

$$r = \frac{1}{-a}\frac{dc_A}{dt} = \frac{1}{-b}\frac{dc_B}{dt} = \frac{1}{c}\frac{dc_C}{dt} = \frac{1}{d}\frac{dc_D}{dt} \tag{8-11}$$

此式不仅表明可选用任意一种反应物或产物描述反应速率，而且表明了在反应过程中各种物质浓度随时间变化的规律。

8.1.2 基元反应及反应分子数

绝大多数计量反应并非由反应物的原子进行重排一步就转化为产物，而是经由一系列原子或分子水平上的反应作用才转化为产物。反应中产生活泼组分并最终完全被消耗，从而不出现在反应计量式中。反应分子经一次碰撞后就能完成的反应，称为基元反应（或元反应）。例如，氢与碘的气相反应，曾一直被认为是氢分子与碘分子经碰撞直接转化为碘化氢分子，即一直将式（8-12）作为典型的基元反应的例子：

$$H_2 + I_2 \xrightarrow{\hspace{2cm}} 2HI \tag{8-12}$$

后来光化学实验研究表明，该反应过程中涉及碘的自由基，而在 H_2 分子束与 I_2 分子束碰撞的分子束实验中并未发现有反应发生，因而提出该反应是由下列几个简单的反应步骤组成：

（1） $I_2 + M^0 \longrightarrow I\cdot + I\cdot + M_0$；

（2） $H_2 + I\cdot + I\cdot \longrightarrow HI + HI$；

（3） $H_2 + I\cdot + I\cdot + M_0 \longrightarrow I_2 + M^0$。

式中，M 代表气体中存在的 H_2 和 I_2 等分子；$I\cdot$ 代表自由原子碘，其中的黑点"·"表示未配对的价电子。方程（1）表示 I_2 分子与动能足够高的 M^0 分子相碰撞，发生能量传递而使 I_2 分子中共价键发生均裂产生两个 $I\cdot$ 自由原子和一个能量较小的 M_0 分子；因为自由原子 $I\cdot$ 很活泼，所以如方程（2）所示，它们能与 H_2 分子进行三体碰撞生成两个 HI 分子；这两个 $I\cdot$ 也可能如方程（3）所示，与能量甚低的 M_0 分子相碰撞，将过剩的能量传递给它使之成为能量较高的 M^0 分子，自己变成稳定的 I_2 分子（自由基复合）。上述每一个简单的反应步骤，都是一个基元反应，而总的反应为非基元反应。

基元反应为组成一切化学反应的基本单元。所谓一个反应的反应机理（或反应历程），一般是指该反应进行过程中涉及的所有基元反应。例如上述三个基元反应就构成了反应 $H_2 + I_2 = 2HI$ 的反应机理。要注意的是，反应机理中各基元反应的代数和应等于总的计量方程，这是判断一个机理是否正确的先决条件。例如在上面所给反应机理中，不考虑 M（涉及 M 的基元反应为能量传递过程），将方程（1）乘以 2 与方程（2）和（3）相加，即得到总的计量方程。这里 2 为基元反应（1）的化学计量数，而基元反应（2）和（3）的化学计量数均为 1。此外必须清楚，反应机理中各基元反应是同时进行的，而不是按机理列表的顺序逐步进行反应。

一个化学反应的反应机理不必列出所有的基元反应，因为某些基元反应对总反应的贡献很小，忽略它们不会导致明显的误差；但同时机理又必须包含足以描述总反应动力学特征的基元反应。化学反应方程，除非特别注明，一般为化学计量方程，而不代表基元反应。例如：

$$N_2 + 3H_2 = 2NH_3 \tag{8-13}$$

就是化学计量方程，它只说明参加反应的各个组分 N_2、H_2 和 NH_3，在反应过程中它们数量的变化符合方程式系数间的比例关系，即 $1:3:2$，并不是说一个 N_2 分子与三个 H_2 分子相碰撞直接就生成两个 NH_3 分子。

8.1.3　基元反应的速率方程——质量作用定律

在基元反应中，直接发生碰撞的粒子数称反应分子数。对于非基元反应，当然无反应分子数之说。经过碰撞而活化的单分子分解反应或异构化反应，称为单分子反应，例如：

$$A \longrightarrow B \tag{8-14}$$

因为是一个个活化分子独自进行的反应，所以这种分子在单位体积内的数目越多（即浓度越大），则单位时间内起反应的分子的数量就越多，即反应物的消耗速率与反应物的浓度成正比：

$$r = kc_A \tag{8-15}$$

对于任意基元反应：

$$aA + bB = 产物 \tag{8-16}$$

其反应速率方程为

$$r = kc_A^a c_B^b \tag{8-17}$$

上式表明基元反应的反应速率与各反应物浓度的幂乘积成正比，其中各浓度的幂的指数恰为反应方程中相应物质的化学计量数的绝对值。基元反应的这个规律称为质量作用定律。式中的比例常数 k 叫作反应速率常数，它相当于系统中各物质的浓度均为 1 mol/L 时的反应速率，其大小取决于反应温度、催化剂的种类和浓度，以及溶剂性质等，与反应物浓度无关。同一温度下，比较几个反应的 k，可以大概知道它们反应能力的大小，k 越大，则反应越快。质量作用定律只适用于基元反应。对于非基元反应，只能对其反应机理中的每一个基元反应应用质量作用定律。如果一物质同时出现在机理中两个或两个以上的基元反应中，那么对该物质应用质量作用定律时应当注意：其净的消耗速率或净的生成速率应是这几个基元反应的总和。

8.1.4 反应级数

不同于基元反应，非基元反应的速率方程不能由质量作用定律给出，而应由符合实验数据的经验表达式给出，该表达式可采取任何形式。对于非基元反应：

$$aA+bB \Longrightarrow cC+dD \qquad (8-18)$$

由实验数据得出的经验速率方程，常常也可写成与式（8-17）相类似的幂乘积形式：

$$r = kc_A^{n_A}c_B^{n_B} \qquad (8-19)$$

式中，n_A 和 n_B（一般不等于各组分的化学计量数 a 和 b），分别称为反应组分 A 和 B 的反应分级数，量纲为 1（无单位），它们分别代表各种物质的浓度对反应速率的影响程度。通常令：

$$n = n_A + n_B + n_C + \cdots \qquad (8-20)$$

式中，n 为化学反应总级数，简称反应级数，为各组分反应分级数的代数和。例如非基元反应：

$$H_2 + Cl_2 \Longrightarrow 2HCl \qquad (8-21)$$

其反应速率方程为

$$r = kc_{H_2}c_{Cl_2}^{1/2} \qquad (8-22)$$

即该反应对 H_2 为 1 级，对 Cl_2 为 1/2 级，而该反应总反应级数为 1.5 级，上式还表明 H_2 浓度对速率的影响比 Cl_2 大些。

但是如果反应速率方程不能表示为式（8-19）的形式，那么反应级数没有定义。反应级数的大小表示浓度对反应速率影响的程度，级数越大，则反应速率受浓度的影响越大。对于任意化学反应 $aA+bB \Longrightarrow cC+dD$，若用化学反应中不同物质的消耗速率或生成速率表示反应速率，则各反应速率常数与化学计量数的绝对值及反应速率常数存在以下关系：

$$k = \frac{1}{|a|}k_A = \frac{1}{|b|}k_B = \frac{1}{|c|}k_C = \frac{1}{|d|}k_D \qquad (8-23)$$

如没有特别注明，k 表示反应速率常数。

仍以合成氨反应 $N_2+3H_2=2NH_3$ 为例，有

$$k = \frac{1}{|-1|}k_{N_2} = \frac{1}{|-3|}k_{H_2} = \frac{1}{|2|}k_{NH_3} \qquad (8-24)$$

需要注意：

（1）对于非基元反应，其反应级数与反应物的化学计量数无关；

（2）反应级数是纯经验数字，是通过实验测得的，它可以是整数，也可以是分数，可以是正数，也可以是负数，还可以是零；

（3）非基元反应与基元反应的反应分子数从意义到数值特点都是不同的，但对于基元反应而言，其反应级数恰好等于反应分子数（或者说化学计量数）；

（4）对于反应速率方程不符合式（8-19）的反应，如式（8-27）中所列的氢与溴的反应，不能应用级数的概念。

用实验方法建立化学反应的反应速率方程是唯象动力学的首要任务。有的反应，表面看来属于同一个反应类型，例如氢气与碘蒸气的反应、氢气与溴蒸气的反应及氢气与氯气的反应，可是，实验测得的反应速率方程却相差甚远：

$$H_2 + I_2 \Longrightarrow 2HI \qquad r = kc_{H_2}c_{I_2} \qquad (8-25)$$

$$H_2 + Cl_2 \Longrightarrow 2HCl \qquad r = kc_{H_2}c_{Cl_2}^{1/2} \qquad (8-26)$$

$$H_2 + Br_2 \Longrightarrow 2HBr \qquad r = \dfrac{k_1 c_{H_2} c_{Br_2}^{1/2}}{1 + \dfrac{k_2 c_{HBr}}{c_{Br_2}}} \qquad (8-27)$$

对于氢气与碘蒸气的反应，反应速率与反应产物的浓度无关；而对于氢气与氯气的反应，其反应速率方程与氢气与溴蒸气的反应速率方程相比，分母中后一项消失了，表明反应产物浓度增大对反应无影响；对于氢气与溴蒸气的反应，其反应速率是与产物的浓度有关的，c_{HBr} 出现在反应速率方程的分母里，说明反应将随产物浓度增大而减慢，或者说，产物增多将会阻碍反应的进行。随后的理论分析说明，这 3 个反应的历程是不同的。从化学动力学的角度看，反应类型是否相同，不是指它们的化学方程式是否相同，而是指它们的反应历程是否相同，有的反应，即便反应速率方程是相同的，反应历程也可能不同。表 8-1 为一些反应的反应速率方程。

表 8-1　一些反应的反应速率方程

化学方程式	反应速率方程	反应级数
$2H_2O_2 \Longrightarrow 2H_2O + O_2$	$r = kc_{H_2O_2}$	1
$S_2O_8^{2-} + 2I^- \Longrightarrow 2SO_4^{2-} + I_2$	$r = kc_{S_2O_8^{2-}}c_{I^-}$	2
$4HBr + O_2 \Longrightarrow 2H_2O + 2Br_2$	$r = kc_{HBr}c_{O_2}$	2
$2NO + 2H_2 \Longrightarrow N_2 + 2H_2O$	$r = kc_{NO}^2 c_{H_2}$	3
$CH_3CHO \Longrightarrow CH_4 + CO$	$r = kc_{CH_3CHO}^{3/2}$	1.5
$2NO_2 \Longrightarrow 2NO + O_2$	$r = kc_{NO_2}^2$	2
$NO_2 + CO \Longrightarrow NO + CO_2\ (T \geqslant 523\ K)$	$r = kc_{NO_2}c_{CO}$	2

从列举的一些化学反应的反应速率方程已经可以看出，反应速率方程中浓度的幂的指数跟相应化学方程式中物质的化学计量数是毫无关系的，不可能根据配平了的化学方程式的系数写出反应速率方程。

8.2　具有简单级数的化学反应

 核心内容

1. 零级反应

$$r = -\frac{1}{a}\frac{dc_A}{dt} = kc_A^0 = k,\ 即：c_{A0} - c_A = akt = k_A t;\ c_A - t\ 呈直线关系；$$

半衰期：$t_{1/2} = \dfrac{c_{A0}}{2k_A}$。

2. 一级反应

$r = -\dfrac{1}{a}\dfrac{\mathrm{d}c_A}{\mathrm{d}t} = kc_A^2$，即 $\ln C_{A0} - \ln C_A = k_A t$；$\ln c_A$-$t$ 呈直线关系；

半衰期：$t_{1/2} = \dfrac{\ln 2}{k_A} = \dfrac{0.693}{k_A}$。

3. 二级反应

$r = -\dfrac{1}{a}\dfrac{\mathrm{d}c_A}{\mathrm{d}t} = kc_A^2$，即 $\dfrac{1}{c_A} - \dfrac{1}{c_{A0}} = k_A t$；$\dfrac{1}{c_A}$-$t$ 呈直线关系；

半衰期：$t_{1/2} = \dfrac{1}{k_A c_{A0}}$。

4. 反应级数的测定

（1）半衰期法；

（2）改变物质数量比例的方法；

（3）尝试法。

大部分化学反应都有级数，若反应速率方程 $r = kc_A^{n_A} c_B^{n_B}$ 中的 n_A 和 n_B 等取值为 0、1、2、3 等，则反应速率方程表现为简单幂函数，称为具有简单级数的化学反应。以下分别讨论这类反应的特点。

8.2.1 零级反应

反应速率与物质的浓度无关者称为零级反应。

对于任意反应：

$$aA \longrightarrow bB \tag{8-28}$$

其反应速率可表示为

$$r = -\dfrac{1}{a}\dfrac{\mathrm{d}c_A}{\mathrm{d}t} = kc_A^0 = k \tag{8-29}$$

上式经移项积分可得

$$c_{A0} - c_A = akt = k_A t \tag{8-30}$$

式中，c_{A0} 为反应开始（$t = 0$）时反应物 A 的浓度，即 A 的初始浓度；c_A 为反应至某一时刻 t 时反应物 A 的浓度。作 c_A-t 作图，应得斜率为 $-k_A$ 的一条直线，如图 8-1 所示，这是零级反应的特征。

反应物反应掉一半所需要的时间定义为半衰期，用 $t_{1/2}$ 表示，对于零级反应，将 $c_A = 1/2 c_{A0}$ 代入式（8-30）可得

$$t_{1/2} = \dfrac{c_{A0}}{2k_A} \tag{8-31}$$

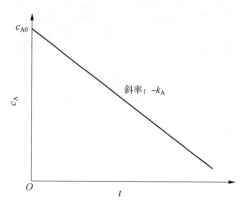

图 8-1　零级反应的直线关系

上式表明零级反应的半衰期正比于反应物的初始浓度，初始浓度越大半衰期越长。

反应总级数为零的反应并不多，已知的零级反应中最多的是表面催化反应。例如，氨在金属钨上的分解反应：

$$2NH_3(g) \xrightarrow[\text{催化剂}]{W} N_2(g) + 3H_2(g) \tag{8-32}$$

由于反应只在催化剂表面上进行，因此反应速率只与表面状态有关。若金属钨（W）表面吸附的 NH_3 已饱和，则再增加 NH_3 的浓度对反应速率不会有影响，此时反应对 NH_3 呈零级反应。

8.2.2　一级反应

反应速率只与物质浓度的一次方成正比者称为一级反应。例如，五氧化二氮的分解反应：

$$N_2O_5(g) =\!=\!= N_2O_4(g) + \frac{1}{2}O_2 \tag{8-33}$$

其他如分子重排反应（例如顺丁烯二酸转化为反丁烯二酸）、蔗糖水解反应等都是一级反应。

设有某一级反应：

$$aA \longrightarrow bB$$

其反应速率可表示为

$$r = -\frac{1}{a}\frac{dc_A}{dt} = kc_A^1 = kc_A \tag{8-34}$$

上式经移项可得

$$-\frac{1}{c_A}dc_A = akdt = k_Adt \tag{8-35}$$

作定积分可得

$$\int_{c_{A0}}^{c_A} -\frac{1}{c_A}dc_A = \int_0^t k_A dt \tag{8-36}$$

则

$$\ln c_{A0} - \ln c_A = k_A t \quad \text{或} \quad \ln \frac{c_{A0}}{c_A} = k_A t \tag{8-37}$$

由式（8-37）可以看出，一级反应的 $\ln c_A$ 与时间 t 呈直线关系，如图 8-2 所示。

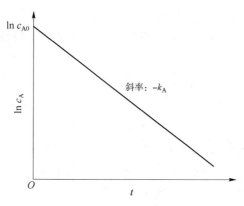

图 8-2　一级反应的直线关系

在实际研究工作中则须由实验测定一系列不同时刻 t 的反应物的浓度 c_A，作 $\ln c_A$-t 图，并对实验数据进行线性拟合，根据其斜率求得 k_A 值，这一特点常被用来确定某反应为一级反应。

将 $c_A = \dfrac{1}{2}c_{A0}$ 代入式（8-37）可得：

$$t_{1/2} = \frac{\ln 2}{k_A} = \frac{0.693}{k_A} \tag{8-38}$$

可见一级反应的半衰期与反应物的初始浓度无关，即不论反应物的浓度多大，消耗一半反应物的时间是相等的。此外，由反应速率方程 $r = k_A c_A$ 可知，随着反应进行，反应物的浓度 c_A 逐渐减小，从而反应速率逐渐变慢。当 c_A 变得十分微小时，$r \to 0$。因此由动力学观点来看，反应"完成"与"达平衡"所需要的时间无限长。除零级反应以外，其他具有正级数的反应皆是如此。但这并不意味着欲测定最后平衡浓度要等无限长的时间，实际上，只要不能觉察到浓度的变化即可。

例题 1　某金属钋的同位素进行 β 放射，经 14 d（1 d = 1 天）后，同位素的活性降低 6.85%。试求此同位素的蜕变常数和半衰期；要分解 90.0% 需经过多长时间？

解：设反应开始时物质的量为 100%，14 d 后剩余未分解者为 100% - 6.85%，代入式（8-37）得

$$k = \frac{1}{t}\ln\frac{c_{A0}}{c_A} = \frac{1}{14}\ln\frac{100}{100-6.85}\,d^{-1} = 0.005\ 07\ d^{-1}$$

代入式（8-38）可得

$$t_{1/2} = \frac{\ln 2}{k_A} = \frac{0.693}{0.005\ 07}d = 136.7\ d$$

$$t_{0.9} = \frac{1}{k_A}\ln\frac{1}{1-0.9} = 454.2\ d$$

化学动力学在考古中的应用

如何准确地测定考古挖掘物的年代，是考古学家们需要解决的重要课题。自 20 世纪中叶以来，科学家用放射性碳测定年代的技术，解决了这一问题。碳的同位素主要是稳定同位素 ^{12}C、^{13}C 及具有放射性的 ^{14}C。地球上的大气永恒地承受着穿透能力极强的宇宙射线照射。这些射线来自外层空间，它是由电子、中子和原子核组成的。大气与宇宙间的重要反应之一是中子被大气中的 ^{14}N 捕获产生放射性的 ^{14}C 和氢：

$$^{14}_{7}N + ^{1}_{0}n \longrightarrow ^{14}_{6}C + ^{1}_{1}H$$

放射性的碳原子最终生成了 $^{14}CO_2$，它与普通的二氧化碳 $^{12}CO_2$（^{12}C 在自然界的丰度占碳总量的 98.89%）在空气中混合。^{14}C 蜕变放射出 β 粒子（电子），其蜕变速率由每秒放射出的电子数来测定。蜕变为一级反应，其反应速率方程为

$$r = kN$$

式中，k 为一级反应速率常数；N 为所存在的 ^{14}C 核的数目。蜕变的半衰期为 5.73×10^3 年，则

$$k = \frac{\ln 2}{5.73 \times 10^3 \text{ 年}} = 1.21 \times 10^{-4} \text{ 年}^{-1}$$

当植物进行光合作用吸收了 CO_2 的时候，^{14}C 进入生物圈。动物吃了植物，在新陈代谢中，又以 CO_2 的形式呼出 ^{14}C。因而导致 ^{14}C 以多种形式参与了碳在自然界中的循环。因放射蜕变减少了的 ^{14}C 又不断地被大气中新产生的 ^{14}C 补充着。在蜕变–补充的过程中，建立了动态平衡。因此 ^{14}C 与 ^{12}C 的比例在生命体内保持恒定。当植物或动物死亡之后，其中的 ^{14}C 不再得到补充。由于 ^{14}C 蜕变过程没有终止，因此死亡了的生命体中 ^{14}C 所占的比例将减少。在煤、石油及其他地下含碳的材料中碳原子也发生着同样的变化。如多年之后的干尸（木乃伊）中 ^{14}C 与 ^{12}C 的比例随着年代的增长成正比地减少。1955 年，W. F. Libby（美国化学家）提出，这一事实能用于估算某特定样品在没有补充 ^{14}C 的情况下，^{14}C 同位素已经蜕变的时间。根据：

$$\ln \frac{c_{A0}}{c_A} = kt$$

可以写成：

$$\ln \frac{N_0}{N} = kt$$

式中，N_0 为 $t = 0$ 时所存在的 ^{14}C 核数；N 为 $t = t$ 时所存在的 ^{14}C 核数。

因为蜕变速率正比于存在的 ^{14}C 核数，上述方程可写作：

$$t = \frac{1}{k} \ln \frac{N_0}{N}, \text{即}: t = \frac{1}{1.21 \times 10^{-4}} \ln \frac{r}{r_t} = \frac{1}{1.21 \times 10^{-4}} \ln \frac{r_{new}}{r_{old}}$$

若已知新、旧样品的蜕变速率 r，就能计算出 t，即旧样品的年龄。这种有独创性的

技术是以极简单的概念为基础的。Libby 奠定了这一技术的基础，为此他荣获了 1960 年的诺贝尔化学奖。

"^{14}C 测定年代法" 的成功与否，取决于能否精确地测量蜕变速率。在活着的生物体内 $\dfrac{^{14}C}{^{12}C}$ 为 $\left(\dfrac{1}{10}\right)^{12}$，$^{14}C$ 的量如此之少，所用仪器的检测器对放射性蜕变要特别灵敏。对年代久远的样品来说，要达到较高的精确度就更加困难。尽管如此，这一技术也已成为考古学中判断古生物年龄的重要方法，可以用来判断远离现在 1 000~50 000 年之久的生物化石、绘画和木乃伊等。

8.2.3 二级反应

反应速率和物质浓度的二次方成正比者，称为二级反应。二级反应最为常见，例如乙烯、丙烯和异丁烯的二聚作用，乙酸乙酯的皂化，碘化氢、甲醛的热分解等都是二级反应。二级反应是最常遇到的反应。

（1）对于一种反应物二级反应：

$$aA \longrightarrow cC \tag{8-39}$$

其反应速率方程为

$$r = -\frac{1}{a}\frac{dc_A}{dt} = kc_A^2 \tag{8-40}$$

移项积分后得

$$-\int_{c_{A0}}^{c_A}\frac{dc_A}{c_A^2} = \int_0^t k_A dt \tag{8-41}$$

则

$$\frac{1}{c_A} - \frac{1}{c_{A0}} = k_A t \tag{8-42}$$

二级反应 k 的单位为 $m^3 \cdot mol^{-1} \cdot s^{-1}$。由式（8-42）可知，二级反应的 $\dfrac{1}{c_A}-t$ 图为直线，如图 8-3 所示。

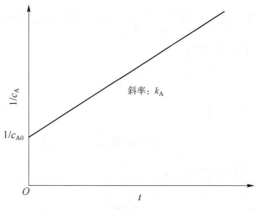

图 8-3 二级反应的直线关系

将 $c_A = \dfrac{1}{2}c_{A0}$ 代入式(8-42)，可得

$$t_{1/2} = \frac{1}{k_A c_{A0}} \tag{8-43}$$

即二级反应的半衰期与反应物的初始浓度成反比。

（2）对于两种反应物二级反应：

$$aA + bB \longrightarrow cC \tag{8-44}$$

其反应速率方程为

$$r = kc_A c_B \text{ 或 } \quad r = kc_A^2 \text{ 或 } \quad r = kc_B^2 \tag{8-45}$$

以 $r = kc_A c_B$ 为例：

$$r = -\frac{1}{a}\frac{dc_A}{dt} = kc_A c_B \tag{8-46}$$

① 首先考虑一种特殊情况，$\dfrac{c_{B0}}{c_{A0}} = \dfrac{b}{a}$，即反应物 A、B 的初始浓度之比等于其化学计量数之比的情况。这意味着在反应的任何时刻 t 都有 $\dfrac{c_B}{c_A} = \dfrac{b}{a}$。将之代入式(8-46)，可得

$$-\frac{dc_A}{dt} = akc_A \cdot \frac{b}{a}c_A = bkc_A^2 = k_B c_A^2 \tag{8-47}$$

或

$$-\frac{dc_B}{dt} = bkc_B \cdot \frac{a}{b}c_B = akc_B^2 = k_A c_B^2 \tag{8-48}$$

积分结果同式(8-42)。但要注意，应用式(8-47)求出的是 k_B 而非 k_A，两者之间的关系为

$$\frac{k_B}{k_A} = \frac{b}{a} \tag{8-49}$$

显然，对任意的反应计量方程：

$$aA + bB + \cdots \longrightarrow \text{产物} \tag{8-50}$$

如果其反应速率方程具有以下形式：

$$-\frac{dc_A}{dt} = k_A c_A^{n_A} c_B^{n_B} \cdots$$

反应开始时总可以控制投料比使得 $\dfrac{c_{A0}}{a} = \dfrac{c_{B0}}{b} = \cdots$，即各反应组分的初始浓度与其化学计量数之比相等，在这种情况下，上式化简为

$$-\frac{dc_A}{dt} = k'_A c_A^n \tag{8-51}$$

式中，$n = n_A + n_B + \cdots$ 为反应的总级数。

② 在 $\dfrac{c_{B0}}{c_{A0}} \neq \dfrac{b}{a}$ 的一般情况下，设 A 和 B 的初始浓度分别为 c_{A0} 和 c_{B0}，在任何时刻 A 和 B 的消耗量与它们的化学计量数成正比：

$$\frac{c_{B0} - c_B}{c_{A0} - c_A} = \frac{b}{a}$$

可得

$$c_B = a^{-1}bc_A + (c_{B0} - a^{-1}bc_{A0}) \qquad (8-52)$$

将之代入式(8-46)，得

$$-\frac{dc_A}{dt} = akc_A \left[a^{-1}bc_A + (c_{B0} - a^{-1}bc_{A0}) \right] \qquad (8-53)$$

即

$$\frac{dc_A}{c_A \left[a^{-1}bc_A + (c_{B0} - a^{-1}bc_{A0}) \right]} = akdt \qquad (8-54)$$

对上式积分可得

$$\frac{1}{ac_{B0} - bc_{A0}} \ln \frac{c_B / c_{B0}}{c_A / c_{A0}} = kt \qquad (8-55)$$

例题 2 791 K 时，在定容下乙醛的分解反应为

$$2CH_3CHO(g) \Longrightarrow 2CH_4(g) + 2CO(g)$$

若乙醛的起始压强 p_0 为 48.4 kPa，经一定时间 t 后，容器内的总压强 $p_总$ 如表 8-2 所示。

表 8-2　例题 2 表 1

t/s	42	105	242	384	665	1 070
$p_总/kPa$	52.9	58.3	66.3	71.6	78.3	83.6

试证明该反应是二级反应。

证明：

$$2CH_3CHO(g) \Longrightarrow 2CH_4(g) + 2CO(g)$$

$t = 0$ ：　　　p_0 　　　　 0 　　　 0

$t = t$ ：　　　$p_0 - p$ 　　　 p 　　　 p

$$p_总 = p_0 + p \quad 或 \quad p = p_总 - p_0$$

$$\frac{dp}{dt} = 2k_p(p_0 - p)^2 = k'_p(p_0 - p)^2$$

上式积分后，得

$$k'_p = \frac{1}{t} \frac{p}{p_0(p_0 - p)}$$

代入不同 t 时刻的 p 值，计算所得的 k 值确为常数，其平均值 $k'_p = 5.04 \times 10^{-5}$ kPa$^{-1} \cdot$ s^{-1}，表明该反应为二级反应。计算结果列于表 8-3。

表 8-3　例题 2 表 2

t/s	42	105	242	384	665	1 070
p/kPa	4.5	9.9	17.9	23.2	29.9	35.2
$k'_p \times 10^5 /$ (kPa)$^{-1} \cdot$ s^{-1}	5.04	5.06	5.01	4.95	5.02	5.15

8.2.4　三级反应

反应速率与物质浓度的 3 次方成正比者称为三级反应，三级反应可有以下几种形式：

$$A+B+C \Longrightarrow 产物 \tag{8-56}$$

$$2A+B \Longrightarrow 产物 \tag{8-57}$$

$$3A \Longrightarrow 产物 \tag{8-58}$$

为简化计算过程，以式（8-58）为例，则反应速率方程可以写为：

$$r = -\frac{dc_A}{dt} = k_A c_A^3 \tag{8-59}$$

移项作定积分可得

$$-\int_{c_{A0}}^{c_A} \frac{dc_A}{c_A^3} = \int_0^t k_A dt \tag{8-60}$$

$$\frac{1}{2} \cdot \left(\frac{1}{c_A^2} - \frac{1}{c_{A0}^2} \right) = k_A t$$

即

$$\frac{1}{c_A^2} - \frac{1}{c_{A0}^2} = 2k_A t \tag{8-61}$$

式（8-61）即反应速率方程的积分形式，由此可知这类三级反应具有以下特点：

（1）$\frac{1}{c_A^2}$ 与 t 成直线关系，且直线 $\frac{1}{c_A^2}$-t 的斜率等于 $2k_A$；

（2）令 $c_A = 1/2 c_{A0}$，代入式（8-61），可得三级反应的半衰期为

$$t_{1/2} = \frac{3}{2k_A c_{A0}^2} \tag{8-62}$$

三级反应为数不多，在气相反应中目前仅知有 5 个反应属于三级反应，而且都与 NO 有关。这 5 个反应是：两个分子的 NO 和一个分子的 Cl_2、Br_2、O_2、H_2 及 D_2 反应，即

$$2NO+H_2 \longrightarrow N_2O+H_2O$$

$$2NO+O_2 \longrightarrow 2NO_2$$

$$2NO+Cl_2 \longrightarrow 2NOCl$$

$$2NO+Br_2 \longrightarrow 2NOBr$$

$$2NO+D_2 \longrightarrow N_2O+D_2O$$

基元反应呈三级很少见的原因是三个分子同时碰撞的机会不多。在气相中一些游离原子的化合可以看作三分子反应，例如：

$$X \cdot + X \cdot + M \longrightarrow X_2 + M \tag{8-63}$$

式中，$X \cdot$ 代表 $I \cdot$、$Br \cdot$ 或 $H \cdot$ 原子；M 代表杂质、器壁分子或第三种惰性分子，M 的作用只是吸收反应所释放的热量。由于 M 的浓度并没有发生变化，因此这些三分子反应表现为二级反应。在溶液中，由于几个双分子的连续反应，最后其反应速率方程也可能构成三级反应的形式。例如，在乙酸或硝基苯溶液中，含不饱和 C＝C 键化合物的加成作用就常是三级反应。此外，在水溶液中 $FeSO_4$ 的氧化，Fe^{3+} 和 I^- 的作用，以及在乙醚溶液中苯酰氯与乙醇的作用，也都是三级反应。

8.2.5 n 级反应

在 n 级反应的诸多形式中，未简化过程，只考虑最简单的情况，式（8-64）应用于只有

一种反应物的反应：

$$aA \Longrightarrow 产物 \tag{8-64}$$

其反应速率方程可以写为

$$r = -\frac{dc_A}{dt} = k_A c_A^n \tag{8-65}$$

移项作定积分可得

$$-\int_{c_{A0}}^{c_A} \frac{dc_A}{c_A^n} = \int_0^t k_A dt \tag{8-66}$$

$$\frac{1}{n-1} \cdot \left(\frac{1}{c_A^{n-1}} - \frac{1}{c_{A0}^{n-1}} \right) = k_A t \tag{8-67}$$

不考虑 1 级反应可得

$$\frac{1}{c_A^{n-1}} - \frac{1}{c_{A0}^{n-1}} = (n-1) k_A t \tag{8-68}$$

注：（1） $\frac{1}{c_A^{n-1}}$-t 成线性关系；

（2）将 $c_A = \frac{1}{2} c_{A0}$ 代入式（8-67），整理可得半衰期为

$$t_{1/2} = \frac{2^{n-1} - 1}{(n-1) k_A c_{A0}^{n-1}} \quad (n \neq 1) \tag{8-69}$$

半衰期与 c_{A0}^{n-1} 成反比。

具有简单级数反应的反应速率方程和特征如表 8-4 所示。

表 8-4　具有简单级数反应的反应速率方程和特征

级数	微分式	定积分形式	浓度与时间的线性关系	半衰期
零级	$-\dfrac{dc_A}{dt} = k_A$	$c_{A0} - c_A = k_A t$	c_A-t	$\dfrac{c_{A0}}{2k_A}$
一级	$-\dfrac{dc_A}{dt} = k_A c_A$	$\ln c_{A0} - \ln c_A = k_A t$	$\ln c_A$-t	$\dfrac{\ln 2}{k_A}$
二级	$-\dfrac{dc_A}{dt} = k_A c_A^2$	$\dfrac{1}{c_A} - \dfrac{1}{c_{A0}} = k_A t$	$\dfrac{1}{c_A}$-t	$\dfrac{1}{k_A c_{A0}}$
三级	$-\dfrac{dc_A}{dt} = k_A c_A^3$	$\dfrac{1}{c_A^2} - \dfrac{1}{c_{A0}^2} = 2k_A t$	$\dfrac{1}{c_A^2}$-t	$\dfrac{3}{2k_A c_{A0}^2}$
n 级	$-\dfrac{dc_A}{dt} = k_A c_A^n$	$\dfrac{1}{c_A^{n-1}} - \dfrac{1}{c_{A0}^{n-1}} = (n-1) k_A t$	$\dfrac{1}{c_A^{n-1}}$-t	$\dfrac{2^{n-1}-1}{(n-1) k_A c_{A0}^{n-1}}$ $(n \neq 1)$

8.2.6 反应级数的测定法

动力学方程都是根据大量的实验数据或用拟合法确定的。设化学反应的反应速率方程可写为如下形式：

$$r = kc_A^{n_A} c_B^{n_B} \cdots \tag{8-70}$$

有些复杂反应有时也可简化为这样的形式。在化工生产中，在不知其准确的反应历程的情况下，也常常采用这样的形式作为经验公式用于化工设计中。确定动力学方程的关键是确定 n_A，n_B，…的数值，这些数值不同，其反应速率方程的积分形式也不同。确定级数和反应速率常数的常用方法如下。

1）半衰期法

从半衰期与浓度的关系可知，若反应物的起始浓度都相同，则

$$t_{1/2} = A \frac{1}{c_{A0}^{n-1}} \tag{8-71}$$

式中，n（$n \neq 1$）为反应级数；对于同一反应，A 为常数。若以两个不同的起始浓度 c_{A0} 和 c'_{A0} 进行实验，则

$$\frac{t_{1/2}}{t'_{1/2}} = \left(\frac{c'_{A0}}{c_{A0}}\right)^{n-1} \tag{8-72}$$

上式取对数后，得

$$n = 1 + \frac{\lg\left(\frac{t_{1/2}}{t'_{1/2}}\right)}{\lg\left(\frac{c'_{A0}}{c_{A0}}\right)} \tag{8-73}$$

由两组数据就可以求出 n，如数据较多，也可以用作图法。将式（8-71）式取对数：

$$\lg t_{1/2} = (1-n) \lg c_{A0} + \lg A \tag{8-74}$$

以 $\lg t_{1/2}$-$\lg c_{A0}$ 作图，由斜率可求出 n。该方法并不限于反应一定要进行到 $\frac{1}{2}$，也可以取反应进行到 $\frac{1}{4}$、$\frac{1}{8}$ 等的时间来计算。

2）改变物质数量比例的方法

设反应速率方程为

$$r = kc_A^{n_A} c_B^{n_B} c_C^{n_C} \tag{8-75}$$

设法保持 A 和 C 的浓度不变，而将 B 的浓度加大一倍，若反应速率也比原来加大一倍，则可确定 $n_B = 1$。同理，保持 B 和 C 的浓度不变，而把 A 的浓度加大一倍，若反应速率增加为原来的 4 倍，则可确定 $n_A = 2$。这种方法可应用于较复杂的反应。

3）尝试法

尝试法（或试差法）利用各级反应速率方程积分形式的线性关系来确定反应的级数。该方法对实验所得到的数据（t_i、c_{Ai}）分别作 $\ln c_A$-t（$n=1$）图，以及 $\frac{1}{c_A^{n-1}}$-t（$n \neq 1$）图，呈现出线性关系的图对应于正确的反应速率方程。反应速率常数通过回归直线的斜率得到。

此外，还可以用积分法和微分法求解反应级数。

8.3 几种典型的复杂反应

核心内容

1. 对峙反应

$$\ln \frac{c_{A0}-c_{Ae}}{c_A-c_{Ae}}=(k_1+k_{-1})t, \quad \text{半衰期：} \frac{\ln 2}{k_1+k_{-1}}。$$

2. 平行反应

$$-\frac{dc_A}{dt}=k_1 c_A + k_2 c_A。$$

3. 连续反应

中间产物的浓度在反应过程中存在极大值，这是连续反应的一个重要特征。

前面讨论的都是比较简单的反应。若一个化学反应是由两个以上的基元反应以各种方式相互联系起来的，则这种反应是复杂反应。一个总包反应是由许多基元反应组合起来的。原则上任一基元反应的反应速率常数仅取决于该反应的本性与温度，不受其他组分的影响，它所遵从的动力学规律也不因其他基元反应的存在而有所不同，反应速率常数不变。但因为其他组分同时存在时，影响了组分的浓度，所以反应的反应速率会受到影响。

以下只讨论几种典型的复杂反应，即对峙反应、平行反应和连续反应，这些都是基元反应的最简单的组合。链反应也是复杂反应，由于它具有特殊的规律，留待以后讨论。

8.3.1 对峙反应

在正、逆两个方向上都能进行的反应叫作对峙反应，亦称为可逆反应。现以最简单的对峙反应即 1–1 级对峙反应为例，讨论对峙反应的特点和处理方法。

$$A \underset{k_{-1}}{\overset{k_1}{\rightleftharpoons}} B \tag{8-76}$$

$$
\begin{array}{lll}
t=0 & c_{A0} & 0 \\
t=t & c_A & c_{A0}-c_A \\
t=t_e & c_{Ae} & c_{A0}-c_{Ae}
\end{array}
$$

式中，c_{A0} 为 A 的初始浓度；c_{Ae} 为 A 的平衡浓度，下标"e"表示平衡状态。

净的右向反应速率取决于正向及逆向反应的反应速率的总结果，即：

$$-\frac{dc_A}{dt}=k_1 c_A - k_{-1}(c_{A0}-c_A) \tag{8-77}$$

当反应达到平衡时，正逆反应的反应速率相等，即 A 的净消耗速率等于 0：

$$k_1 c_{Ae}-k_{-1}(c_{A0}-c_{Ae})=0 \tag{8-78}$$

联立式（8-77）和式（8-78）消掉 c_{A0} 后得

$$-\frac{\mathrm{d}c_A}{\mathrm{d}t} = (k_1 + k_{-1})(c_A - c_{Ae}) \tag{8-79}$$

由于当 c_{A0} 一定时，c_{Ae} 为常量，令 $\Delta c_A = c_A - c_{Ae}$，称为反应物 A 的距平衡浓度差，则有

$$-\frac{\mathrm{d}c_A}{\mathrm{d}t} = -\frac{\mathrm{d}(c_A - c_{Ae})}{\mathrm{d}t} = -\frac{\mathrm{d}(\Delta c_A)}{\mathrm{d}t} = (k_1 + k_{-1})\Delta c_A \tag{8-80}$$

可见，在一级对峙反应中，反应物 A 的距平衡浓度差 Δc_A，对时间的变化率符合一级反应的规律，反应速率常数为 $k_1 + k_{-1}$。即趋向平衡的速率，不仅随正向反应速率常数 k_1 增大而增大，而且也随逆向反应速率常数 k_{-1} 的增大而增大。

此外，由式(8-78) 得

$$\frac{c_{Be}}{c_{Ae}} = \frac{c_{A0} - c_A}{c_{Ae}} = \frac{k_1}{k_{-1}} = K_c \tag{8-81}$$

当 K_c 很大，即 $k_1 \geqslant k_{-1}$ 时，平衡大大倾向于产物一边，从而 $c_{Ae} \approx 0$。这种情况下式(8-79)化为

$$-\frac{\mathrm{d}c_A}{\mathrm{d}t} = k_1 c_A \tag{8-82}$$

即当 K_c 很大，偏离平衡很远时，逆向反应可以忽略。此时一级对峙反应表现为一级单向反应。若 K_c 较小，即平衡转化率较小，则产物将显著影响总反应的反应速率。此即为测定对峙反应正向反应级数要用初始浓度法的原因。

对式(8-79) 直接积分，得

$$\ln\frac{c_{A0} - c_{Ae}}{c_A - c_{Ae}} = (k_1 + k_{-1})t \tag{8-83}$$

可见 $\ln(c_A - c_{Ae})$-t 图为直线。由直线斜率可求出 $(k_1 + k_{-1})$，再由实验测得的 K_c 求出 k_1/k_{-1}，二者联立即可得出 k_1 和 k_{-1}。此外，对于一级对峙反应，$c_A(t)$ 函数过点 $(0, c_{A0})$ 的切线（其斜率的负值为反应的初速）与时间轴的交点等于 $1/k_1$，它与 A 的初始浓度无关，该性质为确定 k_1 提供了一个很方便的方法。有兴趣的读者可自行证明。

与前述一级单向反应的半衰期相类似，当一级对峙反应完成了平衡浓度差的一半时，即

$$c_A - c_{Ae} = \frac{1}{2}(c_{A0} - c_{Ae}) \tag{8-84}$$

$$c_A = \frac{1}{2}(c_{A0} - c_{Ae}) + c_{Ae} = \frac{1}{2}(c_{A0} + c_{Ae}) \tag{8-85}$$

所需要的时间为 $\dfrac{\ln 2}{k_1 + k_{-1}}$，与初始浓度 c_{A0} 无关。

8.3.2 平行反应

若反应物能同时进行几种不同的反应，则称为平行反应。平行反应中，生成主要产物的反应称为主反应，其余的反应称为副反应。在化工生产中，经常遇到平行反应，例如，苯酚用 HNO_3 硝化，可以同时得到邻位及对位硝基苯酚。设反应物 A 能按一个反应生成 B，同时又能按另一个反应生成 C，即只考虑两个反应都是一级反应的情况，有

$$A \begin{array}{c} \xrightarrow{k_1} B \\ \xrightarrow{k_2} C \end{array}$$

$$\frac{\mathrm{d}c_B}{\mathrm{d}t} = k_1 c_A \qquad (8-86)$$

$$\frac{\mathrm{d}c_C}{\mathrm{d}t} = k_2 c_A \qquad (8-87)$$

若反应开始时，$c_{B0} = c_{C0} = 0$，则按计量关系可知：

$$c_A + c_B + c_C = c_{A0} \qquad (8-88)$$

将上式对 t 求导数：

$$\frac{\mathrm{d}c_A}{\mathrm{d}t} + \frac{\mathrm{d}c_B}{\mathrm{d}t} + \frac{\mathrm{d}c_C}{\mathrm{d}t} = 0 \qquad (8-89)$$

因此

$$-\frac{\mathrm{d}c_A}{\mathrm{d}t} = \frac{\mathrm{d}c_B}{\mathrm{d}t} + \frac{\mathrm{d}c_C}{\mathrm{d}t} = k_1 c_A + k_2 c_A \qquad (8-90)$$

即

$$-\frac{\mathrm{d}c_A}{\mathrm{d}t} = k_1 c_A + k_2 c_A \qquad (8-91)$$

积分上式，得

$$\ln\left(\frac{c_{A0}}{c_A}\right) = (k_1 + k_2) t \qquad (8-92)$$

即

$$c_A = c_{A0}\mathrm{e}^{-(k_1 + k_2)t} \qquad (8-93)$$

$(k_1 + k_2)$ 可以方便地通过 $\ln c_A$-t 的直线关系得到。将式(8-93) 代入式(8-86) 和式(8-87) 中，可得

$$c_B = \frac{k_1 c_{A0}}{k_1 + k_2}\left[1 - \mathrm{e}^{-(k_1 + k_2)t}\right] \qquad (8-94)$$

$$c_C = \frac{k_2 c_{A0}}{k_1 + k_2}\left[1 - \mathrm{e}^{-(k_1 + k_2)t}\right] \qquad (8-95)$$

通过式(8-94) 和式(8-95) 相除可得

$$\frac{c_B}{c_C} = \frac{k_1}{k_2} \qquad (8-96)$$

即在任一瞬间，两产物浓度之比等于两反应速率常数之比。实际上，这一结论对于级数相同的平行反应均成立，这是这类平行反应的一个特征。但应注意，有的平行反应，其级数并不相同，当然就不会有上述特征。

一级平行反应的 $c(t)$-t 关系曲线如图 8-4 所示。

在同时间 t，测出两产物浓度之比即可得 $\dfrac{k_1}{k_2}$，结合由 $\ln c_A$-t 直线关系得到的 $(k_1 + k_2)$ 值，即可求出 k_1 和 k_2。上述结果很容易推广至含有多于两个一级反应的平行反应，只需将 $c(t)$-t 关系中指数项中的 $(k_1 + k_2)$，代之以各一级反应速率常数的和 $\sum k_i$ 即可。

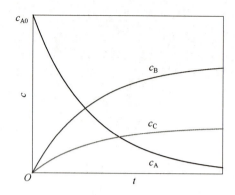

图 8-4　一级平行反应的 $c(t)$-t 关系曲线

8.3.3　连续反应

现以 1-1 级连续反应为例进行讨论。设反应为

$$A \xrightarrow{k_1} B \xrightarrow{k_2} C \qquad (8-97)$$

B 是中间产物，C 是最终产物，显然整个连续反应的反应速率只能用 C 的生成速率表示。设各物质的浓度情况如下：

$$
\begin{array}{cccc}
& A \xrightarrow{k_1} & B \xrightarrow{k_2} & C \\
t=0 & a & 0 & 0 \\
t & x & y & z
\end{array}
$$

很明显 x，y，z 这 3 个浓度中只有两个是独立的，它们满足 $x+y+z=a$，但为了书写方便，将 3 个浓度分别用 3 个变量代表。由质量作用定律可写出以下 3 个反应速率方程。

反应 1 消耗 A，其反应速率为

$$-\frac{\mathrm{d}x}{\mathrm{d}t}=k_1 x \qquad (8-98)$$

将上式积分后可得

$$\ln \frac{a}{x}=k_1 t$$

即

$$x=a\mathrm{e}^{-k_1 t} \qquad (8-99)$$

上式是一级反应速率方程的另一种写法，它表明反应物浓度随时间呈指数方式衰减。

反应 2 消耗 C，其反应速率为

$$\frac{\mathrm{d}z}{\mathrm{d}t}=k_2 y \qquad (8-100)$$

B 既与反应 1 有关也与反应 2 有关，其浓度随时间的变化率为

$$\frac{\mathrm{d}y}{\mathrm{d}t}=k_1 x-k_2 y \qquad (8-101)$$

将式（8-99）代入式（8-101），整理后得

$$\frac{\mathrm{d}y}{\mathrm{d}t}+k_2y-k_1a\mathrm{e}^{-k_1t}=0 \tag{8-102}$$

上式为一阶线性微分方程，它的解为

$$y=\frac{ak_1}{k_2-k_1}(\mathrm{e}^{-k_1t}-\mathrm{e}^{-k_2t}) \tag{8-103}$$

以上分别求得了 x 和 y，将式(8-99) 和式(8-103) 代入 $z=a-x-y$，所以 C 的浓度为

$$z=a\left[1-\frac{1}{k_2-k_1}(k_2\mathrm{e}^{-k_1t}-k_1\mathrm{e}^{-k_2t})\right] \tag{8-104}$$

上式即为产物 C 的浓度与时间的关系，实际上它就是微分方程(8-100) 的解。可以看出，当 $t\rightarrow\infty$ 时，$z=a$，表明反应物全部变为产物 C。

由以上结果可以看出，连续反应具有下面的特点。

若两个反应速率常数 k_1 和 k_2 可以比较，即二者不是相差悬殊，画出式(8-99)、式(8-103)、式(8-104) 的三条曲线，即得到如图 8-5 所示的图形。由图可以看出，反应物和产物的浓度对时间有单调关系；反应物浓度 x 随时间单调减少，产物浓度 z 随时间单调增加，这是与一般反应相同的正常规律。但中间产物 B 的浓度则是先增加后减少，在曲线上出现极大点。在 k_1 和 k_2 可以比较时，中间产物的浓度在反应过程中存在极大值，这是连续反应的一个重要特征。

对式(8-103) 求导，并令 $\frac{\mathrm{d}y}{\mathrm{d}t}=0$，则可求得出现极大值的时间为

$$t_{\max}=\frac{1}{k_2-k_1}\ln\left(\frac{k_2}{k_1}\right) \tag{8-105}$$

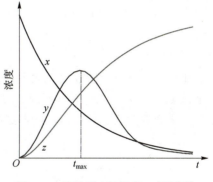

图 8-5　连续反应的浓度-时间曲线

将上式代入式(8-103)，便求得浓度极大值：

$$y_{\max}=a\left(\frac{k_1}{k_2}\right)^{\frac{k_2}{k_2-k_1}} \tag{8-106}$$

8.4　复合反应的近似处理方法

核心内容

1. 稳态近似法

动力学中当反应达稳定之后，高活性中间产物的浓度不随时间而变。

2. 平衡态近似法

在复合反应中，决速步在动力学中有两个引申的意义：①决速步之后的步骤不影响总反应速率；②决速步之前的对峙步保持平衡。

以上分别讨论了对峙反应、平行反应和连续反应，它们的机理都不很复杂，所列出的反应速率方程都能够严格求解，但对于许多机理比较复杂的反应，机理中会出现许多中间产

物。为了由较复杂的机理推导出反应的反应速率方程，动力学中常采取两种近似方法，分别称为稳态近似法和平衡态近似法。用这两种方法能够以解代数方程代替解微分方程，从而极简单地求出许多中间产物的浓度的近似值。下面分别介绍稳态近似法和平衡态近似法的内容，以及如何利用它们由反应机理推导反应速率方程。

8.4.1　稳态近似法

在连续反应中：

$$A \xrightarrow{k_1} B \xrightarrow{k_2} C$$
$$x \qquad y \qquad z$$

在 k_1 与 k_2 可比较时，中间产物的浓度在反应过程中有极大值：

$$y_{max} = a \left(\frac{k_1}{k_2} \right)^{k_2/(k_2-k_1)} \tag{8-107}$$

设想在 k_1 不变的情况下 k_2 逐渐增大，即第二步反应逐渐加快，表明 B 的活性增加。当 $k_2 \gg k_1$ 时，B 为高活性中间产物，此时上式变为

$$y_{max} \approx a \left(\frac{k_1}{k_2} \right) \tag{8-108}$$

因为 $k_1/k_2 \ll 1$，所以上式表明，对于高活性中间产物，浓度极大值 y_{max} 微不足道，即 $y-t$ 曲线变化平缓。图 8-6 是不同 k_1/k_2 值对连续反应浓度-时间曲线的影响。由图可以看出，$k_1/k_2 = 1/10$ 的曲线比 $k_1/k_2 = 5$ 的曲线平缓得多。

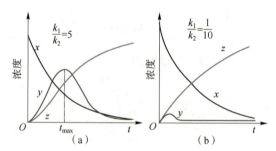

图 8-6　不同 k_1/k_2 值对连续反应浓度-时间曲线的影响

在 $k_2 \gg k_1$ 时，$y-t$ 曲线变化平缓，表面连续反应中高活性中间产物的浓度随时间变化缓慢，为了进一步搞清楚 y 随 t 的变化情况，将式(8-99) 和式(8-103) 代入式(8-101)，可得

$$\frac{dy}{dt} = k_1 a e^{-k_1 t} - \frac{k_1 k_2 a}{k_2 - k_1} (e^{-k_1 t} - e^{-k_2 t}) \tag{8-109}$$

上式是任意情况下连续反应 A ⟶ B ⟶ C 中变化率 dy/dt 与时间的关系。若 $k_2 \gg k_1$，则 $k_2 - k_1 \approx k_2$，$e^{-k_1 t} - e^{-k_2 t} \approx e^{-k_1 t}$，所以式(8-109) 变为

$$\frac{dy}{dt} \approx k_1 a e^{-k_1 t} - k_1 a e^{-k_1 t} = 0 \tag{8-110}$$

由此可知，高活性中间产物的浓度近似不随时间变化，处于稳态或者定态。但是这并不是说中间产物浓度是常数，例如在反应的开始，B 浓度逐渐增加。在 $k_2 \gg k_1$ 时，第二个反

应比第一个快得多，由第一个反应产生的 B 能被第二个反应及时地消耗掉，因此在反应过程中 y 始终很小，相对于 x 和 z 而言，其值微乎其微，所以 y 随 t 的变化幅度就十分微小了。由以上分析可知，"当反应达稳定之后，高活性中间产物的浓度不随时间而变"，这种说法只是一种近似，或一种假设，所以称为稳态近似法。

例题 3　实验表明气相反应 $2N_2O_5 = 4NO_2 + O_2$ 的反应速率方程为 $r = kc_{N_2O_5}$，并对其提出了以下反应机理：

（1）$N_2O_5 \underset{k_{-1}}{\overset{k_1}{\rightleftharpoons}} NO_2 + NO_3$；

（2）$NO_2 + NO_3 \xrightarrow{k_2} NO + O_2 + NO_2$；

（3）$NO + NO_3 \xrightarrow{k_3} 2NO_2$。

试用稳态近似法推导该反应的反应速率方程。

解：选择产物 O_2 的生成速率表示反应速率：

$$\frac{dc_{O_2}}{dt} = k_2 c_{NO_2} c_{NO_3}$$

对中间产物 NO_3 应用稳态近似法：

$$\frac{dc_{NO_3}}{dt} = k_1 c_{N_2O_5} - k_{-1} c_{NO_2} c_{NO_3} - k_2 c_{NO_2} c_{NO_3} - k_3 c_{NO} c_{NO_3}$$

解得

$$c_{NO_3} = \frac{k_1 c_{N_2O_5}}{(k_{-1} + k_2) c_{NO_2} + k_3 c_{NO}}$$

对上式中出现的中间产物 NO 继续使用稳态近似法处理：

$$\frac{dc_{NO}}{dt} = k_2 c_{NO_2} c_{NO_3} - k_3 c_{NO} c_{NO_3}$$

可得

$$c_{NO} = \frac{k_2 c_{NO_2}}{k_3}$$

将 c_{NO} 代入 c_{NO_3} 可得

$$c_{NO_3} = \frac{k_1 c_{N_2O_5}}{(k_{-1} + 2k_2) c_{NO_2}}$$

将 c_{NO_3} 代入用 O_2 的生成速率表示反应速率的式中可得

$$r = \frac{dc_{O_2}}{dt} = k_2 c_{NO_2} c_{NO_3} = \frac{k_1 k_2}{(k_{-1} + 2k_2)} c_{N_2O_5} = kc_{N_2O_5}$$

应用稳态近似法时，选择计量反应的反应物或产物之一作为推导的起点。选择的标准是该组分在反应机理中涉及最少的基元反应，如上例中的 O_2，它只在反应（2）中出现。根据反应机理写出该组分的消耗（反应物）或生成（产物）速率表达式，并对表达式中出现的每个中间体应用稳态近似法，从而得到一系列关于中间体浓度的代数方程。若该组代数方程中出现新的中间体浓度，则继续对其应用稳态近似法，直至能够解出所有在速率表达式中涉及的中间体浓度为止。

8.4.2　平衡态近似法

在反应中，若其中一步比其他各步慢得多，则最慢的一步是决定总反应速率的关键，也称为决速步。除此之外，决速步在动力学中还有两个引申的意义：①决速步之后的步骤不影响总反应速率；②决速步之前的对峙步保持平衡。

例如，对于反应：

$$A+B \underset{k_{-1}}{\overset{k_1}{\rightleftharpoons}} C \quad （快速平衡）$$

$$C \overset{k_2}{\longrightarrow} D（慢反应）$$

若 k_1 或者 k_{-1} 很大，且 $k_1+k_{-1} \gg k_2$，则第二步是控制步骤，而第一步对峙反应事实上处于化学平衡，其正向、逆向反应速率应近似相等：

$$k_1 c_A c_B = k_{-1} c_C \tag{8-111}$$

即

$$\frac{c_C}{c_A c_B} = \frac{k_1}{k_{-1}} = K_c \tag{8-112}$$

总反应速率等于控制步骤的反应的反应速率：

$$\frac{dc_D}{dt} = k_2 c_C \tag{8-113}$$

将 $c_C = K_c c_A c_B$ 代入上式可得

$$\frac{dc_D}{dt} = k_2 c_C = k_2 K_c c_A c_B = \frac{k_1 k_2}{k_{-1}} c_A c_B \tag{8-114}$$

令 $\dfrac{k_1 k_2}{k_{-1}} = k$，可得反应速率方程：

$$\frac{dc_D}{dt} = k c_A c_B \tag{8-115}$$

这就是利用平衡态近似法由反应机理求得的反应速率方程。

由反应机理推导反应速率方程时应该注意的问题如下。

（1）对于一些反应，如爆炸反应，其中不存在近似的稳定和平衡，所以对这类反应不可使用稳态近似法和平衡近似法。

（2）对于存在决速步的反应，若稳态近似法和平衡近似法都可以使用，一般情况下使用平衡近似法会使推导过程简单些，所以应该优先考虑使用平衡近似法。

（3）一个反应的反应速率有多种表示形式。原则上讲，用计量方程式中任一物质的浓度随时间的变化率都可表示反应速率，但在由复杂机理推导反应速率方程时具体选用哪一种物质，却应该具体分析。若物质选择适当，则会使推导过程大大简化。一般要综合考虑以下两方面的问题：①看决速步，因为决速步是决定总反应速率的关键，所以一般应选择出现在该步骤中的反应物或产物来描述反应速率；②看各种反应物和产物在机理中出现的次数，一般应选用出现次数较少的物质描述反应速率，因为这样会使列出的反应速率方程中项数较少，处理起来有时会简单一些。

8.5　温度对反应速率的影响

> **阿伦尼乌斯方程**
>
> （1）指数式：$k = A\exp\left\{-\dfrac{E_a}{RT}\right\}$；
>
> （2）积分式：$\ln \dfrac{k_2}{k_1} = -\dfrac{E_a}{R}\left(\dfrac{1}{T_2} - \dfrac{1}{T_1}\right)$。

　　温度对反应速率的影响是早已被人们所了解的事实。一般来说，温度对反应速率的影响程度较浓度的影响要大得多。若一个反应具有级数，其反应速率方程为 $r = k c_A^{n_A} c_B^{n_B}\cdots$，显然温度对反应速率 r 的影响具体表现为对速率系数的影响。历史上范特霍夫曾根据实验事实总结出一条近似规律，即温度每升高 10 K，反应速率增加 2~4 倍，用公式表示为

$$\frac{k_{T+10\,\text{K}}}{k_T} \approx 2\sim4 \tag{8-116}$$

　　若不需要精确的数据或手边的数据不全，则可根据这个规律大略地估计出温度对反应速率的影响，这个规律有时称为范特霍夫近似规则。该规则向人们大致描述了温度对一般反应速率的影响程度，但若用作定量计算未免过于粗糙。后来 Arrhenius（阿伦尼乌斯）提出了一个用于定量计算的公式。

8.5.1　阿伦尼乌斯方程

　　1889 年阿伦尼乌斯定量表示出反应速率常数 k 与温度 T 的关系式：

$$\ln k = -\frac{E_a}{RT} + \ln A \ \text{ 或 } \ k = A e^{-\frac{E_a}{RT}} \tag{8-117}$$

其微分表达形式为

$$\frac{\mathrm{d}(\ln k)}{\mathrm{d}T} = \frac{E_a}{RT^2} \tag{8-118}$$

式中，k 是温度为 T 时的反应速率常数；R 是摩尔气体常数；A 是指前因子，又称为表观频率因子，其单位与 k 相同；E_a 是表观活化能（通常称为活化能）。阿伦尼乌斯方程表明 $\ln k$ 随 T 的变化率与活化能 E_a 成正比。也就是说，活化能越高，则随温度的升高反应速率增加得越快，即活化能越高，则反应速率对温度越敏感。若同时存在几个反应，则高温对活化能高的反应有利，低温对活化能低的反应有利，生产上往往利用这个道理来选择适宜温度加速主反应，抑制副反应。

　　阿伦尼乌斯方程的指数式为

$$\ln k = -\frac{E_a}{RT} + \ln A$$

即

$$k = A\exp\left\{-\frac{E_a}{RT}\right\} \tag{8-119}$$

式(8-119) 表明 $\ln k$ 和 $1/T$ 为直线关系，对一系列 $(1/T, \ln k)$ 实验数据作图，通过直线的斜率和截距即可求得活化能 E_a 及指前因子 A。

若温度变化范围不大，E_a 可视作常数，将式(8-118) 积分，则得阿伦尼乌斯方程的积分式：

$$\ln \frac{k_2}{k_1} = -\frac{E_a}{R}\left(\frac{1}{T_2} - \frac{1}{T_1}\right) \tag{8-120}$$

式中，k_1 和 k_2 分别为温度 T_1 和 T_2 时的反应速率常数。利用此式可由已知数据求算所需的 E_a、T 或 k。

阿伦尼乌斯方程在化学动力学的发展过程中所起的作用是非常重要的，特别是它所提出的活化分子的活化能的概念，在反应速率理论的研究中起了很大的作用。

在讨论平衡常数与温度的关系时，曾介绍过范特霍夫定压方程：

$$\frac{d(\ln K^{\ominus})}{dT} = \frac{\Delta_r H_m^{\ominus}}{RT^2} \tag{8-121}$$

这个公式和式(8-118) 很相似。范特霍夫定压方程是从热力学角度说明温度对平衡常数的影响，而阿伦尼乌斯方程是从动力学的角度说明温度对反应速率常数的影响。

对于吸热反应，$\Delta_r H_m^{\ominus} > 0$，$\dfrac{d(\ln K^{\ominus})}{dT} > 0$，即平衡常数 $K^{\ominus}$ 随温度的上升而增大，也就是平衡转化率随温度的升高而增加。而由阿伦尼乌斯方程知，当温度上升时 k 也增加，因此无论从热力学还是动力学的角度看，温度升高都对吸热反应有利。而对于放热反应，因 $\Delta_r H_m^{\ominus} < 0$，所以 $\dfrac{d(\ln K^{\ominus})}{dT} < 0$，从热力学角度看，升高温度对放热反应不利。而从动力学角度看，升高温度总是使反应加快。这里遇到了矛盾，因此要作具体分析。一般来说，只要一个反应的平衡转化率不是低到没有生产价值，速率因素就是矛盾的主要方面。例如，合成氨反应是一个放热放应，在常温下的转化率理应比高温时高。但在常温下，它的反应速率很慢（迄今还没有找到合适的催化剂，使反应速率提高到可在常温下能进行工业生产的程度）。如果适当地提高温度，平衡转化率虽然有所下降，但由于速率加快了，在短时间内总是可以得到一定数量的产品，而且没有反应掉的原料还可以循环使用。所以在工业生产中，合成氨的反应温度一般控制在 773 K。在理论上可以用对反应速率求极值的办法，求出最适宜温度 T_m。

实际生产中绝大部分反应都不可能达到平衡，因为达到平衡需要时间，所以实际转化率总比平衡转化率低。在平衡与速率二者之间，从提高产量的角度来看，希望它的速率快一些，通过提高反应速率来弥补转化率低的不足。但是也不能盲目提高温度，温度过高，反应过快，甚至可能发生局部过热、燃烧和爆炸等事故。同时要考虑到温度对副反应的影响，对催化剂的影响（例如防止催化剂烧结而丧失活性）等一系列问题。所以在工业化生产过程中必须全面考虑问题，衡量各种利弊。

8.5.2 反应速率与温度关系的几种类型

总包反应是许多简单反应的综合，因此总包反应的反应速率与温度的关系是比较复杂的。实验表明总包反应的反应速率（r）与温度（T）之间的关系，大致可用图 8-7 来表示。

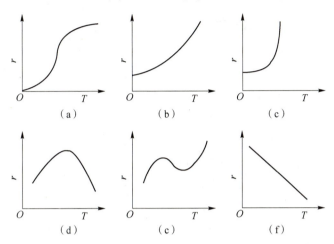

图 8-7 总包反应的反应速率（r）与温度（T）之间的关系

图 8-7(a) 是根据阿伦尼乌斯方程所得的 S 形曲线，当 $T \to 0$ 时，$r \to 0$；当 $T \to \infty$ 时，r 有定值（这是一个在全温度范围内的图形）。由于一般实验都是在常温的有限温度区间中进行的，因此所得的曲线由图 8-7(b) 来表示。它实际上是图 8-7(a) 在有限的温度范围内的放大图。图 8-7(a)、(b) 都遵守阿伦尼乌斯方程。图 8-7(c) 是总包反应中含有爆炸型的反应，在低温时，反应速率较慢，基本上符合阿伦尼乌斯方程。但当温度升高到某一临界值时，反应速率迅速增大，甚至趋于无限，以致引起爆炸。图 8-7(d) 常在一些受吸附速率控制的多相催化反应（例如加氢反应）中出现。在温度不太高的情况下，反应速率随温度增加而加速，但达到某一高度以后如再升高温度，将使反应速率下降。这可能是高温对催化剂的性能有不利的影响所致。由酶催化的一些反应也多属于这一类型，因为当温度升高到一定程度时，酶的活性开始丧失。图 8-7(e) 是在碳的氧化反应中观察到的，当温度升高时可能有副反应发生而复杂化，曲线出现最高和最低点。也可能是总包反应中出现了图 8-7(c)、(d) 类型的反应所致。图 8-7(f) 是反常的，温度升高，反应速率反而下降，如一氧化氮氧化成二氧化氮就属于这一类型。因为图 8-7(b) 最为常见，所以通常所讨论的反应大多数是指这一类型。

8.5.3 反应速率与活化能之间的关系

在阿伦尼乌斯的经验式 $k = A\exp\left\{-\dfrac{E_a}{RT}\right\}$ 中，把活化能 E_a 看作是与温度无关的常数，这在一定的温度范围内与实验结果基本上是相符合的。作 $\ln k - \dfrac{1}{T}$ 图，根据阿伦尼乌斯方程知，直线的斜率为$-\dfrac{E_a}{R}$。如图 8-8 所示，图中纵坐标采用自然对数坐标，所以其读数就是 k 的数值。E_a 越大，则斜率（指绝对值）也越大，所以图中Ⅰ，Ⅱ，Ⅲ 3 个反应的活化能应是 $E_a(Ⅲ)>E_a(Ⅱ)>E_a(Ⅰ)$。

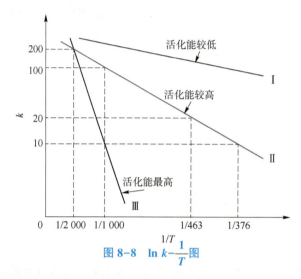

图 8-8　$\ln k - \dfrac{1}{T}$ 图

对于一个给定的反应来说，在低温范围内反应的速率随温度的变化更敏感。例如反应 Ⅱ，在温度由 376 K 增加到 463 K，即增加 87 K，k 值由 10 增加到 20，就增加一倍。而在高温范围内，若要 k 增加一倍（即由 100 增至 200），温度要由 1 000 K 变成 2 000 K（即增加 1 000 K）才行。

对于活化能不同的反应，当温度增加时，E_a 大的反应速率增加的倍数比 E_a 小的反应速率增加的倍数大。例如反应Ⅲ和Ⅱ，因为 $E_a(Ⅲ)>E_a(Ⅱ)$，当温度从 1 000 K 变成 2 000 K 时，$k(Ⅱ)$ 从 100 增加到 200，增加了一倍，而 $k(Ⅲ)$ 却从 10 变成了 200，增加了 19 倍。所以若几个反应同时发生，升高温度对 E_a 大的反应有利。这种关系也可用如下的关系式来说明：

$$\frac{\mathrm{d}(\ln k_1)}{\mathrm{d}T}=\frac{E_{a1}}{RT^2} \tag{8-122}$$

$$\frac{\mathrm{d}(\ln k_2)}{\mathrm{d}T}=\frac{E_{a2}}{RT^2} \tag{8-123}$$

两式相减可得

$$\frac{\mathrm{d}\left[\ln\left(\dfrac{k_2}{k_1}\right)\right]}{\mathrm{d}T}=\frac{E_{a1}-E_{a2}}{RT^2} \tag{8-124}$$

若 $E_{a1}>E_{a2}$，当温度升高时，$\dfrac{k_2}{k_1}$ 的比值增加，即 k_1 随着温度的增加倍数大于 k_2 的增加倍数。反之，若 $E_{a1}<E_{a2}$，当温度升高时，$\dfrac{k_2}{k_1}$ 的比值减少，即 k_1 随温度的增加倍数小于 k_2 的增加倍数。由此可见，高温有利于活化能较高的反应，低温有利于活化能较低的反应。若两个

反应在系统中都可以发生，则它们可以看成是一对竞争反应。对于复杂反应，可以根据上述温度对竞争反应速率的影响的一般规则来寻找较适宜的操作温度。

对于连续反应：

$$A \xrightarrow[E_{a1}]{k_1} B \xrightarrow[E_{a2}]{k_2} C \qquad (8-125)$$

若 B 是所需要的产物，而 C 是副产物，则希望 k_1/k_2 的比值越大越有利于 B 的生成。因此，若 $E_{a1} > E_{a2}$，则宜用较高的反应温度；若 $E_{a1} < E_{a2}$，则宜用较低的反应温度。

对于平行反应：

$$A \left\{ \begin{array}{l} \xrightarrow{k_1,\ E_{a1}} \ \text{B（产物）} \\ \xrightarrow{k_2,\ E_{a2}} \ \text{C（副产物）} \end{array} \right. \qquad (8-126)$$

同样希望 k_1/k_2 的比值越大越有利于 B 的生成，若 $E_{a1} > E_{a2}$，则宜用较高的反应温度；若 $E_{a1} < E_{a2}$，则宜用较低的反应温度。

8.6　反应速率理论和反应机理简介

 **核心内容**

1. 碰撞理论

必须通过适宜的方位发生碰撞且碰撞分子的能量必须达到或者超过某一最低值 E_c 才能发生反应。

2. 活化络合物理论

系统的终态与始态的活化能之差等于化学反应的摩尔焓变：

$$\Delta_r H_m = E_{a(\text{正})} - E_{a(\text{逆})}$$

3. 活化能

活化能是活化分子的平均能量 E^* 与反应物分子平均能量 $\bar{E}_k$ 之差，即：

$$E_a = E^* - \bar{E}_k$$

定量描述浓度和温度对反应速率影响的反应速率方程和阿伦尼乌斯方程都是实验事实的总结。在前面的讨论中，至少还有两个问题需要回答。其一是活化能的本质和物理意义；其二是反应级数与反应方程中计量数不相等的原因。为了回答这些问题，必须对描述实验事实的经验规律作出理论解释，对宏观现象应从微观本质上加以说明。下面简单讨论反应速率的碰撞理论和活化络合物理论，以及反应机理等有关问题。

8.6.1　碰撞理论

碰撞理论是以分子运动论为基础的。它主要适用于气相双分子反应。以大气烟雾形成时臭氧与一氧化氮反应为例：

$$O_3(g) + NO(g) \longrightarrow NO_2(g) + O_2(g) \tag{8-127}$$
$$r = kc(NO)c(O_3) \tag{8-128}$$

要进行这一反应，O_3 和 NO 两种分子必须发生相互碰撞，反应速率与分子间的碰撞频率有关。碰撞频率与反应物浓度有关。浓度越大，碰撞频率越高。气体分子运动论的理论计算表明，单位时间内分子的碰撞次数（碰撞频率）是很大的。如在标准状况下，每秒钟每升体积内分子间的碰撞可达 10^{32} 次，甚至更多（碰撞频率与温度、分子大小、分子的质量及浓度等因素有关）。碰撞频率如此之高，显然不可能每次碰撞都导致反应发生，否则反应就会瞬间完成（如每次碰撞都发生反应，与碰撞频率 10^{32} $L^{-1} \cdot s^{-1}$ 相对应的反应速率约为 10^8 $mol \cdot L^{-1} \cdot s^{-1}$）。实际上，在无数次的碰撞中，大多数碰撞并没有导致反应发生，只有少数分子间的碰撞才是有效的。这就意味着还有其他因素影响着反应速率。碰撞是分子间发生反应的必要条件，但不是充分条件。

温度对反应速率影响的实验事实，引起化学家们对反应中能量问题的思考。发生化学反应时，反应物分子内原子间的结合方式发生改变：有一部分化学键破裂，又有新的化学键形成，如 NO 与 O_3 反应，O_3 中的一个 O—O 键要断开，同时 NO 中的 N 与 O 结合形成新的 N—O 键。断键要克服成键原子间的吸引作用，形成新键又要克服原子间价电子的排斥作用。这种吸引和排斥作用构成了原子重排过程中必须克服的"能峰"。发生反应的"分子对"必须具有足够的最低能量（又称为临界能），只有相互碰撞的 1 mol "分子对"的动能 $E \geqslant E_c$（摩尔临界能 $E_c = N_A \varepsilon_c$）时，才有可能越过"能峰"，最终导致反应的发生。这种能够发生反应的碰撞称为有效碰撞。能够发生有效碰撞的分子称为活化分子。活化分子的能量要不小于摩尔临界能 E_c。

反应系统中，大量分子的能量彼此是参差不齐的。因为气体分子运动的动能与其运动速度有关 $\left(E_k = \dfrac{1}{2}mv^2\right)$，所以气体分子的能量分布类似于分子的速度分布。如图 8-9 所示为气体分子的能量分布与活化能，图中的横坐标为能量，纵坐标 $\Delta N/N\Delta E$ 表示具有能量 $E \sim (E+\Delta E)$ 范围内单位能量区间的分子数 ΔN 与分子总数 N 的比值（分子分数）。曲线下的总面积表示分子分数的总和为 100%。根据气体分子运动论，气体分子的能量分布只与温度有关。少数分子的能量较低或较高，多数分子的能量接近平均值。分子平均动能 E_k 位于曲线极大值右侧附近的位置上。阴影部分的面积表示能量 $E \geqslant E_c$ 的分子分数，为活化分子分数 f。理论计算表明 $f = e^{-\frac{E_c}{RT}} < 1$，$f$ 又称为能量因子（玻尔兹曼因子），图中面积越大，f 越大，活化分子分数越大，反应越快。

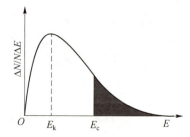

图 8-9　气体分子的能量分布与活化能

由于反应物分子由原子组成，分子有一定的几何构型，分子内原子的排列有一定的方位。如果分子碰撞时的几何方位不适宜，如图 8-10(a)、(b) 所示，尽管碰撞的分子有足够的能量，反应也不能发生。只有几何方位适宜的有效碰撞才可能导致反应发生，如图 8-10(c) 所示。当反应系统的条件一定时，分子碰撞方位等因素对反应速率的影响有一定的概率，称其为概率因子 P，分子几何构型愈复杂，概率因子 P 愈小。

总之，根据碰撞理论，反应物分子必须有足够的最低能量，并以适宜的方位相互碰撞，才能导致发生有效碰撞。碰撞频率高，活化分子分数大，概率因子大，才可能有较大的反应速率。

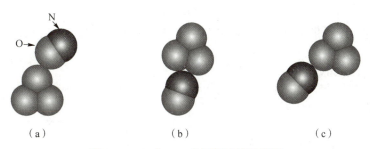

(a)　　　　　　　　　(b)　　　　　　　　　(c)

图 8-10　O_3 与 NO 分子间碰撞示意图

8.6.2　活化络合物理论

活化络合物理论又称为过渡态理论。它以量子力学的方法对反应的"分子对"相互作用过程中的势能变化进行推算。现仍以 NO 与 O_3 反应为例来说明。当 NO 与 O_3 分子两者以一定速度相互接近到一定程度时，如图 8-11(a) 所示，分子所具有的动能转化为分子间相互作用的势能。所谓势能指的是分子间的相互作用和分子内原子间的相互作用。势能与分子相互间的位置有关。开始时，NO 与 O_3 分子远离，相互作用弱，势能较低，平均势能为状态 I（见图 8-12），由于具有足够动能分子间的相互碰撞，分子充分接近，作用增强，动能转化为势能，分子中原子的价电子发生重排，形成了势能较高的很不稳定的活化络合物，如图 8-11(b) 所示。活化络合物所处的状态叫作过渡态。

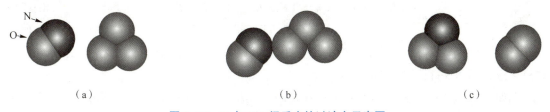

(a)　　　　　　　　　　　(b)　　　　　　　　　　　(c)

图 8-11　O_3 与 NO 间反应的过渡态示意图

活化络合物中有部分"旧键"削弱；同时，又会在两个相互反应的分子中的某些原子间发生新的联系，吸引作用渐渐增强，"新键"开始形成。活化络合物与反应的中间产物不同，它是反应过程中分子构型的一种连续变化，具有较高的平均势能 E。它很不稳定，能很快分解为产物分子 NO_2 和 O_2，如图 8-11（c）所示，势能降低处于状态 II（见图 8-12）。也可能滚落到状态 I，势能又转化为动能。按照活化络合物理论，过渡态和始态的势能差为正反应的活化能，即

$$E_{a(\text{正})} = E_{ac} - E_{(\text{I})} \tag{8-129}$$

由于正、逆反应有相同的活化络合物，同样，过渡态与终态（逆反应的始态）的势能差为逆反应的活化能，即

$$E_{a(\text{逆})} = E_{ac} - E_{(\text{II})} \tag{8-130}$$

活化络合物理论提供了反应动力学和热力学之间的关系，如图 8-12 所示。

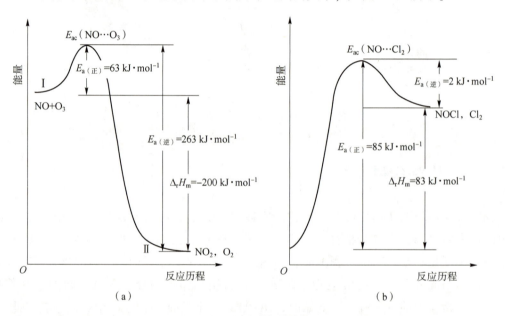

图 8-12　化学反应能量变化

（a）放热反应系统中能量的变化；（b）吸热反应系统中能量的变化

由图 8-12 可知，反应物分子从状态 I 爬过能峰 E_{ac} 之后，降落到状态 II，$E_{(\text{II})} < E_{(\text{I})}$，反应的净结果有能量释放出来。系统的终态与始态的能量之差等于化学反应的摩尔焓变。可写为

$$\Delta_r H_m = E_{(\text{II})} - E_{(\text{I})} = (E_{ac} - E_{a(\text{逆})}) - (E_{ac} - E_{a(\text{正})}) \tag{8-131}$$

$$\Delta_r H_m = E_{a(\text{正})} - E_{a(\text{逆})} \tag{8-132}$$

$E_{a(\text{正})} < E_{a(\text{逆})}$，$\Delta_r H_m < 0$，为放热反应，如图 8-11（a）所示；$E_{a(\text{正})} > E_{a(\text{逆})}$，$\Delta_r H_m > 0$，为吸热反应，如图 8-11（b）所示。

例如，$NO(g) + Cl_2(g) \longrightarrow NOCl(g) + Cl(g)$；$\Delta_r H_m = 83 \ kJ \cdot mol^{-1}$，由 $\Delta_f H_m^{\ominus}$ 计算反应的 $\Delta_r H_m^{\ominus}$ 与由自由活化能计算出来的 $\Delta_r H_m$ 基本相符合。

国家级英才人物、物理化学家——张东辉院士

张东辉院士主要从事化学反应动力学理论和分子体系高精度势能面的研究。对于化学反应动力学的研究，不仅能解释实验，而且在一定程度上实现了预测和检验实验。通过与实验的密切结合，提高了人们对化学反应的认识，推动了反应动力学研究的发展，也使我国在该领域处于国际领先水平。张东辉院士发展了多原子反应量子含时波包理论方法，建立了高精度势能面构建方案，将反应动力学的精确理论研究从三原子体系拓展到多原子体系；解决了四原子反应体系量子散射问题，率先实现了一些代表性气相六原子反应的精确理论计算，解决了 H_2+OH，$H+H_2O$，$H/Cl+CH_4$ 等多原子动力学过程中反应物的碰撞能、量子态、振动局域模式、同位素取代等因素如何影响反应概率、产物量子态及空间分布等科学问题；与实验同行紧密合作，在 $F/Cl+HD$ 反应中发现了新的反应共振态，揭示了其准束缚态本质，并证实共振现象在振动激发态反应中广泛存在。张东辉于 2006 年获得国家杰出青年科学基金资助，于 2017 年 11 月当选中国科学院院士。

8.6.3 活化能与反应速率

活化能是反应动力学中的重要参量。阿伦尼乌斯曾提出：进行化学反应时，由普通分子转化为活化分子所需要的能量叫作活化能。对于基元反应，E_a 可赋予较明确的物理意义。分子相互作用的首要条件是它们必须"接触"，虽然分子彼此碰撞的频率很高，但并不是所有的碰撞都是有效的，只有少数能量较高的分子碰撞后才能起作用，E_a 表征了反应分子能发生有效碰撞的能量要求。

设反应：A ——→ P，反应物 A 必须获得能量 E_a 变成活化状态 A^*，才能越过能垒变成产物 P。同理，对逆反应，必须获得 E_a' 的能量才能越过能垒变成 A，如图 8-13 所示。图中活化能与活化状态的概念和图示，对反应速率理论的发展起了很大的作用。对于非基元反应或者复杂反应，E_a 没有明确的物理意义，它实际上是各基元反应活化能的组合。此时，E_a 称为该总包反应的表观活化能。

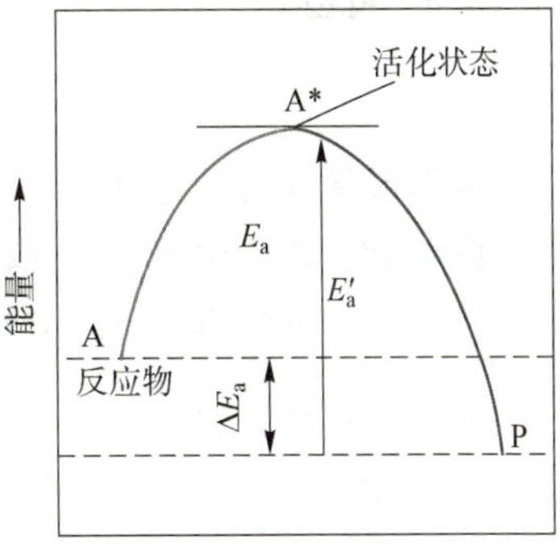

后来，托尔曼从统计平均的角度来比较反应物分子和活化分子的能量，对活化能作出统计解释：活化分子的平均能量 E^* 与反应物分子平均能量 $\bar{E}_k$ 之差，即

图 8-13 基元反应活化能示意图

$$E_a = E^* - \bar{E}_k \qquad (8-133)$$

E^* 与 $\bar{E}_k$ 皆与温度有关，严格地说，E_a 也确实与温度有关。对气相双分子简单反应而言，碰撞理论已推算出

$$E_a = E_c - \bar{E}_k \qquad (8-134)$$

摩尔临界能 E_c 与温度无关。通常温度不高时，$E_c \gg \frac{1}{2}RT$，可认为 $E_a \approx E_c$。因此，常把活化能 E_a 看作在一定的温度范围内不受温度的影响。在碰撞理论的讨论中，已知 $f = e^{-\frac{E_c}{RT}}$，即 $e^{-\frac{E_c}{RT}} \approx e^{-\frac{E_a}{RT}}$，这样，在图 8-14 中可以看出，活化能 E_a 较大（相当于 E_c 较大）时，阴影面积小，活化分子分数较小，反应速率常数小，反应慢。按照这一思路，就能直观地从微观上理解活化能、活化分子分数，以及浓度、温度对反应速率的影响。

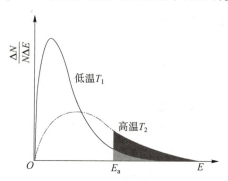

图 8-14　不同温度下反应的活化分子分数

温度一定时，反应有一定的活化能，反应系统就有确定的活化分子分数（图 8-13 中阴影面积）。增大浓度，就增大活化分子总数，反应相应加快。当浓度一定时，若升高温度，如由 T_1 变为 T_2，则图 8-13 中的阴影面积变大，活化分子分数增大，反应速率常数增大，反应加快。

8.7　催化剂对反应速率的影响

核心内容

催化剂的特点

催化剂能加快反应到达平衡的速率，是由于改变了反应历程，降低了活化能。催化剂在反应前后，其化学性质没有改变，但物理状态可能发生改变；催化剂不影响化学平衡；催化剂不能实现热力学上不能发生的反应，并且催化剂有选择性。

若把某种物质（可以是一种到几种）加到化学反应系统中，可以改变反应的速率（即反应趋向平衡的速率）而本身在反应前后没有数量上的变化，同时也没有化学性质的改变，则该种物质称为催化剂，这种作用则称为催化作用。当催化剂的作用是加快反应速率时，称为正催化剂；当催化剂的作用是减慢反应速率时，称为负催化剂或阻化剂。因为正催化剂用得比较多，所以一般如不特别说明，都是指正催化剂。

催化反应通常可以分为均相催化和多相催化，前者催化剂和反应物处于同一相，如均为气态或液态，后者则不是同一相，这时反应在两相界面上进行。工业上的许多重要的催化反应大多是多相催化反应，且以催化剂是固态，反应物是气态或液态者居多。催化剂之所以能改变反应速率，是因为改变了反应的活化能，并改变了反应历程。参见表 8-5 和图 8-15，在有催化剂存在的情况下，反应沿着活化能较低的新途径进行。图 8-15 中的最高点相当于反应过程的中间状态。

表 8-5　催化反应和非催化反应的活化能

反应	$E_a/(\text{kJ} \cdot \text{mol}^{-1})$		催化剂
	非催化反应	催化反应	
$2HI \longrightarrow H_2+I_2$	184.1	104.6	Au
$2H_2O \longrightarrow 2H_2+O_2$	244.8	136.0	Pt
$2SO_2+O_2 \longrightarrow 2SO_3$	251.0	62.76	Pt
$3H_2+N_2 \longrightarrow 2NH_3$	334.7	167.4	$Fe-Al_2O_3-K_2O$

对于反应：$A+B \xrightarrow{K} AB$，若其反应机理为

$$A+K \underset{k_{-1}}{\overset{k_1}{\rightleftharpoons}} AK(\text{快速平衡})$$

$$AK+B \xrightarrow{k_2} AB+K(\text{慢反应})$$

对其应用平衡态近似法：

$$\frac{k_1}{k_{-1}} = K_c = \frac{c_{AK}}{c_A c_K} \qquad (8-135)$$

可得

$$c_{AK} = \frac{k_1}{k_{-1}} c_A c_K \qquad (8-136)$$

总反应速率为

$$\frac{dc_{AB}}{dt} = k_2 c_{AK} c_B \qquad (8-137)$$

将式(8-136) 代入式(8-137) 中，可得

$$\frac{dc_{AB}}{dt} = k_2 c_{AK} c_B = \frac{k_1 k_2}{k_{-1}} c_K c_A c_B = k c_A c_B \qquad (8-138)$$

式中，有

$$k = \frac{k_1 k_2}{k_{-1}} c_K \qquad (8-139)$$

由阿伦尼乌斯方程可知上述各基元反应的反应速率常数：$k_i = A_i \exp\left\{-\dfrac{E_{ai}}{RT}\right\}$，则总的反应速率常数可表示为

$$k = \frac{k_1 k_2}{k_{-1}} c_K = \frac{A_1 A_2}{A_{-1}} c_K \exp\left\{-\frac{E_{a1}+E_{a2}-E_{a-1}}{RT}\right\} \qquad (8-140)$$

即

$$k = Ac_K \exp\left\{-\frac{E_a}{RT}\right\} \tag{8-141}$$

式中，指前因子 $A = \dfrac{A_1 A_2}{A_{-1}}$ 为表观指前因子。该总反应的表观活化能：$E_a = E_{a1} - E_{a-1} + E_{a2}$。

上述机理可用能峰示意图表示，如图 8-15 所示。

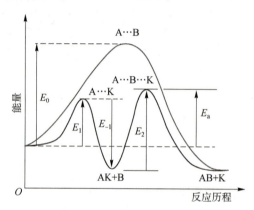

图 8-15　催化反应的活化能与反应的途径

非催化反应（图 8-14 中上方的曲线）要克服一个活化能为 E_0 的较高的能峰，而在催化剂 K 的存在下，反应的途径改变，只需要克服两个较小的能峰（E_1 和 E_2）。因此，只要催化反应的表观活化能 E 小于非催化反应的活化能 E_0，则在指前因子变化不大的情况下，反应速率就能增加。从上述例子可以看出，相对于非催化反应，催化剂提供了一种能量上有利的反应机理，从而使得反应能在工业上可行的压强和温度下进行。催化反应的机理是复杂而多样的，上述机理只是示意地说明催化剂改变反应途径，降低活化能，从而加速反应的道理。

有趣的事实是，有时在活化能相差不大的情况下，催化反应的速率却有很大的差别。例如甲酸的分解反应：

$$HCOOH \longrightarrow H_2 + CO_2$$

在不同表面上，其反应速率相差很大，如表 8-6 所示。

表 8-6　甲酸在不同表面上的反应速率

表面	活化能 $E_a/(kJ \cdot mol^{-1})$	相对速率
玻璃	102	1
金	98	40
银	130	40
铂	92	2 000
铑	104	10 000

甲酸在玻璃或铑上的活化能几乎相等，而反应速率相差 10 000 倍。这可能是因为铑的单位表面上的活性中心大大超过玻璃，而使两者的表观指前因子相差悬殊。

催化剂具有以下特点。

（1）催化剂能加快反应到达平衡的速率，是由于改变了反应历程，降低了活化能。至于它怎样降低了活化能，机理如何，对大部分催化反应来说，了解得还很有限。

（2）催化剂在反应前后，其化学性质没有改变，但在反应过程中由于参与了反应（可与反应物生成某种不稳定的中间化合物），所以在反应前后，催化剂本身的化学性质虽不变，但常有物理形状的改变。例如，催化 $KClO_3$ 分解的 MnO_2 催化剂，在作用进行后，从块状变为粉末。催化 NH_3 氧化的铂网，经过几个星期，表面就变得比较粗糙。

（3）催化剂不影响化学平衡。从热力学的观点来看，催化剂不能改变反应系统中的 $\Delta_r G_m^{\ominus}$。催化剂只能缩短达到平衡所需的时间，而不能移动平衡点。对于既已平衡的反应，不可能借加入催化剂以增加产物的比例。催化剂对正、逆两个方向都产生同样的影响，所以对正方向反应的优良催化剂也应为逆反应的催化剂。例如，苯在 Pt 和 Pd 上容易氢化生成环己烷（473~513 K），而在 533~573 K 时，环己烷也能在上述催化剂上脱氢。同样，在相同条件下，水合反应的催化剂同时也是脱水反应的催化剂，这个原则很有用。例如以 CO 和 H_2 为原料合成 CH_3OH 是一个很有经济价值的反应，在常压下寻找甲醇分解反应的催化剂就可作为高压下合成甲醇的催化剂。而直接研究高压反应，实验条件要麻烦得多。

（4）催化剂不能实现热力学上不能发生的反应，因此在寻找催化剂时，首先要尽可能根据热力学的原则，核算一下某种反应在该条件下发生的可能性。

（5）催化剂有特殊的选择性，某一类的反应只能用某些催化剂来进行催化（例如，环己烷的脱氢作用，只能用 Pt、Pd、Ir、Rh、Cu、Co、Ni 等来催化）。又如某一物质只在某一固定类型的反应中，才可以作为催化剂。例如新鲜沉淀的氧化铝，对一般有机化合物的脱水都具有催化作用。

 拓展阅读

高能化学激光和分子反应动力学的开拓者——张存浩院士

张存浩是中国高能化学激光奠基人、分子反应动力学奠基人之一，长期从事催化、火箭推进剂、化学激光、分子反应动力学等领域的研究。张存浩在 60 多年科研经历中多次"改行"，每次"改行"，他的研究方向都不尽相同，始终有个共同目标，就是国家需求。

20 世纪 50 年代，张存浩与合作者研制出水煤气合成液体燃料的高效熔铁催化剂，乙烯及三碳以上产品产率均超过当时国际最高水平。20 世纪 60 年代，他致力于固液和固体火箭推进剂研究，与合作者首次提出固体推进剂燃速的多层火焰理论，第一次比较全面完整地解释了固体推进剂的侵蚀燃烧和临界流速现象。20 世纪 70 年代，他开创了中国化学激光的研究领域，主持研制出中国第一台氟化氢氟化学激光器，整体性能指标达到当时世界先进水平。20 世纪 80 年代以来，他开拓和引领了中国短波长化学激光的研究和探索。张存浩领导的研究团队率先开展了化学激光新体系和新"泵浦"反应的研究；开展了双共振多光子电离光谱技术研究分子激发态光谱和分子碰撞传能动力学研究；在国际上首创研究极短寿命分子激发态的"离子凹陷光谱"方法，并用该方法首次测定了氨分子预解离激发态的寿命为 100 fs，该成果被《科学》主编列为亚洲代表性科研成果之一；

在国际上首次观测到混合电子态的分子碰撞传能过程中的量子干涉效应，并明确此量子干涉效应本质上是一种物质波的干涉。1983 年，张存浩与合作者开展脉冲氧碘化学激光器研究；1985 年，在国际上首次研制出放电引发脉冲氟碘化学激光器，效率及性能处于世界领先地位；1992 年，研制出中国第一台连续波氧碘化学激光器，整体性能处于国际先进水平，为推动中国化学激光领域的快速发展发挥了至关重要的作用。张存浩进行了一次次的技术和理论创新，指导了多领域的研究工作，也奠定了我国化学激光的研究基础。1980 年，张存浩当选中国科学院院士；2014 年 1 月，被授予 2013 年度国家最高科学技术奖；2016 年 1 月 4 日，国家天文台将编号为"19282"的小行星命名为"张存浩星"。

思考题

1. 典型复杂反应有哪几种？它们的动力学特征是什么？

2. 零级反应是否是基元反应？具有简单级数的反应是否一定是基元反应？反应 $Pb(C_2H_5)_4 \Longrightarrow Pb + 4C_2H_5$ 是否可能为基元反应？

3. 反应级数的测定方法有哪几种？

4. 对于一级反应，列式表示当反应物反应掉 $\frac{1}{n}$ 所需要的时间 t 是多少？试证明一级反应的转化率分别达到 50%、75%、87.5% 所需的时间分别为 $t_{1/2}$、$2t_{1/2}$、$3t_{1/2}$。

5. 反应活化能越大是表示分子越易活化，还是越不易活化？活化能越大的反应受温度的影响越大还是越小？

6. 某反应物的能量比产物的能量高，该反应是否不需要活化能了？

7. 某复合反应的机理如下：（1）$A \underset{k_-}{\overset{k_+}{\rightleftharpoons}} B$；（2）$B + C \overset{k_2}{\longrightarrow} D$，其中 B 是非常活泼的中间产物。试用稳态近似法导出总反应的反应速率公式。

8. 一氧化氮氧化反应的机理如下：（1）$2NO \underset{k_-}{\overset{k_+}{\rightleftharpoons}} N_2O_2$；（2）$N_2O_2 + O_2 \overset{k_2}{\longrightarrow} 2NO_2$，试用平衡浓度近似法导出该总反应的反应速率公式。

9. 已知某平行反应 $A \left\{ \begin{array}{l} \overset{k_1}{\longrightarrow} B \\ \overset{k_2}{\longrightarrow} C \end{array} \right.$ ，活化能 $E_{a1} > E_{a2}$，请问升高温度对哪个反应有利？为什么？

10. 某总反应的反应速率常数 k 与各基元反应的反应速率常数的关系为 $k = k_2 \left(\dfrac{k_1}{2k_4} \right)^{\frac{1}{2}}$，则该反应的表观活化能 E_a 和指前因子与各基元反应活化能和指前因子的关系是什么？

11. 某定容基元反应的热效应为 $100\ kJ \cdot mol^{-1}$，则该正反应的实验活化能 E_a 数值将大于、等于还是小于 $100\ kJ \cdot mol^{-1}$，或者是不能确定？如果反应的热效应为 $-100\ kJ \cdot mol^{-1}$，则 E_a 的数值又将如何？

12. 某反应的活化能为 $190\ kJ \cdot mol^{-1}$，加入催化剂后活化能降低为 $136\ kJ \cdot mol^{-1}$，设加

入催化剂前后指前因子 A 保持不变,则在 773 K 时,加入催化剂后的反应速率常数是原来的多少倍?

<h1>习　　题</h1>

1. 以硝基苯为溶液,三乙基胺和碘甲烷发生下列反应:
$$(C_2H_5)_3N+CH_3I \Longrightarrow (C_2H_5)_3N(CH_3)I$$

已知反应为二级,当两种反应物的起始浓度均为 20 $mol \cdot dm^{-3}$ 时,反应经过 325 s,三乙基胺的转化率为 31.4%。

(1) 求反应速率常数;

(2) 三乙基胺的转化率达 64.9% 时,需要多少时间?

(3) 反应经过 1 975 s 时,三乙基胺的转化率为多少?

2. 已知钢水中的脱碳反应为 $C+O \longrightarrow O$,$r=kc_C$,$k=0.015$ min^{-1}。

(1) 试计算钢水中碳的浓度分别为 1%、0.5%、0.15% 时的反应速率。

(2) 根据上述计算结果,若欲脱去含碳量较高的钢水 ($c_C=1\%$) 中 0.01% 的碳需要多少时间?对含有 0.15% 碳的钢水,若要脱去 0.01% 的碳,又需多少时间?

3. 溴乙烷分解反应的活化能 $E_a=229.3$ $kJ \cdot mol^{-1}$,650 K 时的反应速率常数 $k=2.14 \times 10^4$ s^{-1}。现欲使此反应在 20 min 内完成 80%,问应将反应温度控制在多少?

4. 某物质的分解反应为二级反应,当起始浓度为 0.1 $mol \cdot dm^{-3}$ 时,反应 50 min,分解 20%。计算:

(1) 反应速率常数 k;

(2) 该反应的半衰期 $t_{1/2}$;

(3) 起始浓度为 0.02 $mol \cdot dm^{-3}$ 时,分解 20% 所需的时间。

5. 偶氮甲烷分解反应 $CH_3NNCH_3(g) \longrightarrow C_2H_6(g)+N_2(g)$ 为一级反应。287 ℃ 时,一密闭定容器中 $CH_3NNCH_3(g)$ 初始压强为 21.332 kPa,1 000 s 后总压强为 22.732 kPa,求反应速率常数 k 及半衰期 $t_{1/2}$。

6. 反应 $2A \longrightarrow P$ 是二级反应,A 消耗 1/3 的时间和消耗 2/3 的时间相差 9 s,求反应的半衰期。

7. 某液相反应在温度 T 时为一级反应,已知初始反应速率为 1.00×10^{-5} $mol \cdot dm^{-3} \cdot s^{-1}$,1 h 后的反应速率为 3.26×10^{-6} $mol \cdot dm^{-3} \cdot s^{-1}$。试求:

(1) 反应速率常数 $k(T)$;

(2) 反应的半衰期 $t_{1/2}$;

(3) 初始浓度 c_0。

8. 溴乙烷分解反应是一级反应,该反应的活化能为 229.3 $kJ \cdot mol^{-1}$。已知该反应在 650 K 时的半衰期为 54 min,若要使反应在 698 K 时完成 90%,问需要多长时间?

9. 某化合物的分解是一级反应,该反应的活化能 $E_a=14.43 \times 10^4$ $J \cdot mol^{-1}$,已知 557 K 时该反应速率常数 $k_1=3.3 \times 10^{-2}$ s^{-1},现在要控制此反应在 10 min 内转化率达到 90%,试问反应温度应控制在多少?

10. 在 780 K 及 $p_0 = 100$ kPa 时，某碳氢化合物的气相热分解反应的半衰期是 2 s，若压强降低至 10 kPa，半衰期为 20 s，请用半衰期法求解反应的级数和反应速率常数。

11. 某抗生素在人体血液中分解呈现简单级数的反应，如果给患者在上午 8 点注射一针抗生素，然后在不同时刻 t 测定抗生素在血液中的质量浓度 ρ，得到表 8-7 所示数据。

表 8-7　习题 11 表

t/h	4	8	12	16
$\rho/[\text{mg} \cdot (100\ \text{cm}^3)^{-1}]$	0.480	0.326	0.222	0.151

试计算：

（1）该反应的级数；

（2）该反应的反应速率常数和半衰期；

（3）若抗生素在血液中的质量浓度不低于 0.370 mg · $(100\ \text{cm}^3)^{-1}$ 才有效，求第二针注射的时间。

12. 已知反应 $CH_3CH(OH)CH =\!\!\!= CH_2 \longrightarrow CH_2 =\!\!\!= CH—CH =\!\!\!= CH_2 + H_2O$，根据实验数据，得到 $\ln k$-$1/T$ 曲线的斜率为 -286.77×10^2。

（1）请计算出该反应的级数和反应的活化能；

（2）已知 $T = 810$ K 时的 $k = 8.13 \times 10^2$ s^{-1}，求该温度下的指前因子 A 和反应物消耗初始浓度的 75% 时所用的时间。

13. 已知反应 $CO + Cl_2 \longrightarrow COCl_2$，试根据反应机理验证反应速率方程 $r = kc_{Cl_2}^{3/2} c_{CO}$。

（1）$Cl_2 \underset{k_{-1}}{\overset{k_1}{\rightleftharpoons}} 2Cl$ （快速平衡）；

（2）$Cl + CO \underset{k_{-2}}{\overset{k_2}{\rightleftharpoons}} COCl$ （快反应）；

（3）$COCl + Cl_2 \overset{k_3}{\longrightarrow} COCl_2 + Cl$ （慢反应）。

14. 反应 $[Co(NH_3)_3F]^{2+} + H_2O \overset{H^+}{\longrightarrow} [Co(NH_3)_3(H_2O)]^{3+} + F^-$ 是一个酸催化反应，若反应的速率方程为 $r = kc_{[Co(NH_3)_3F]^{2+}}^{\alpha} c_{H^+}^{\beta}$，在指定温度和初试浓度条件下，该反应反应掉 50% 和 75% 所用的时间分别为 $t_{1/2}$ 和 $t_{3/4}$，实验测试数据如表 8-8 所示。

表 8-8　习题 14 表

实验编号	$c_{[Co(NH_3)_3F]^{2+}}/(\text{mol} \cdot \text{dm}^{-3})$	$c_{H^+}/(\text{mol} \cdot \text{dm}^{-3})$	T/K	$t_{1/2}/\text{h}$	$t_{3/4}/\text{h}$
1	0.1	0.01	298	1.0	2.0
2	0.2	0.02	298	0.5	1.0
3	0.1	0.01	308	0.5	1.0

试根据实验数据，求：

（1）反应的级数 α 和 β；

（2）不同温度时的反应速率常数 k；

（3）反应的活化能 E_a。

15. 有正逆反应均为一级的对峙反应 $A \underset{k_{-1}}{\overset{k_1}{\rightleftharpoons}} B$，正逆反应的半衰期 $t_{1/2}$ 均为 10 min，若起始时 A 的物质的量为 1 mol，则 10 min 后生成 B 的物质的量是多少？

16. 反应 $OCl^- + I^- \rightleftharpoons OI^- + Cl^-$ 的可能机理如下：

（1）$OCl^- + H_2O \underset{k_{-1}}{\overset{k_1}{\rightleftharpoons}} HOCl + OH^- \left(快速平衡 K_c = \dfrac{k_1}{k_{-1}} \right)$；

（2）$HOCl + I^- \xrightarrow{k_2} HOI + Cl^-$（慢反应）；

（3）$OH^- + HOI \xrightarrow{k_3} H_2O + OI^-$（快反应）。

试推导出反应速率方程，并求表观活化能和各基元反应活化能之间的关系。

附 录

附录 Ⅰ 　某些物质的摩尔热容、标准摩尔生成焓、标准摩尔生成吉布斯函数及标准摩尔熵

$$C_{p,\mathrm{m}} = a + bT + cT^2 \ \text{或} \ C_{p,\mathrm{m}} = a + bT + \frac{c'}{T^2}$$

表中所列函数值均指 298 K 时的标准摩尔值，其中

$$a = \frac{a}{\mathrm{J \cdot mol^{-1} \cdot K^{-1}}} \qquad b \times 10^3 = \frac{b}{10^{-3} \, \mathrm{J \cdot mol^{-1} \cdot K^{-2}}}$$

$$c' \times 10^{-5} = \frac{c'}{10^5 \, \mathrm{J \cdot mol^{-1} \cdot K}} \qquad c \times 10^6 = \frac{c}{10^{-6} \, \mathrm{J \cdot mol^{-1} \cdot K^{-3}}}$$

物质	a	$b \times 10^3$	$c' \times 10^{-5}$	$c \times 10^6$	温度范围/K	$C_{p,m}$ / (J·mol⁻¹·K⁻¹)	$\Delta_f H_m^\ominus$ / (kJ·mol⁻¹)	$\Delta_f G_m^\ominus$ / (kJ·mol⁻¹)	$S_m^\ominus$ / (J·K⁻¹·mol⁻¹)
Ag(s)	29.38	5.284	−0.251	—	273~1 234	25.489	0	0	42.702
Al(s)	20.67	12.38	—	—	273~931.7	24.338	0	0	28.321
As(s)	21.88	5.19	—	—	298~1 100	24.978	0	0	35.15
Au(s)	23.68	5.19	—	—	298~1 336	25.23	0	0	47.36
B(s)	6.44	18.41	—	—	298~1 200	11.97	0	0	6.53
Ba(s)	—	—	—	—	—	26.36	0	0	66.9
Bi(s)	18.79	22.59	—	—	298~544	25.5	0	0	56.9
Br₂(g)	35.241 0	4.073 5	—	−1.487 4	300~1 500	35.98	30.71	3.142	245.346
Br₂(l)	—	—	—	—	—	35.56	0	0	152.38
C(金刚石)	9.12	13.22	−6.19	—	298~1 200	6.063	1.896 2	2.866 0	2.438 8
C(石墨)	17.15	4.27	−8.79	—	298~2 300	8.614	0	0	5.694 0
α−Ca(s)	21.92	14.64	—	—	298~673	26.28	0	0	41.63
α−Cd(s)	22.84	10.318	—	—	273~594	25.90	0	0	51.46
Cl₂(g)	36.90	0.25	−2.845	—	298~3 000	33.93	0	0	222.949
Co(s)	19.75	17.99	—	—	298~718	25.56	0	0	28.45
Cr(s)	24.43	9.87	−3.68	—	298~1 823	23.35	0	0	23.77
Cu(s)	22.64	6.28	—	—	298~1 357	24.468	0	0	33.30
F₂(g)	34.69	1.84	−3.35	—	273~2 000	31.46	0	0	203.3
α−Fe(s)	14.10	29.71	−1.8	—	273~1 033	25.23	0	0	27.15
H₂(g)	29.065 8	−0.836 4	—	2.011 7	300~1 500	28.84	0	0	130.587
Hg(l)	27.66	—	—	—	273~634	27.82	0	0	77.40

续表

物质	a	$b\times10^{3}$	$c'\times10^{-5}$	$c\times10^{6}$	温度范围/K	$C_{p,m}/$ $(J\cdot mol^{-1}\cdot K^{-1})$	$\Delta_f H_m^{\ominus}/$ $(kJ\cdot mol^{-1})$	$\Delta_f G_m^{\ominus}/$ $(kJ\cdot mol^{-1})$	$S_m^{\ominus}/$ $(J\cdot K^{-1}\cdot mol^{-1})$
$I_2(s)$	40.12	49.790	—	—	298~386.8	54.98	0	0	116.7
$I_2(g)$	37.196	—	—	—	456~1 500	36.86	62.250	19.37	260.58
$K(s)$	25.27	13.05	—	—	298~336.6	29.16	0	0	63.60
$Mg(s)$	25.69	6.28	-3.26	—	298~923	23.89	0	0	32.51
$\alpha-Mn(s)$	23.85	—	-1.59	—	298~1 000	26.32	0	0	31.76
$N_2(g)$	27.87	4.27	—	—	298~2 500	29.121	0	0	191.489
$Na(s)$	20.92	22.43	—	—	298~371	28.41	0	0	51.04
$\alpha-Ni(s)$	16.99	29.46	—	—	298~633	25.77	0	0	29.79
$O_2(g)$	36.192	0.845	-4.310	—	298~1 500	29.359	0	0	205.029
$O_3(g)$	41.254	10.29	5.52	—	298~2 000	38.20	142.3	163.43	238.78
$P(s, 黄磷)$	23.22	—	—	—	273~317	23.22	0	o	44.35
$P(s, 红磷)$	19.83	16.32	—	—	298~800	23.22	-18.41	8.37	63.18
$Pb(s)$	25.82	6.69	4.60	—	273~600.5	26.82	0	0	64.89
$Pt(s)$	24.02	5.16	—	—	298~1 800	26.57	0	0	41.8
$S(s, 单斜晶)$	14.90	29.12	—	—	368.6~392	23.64	0.297	0.096	32.55
$S(s, 斜方晶)$	14.98	26.11	—	—	298~368.6	22.59	0	0	31.88
$S(g)$	35.73	1.17	-3.31	—	298~2 000	23.68	222.80	182.30	167.72
$Sb(s)$	23.05	7.28	—	—	298~903	25.44	0	0	43.93
$Si(s)$	23.225	3.675 6	-3.796 44	—	298~1 600	20.179	0	0	18.70
$Sn(s, 白锡)$	18.46	28.45	—	—	298~505	26.36	0	0	51.46
$Zn(s)$	22.38	10.01	—	—	293~692.7	25.06	0	0	41.63

续表

物质	a	$b\times10^3$	$c'\times10^{-5}$	$c\times10^6$	温度范围/K	$C_{p,m}$/ (J·mol⁻¹·K⁻¹)	$\Delta_f H_m^\ominus$/ (kJ·mol⁻¹)	$\Delta_f G_m^\ominus$/ (kJ·mol⁻¹)	$S_m^\ominus$/ (J·K⁻¹·mol⁻¹)
$AgBr(s)$	33.18	64.43	—	—	298~703	52.38	-99.50	-95.94	107.11
$AgCl(s)$	62.26	4.18	-11.30	—	298~728	50.76	-127.03	-109.72	96.11
$AgI(s)$	24.35	100.83	—	—	298~423	54.43	-62.38	-66.32	114.2
$AgNO_3(s)$	78.78	66.94	—	—	273~433	93.05	-123.14	-32.17	140.92
$Ag_2CO_3(s)$	—	—	—	—	—	112.1	-506.14	-437.14	167.4
$Ag_2O(s)$	—	—	—	—	—	65.56	-30.568	-10.820	121.71
$AlCl_3(s)$	55.44	117.15	—	—	273~465.6	89.1	-695.38	-636.8	167.4
$\alpha\text{-}Al_2O_3(s,刚玉)$	114.77	12.80	-35.44	—	298~1800	78.99	-1669.79	-1576.41	50.986
$Al_2(SO_4)_3(s)$	368.57	61.92	-113.47	—	—	359.41	-3434.98	-3091.93	239.3
$As_2O_3(s)$	35.02	203.34	—	—	—	95.65	-619	-538.1	107.11
$Au_2O_3(s)$	98.32	20.08	—	—	—	—	80.8	163.2	126
$B_2O_3(s)$	36.53	106.27	-5.48	—	298~723	62.97	-1263.6	-1184.1	53.85
$BaCl_2(s)$	71.1	13.97	—	—	273~1198	75.3	-860.06	-810.9	125.5
$BaCO_3(s,毒重石)$	110.00	8.79	—	-24.27	298~1083	85.35	-1218.8	-1138.9	112.1
$Ba(NO_3)_2(s)$	125.73	149.4	-16.78	—	298~850	151.0	-991.86	-796.6	213.8
$BaO(s)$	—	—	—	—	—	47.45	-558.1	-528.4	70.3
$BaSO_4(s)$	141.4	—	-35.27	—	298~1300	101.75	-1465.2	-1353.1	132.2
$Bi_2O_3(s)$	103.51	33.47	—	—	298~800	113.8	-577.0	-496.6	151.5
$COI_4(g)$	97.65	9.62	-15.06	—	298~1000	83.43	-106.7	-64.0	309.74
$CO(g)$	26.5366	7.6831	-0.46	—	290~2500	29.142	-110.52	-137.269	197.907
$CO_2(g)$	28.66	35.702	—	—	300~2000	37.129	-393.514	-394.384	213.639

续表

物质	a	$b \times 10^3$	$c' \times 10^{-5}$	$c \times 10^6$	温度范围/K	$C_{p,m}/$ (J·mol⁻¹·K⁻¹)	$\Delta_f H_m^\ominus/$ (kJ·mol⁻¹)	$\Delta_f G_m^\ominus/$ (kJ·mol⁻¹)	$S_m^\ominus/$ (J·K⁻¹·mol⁻¹)
$COCl_2(g)$	67.157	12.108	-9.033	—	298~1 000	60.71	-223.01	-210.50	289.24
$CS_2(g)$	52.09	6.69	-7.53	—	298~1 800	45.65	115.27	65.06	237.82
$\alpha-CaC_2(s)$	68.62	11.88	-8.66	—	298~720	62.34	-62.76	-67.78	70.3
$CaCO_3(s,方解石)$	104.52	21.92	-25.94	—	298~1 200	81.88	-1 206.87	-1 128.76	92.9
$CaCl_2(s)$	71.88	12.72	-2.51	—	298~1 055	72.63	-795.0	-750.2	113.8
$CaO(s)$	48.83	4.52	6.53	—	298~1 800	42.80	-635.5	-604.2	39.7
$Ca(OH)_2(s)$	89.5	—	—	—	276~373	84.52	-986.59	-896.76	16.1
$Ca(NO_3)_2(s)$	122.88	153.97	17.28	—	298~800	149.33	-937.22	-741.99	193.3
$CaSO_4(s)$	77.49	91.92	-6.561	—	273~1 373	99.6	-1 432.69	-1 320.3	106.7
$\alpha-Ca_3(PO_4)_2(s)$	201.84	166.02	-20.92	—	298~1 373	231.58	-4 126.3	-3 889.9	241
$CdO(s)$	40.38	8.70	—	—	273~1 800	43.43	-254.64	-225.06	54.8
$CdS(s)$	54.0	3.77	—	—	273~1 273	54.89	-144.3	-140.6	71.1
$CoCl_2(s)$	60.29	61.09	—	—	298~1 000	78.7	-325.5	-282.4	106.3
$Cr_2O_3(s)$	119.37	9.20	-15.65	—	298~1 800	118.74	-1 128.4	-1 046.8	81.2
$CuCl(s)$	43.93	40.58	—	—	273~695	(56.1)	-134.7	-118.8	83.7
$CuCl_2(s)$	70.29	35.56	—	—	273~773	(80.8)	-223.4	-166.5	65.3
$CuO(s)$	38.79	20.08	-9.00	—	298~1 250	42.30	-155.2	-127.2	42.7
$CuSO_4(s)$	107.53	17.99	—	—	273~873	100.8	-769.86	-661.9	113.4
$Cu_2O(s)$	62.34	23.85	—	—	298~1 200	63.64	-166.69	-142.3	93.89
$FeCO_3(s,菱铁矿)$	48.66	112.1	—	—	298~885	82.13	-747.68	-673.88	92.9
$FeO(s)$	159.0	6.78	-3.088	—	298~1 200	48.12	-266.5	(-256.9)	59.4

续表

物质	a	$b \times 10^3$	$c' \times 10^{-5}$	$c \times 10^6$	温度范围/K	$C_{p,m}/$ $(\text{J} \cdot \text{mol}^{-1} \cdot \text{K}^{-1})$	$\Delta_f H_m^{\ominus}/$ $(\text{kJ} \cdot \text{mol}^{-1})$	$\Delta_f G_m^{\ominus}/$ $(\text{kJ} \cdot \text{mol}^{-1})$	$S_m^{\ominus}/$ $(\text{J} \cdot \text{K}^{-1} \cdot \text{mol}^{-1})$
$FeO_2(s)$	44.77	55.90	—	—	273~773	61.92	-177.90	-166.69	53.1
$Fe_2O_3(s)$	97.74	72.13	-12.89	—	298~1 100	104.6	-822.2	-740.99	90.0
$Fe_3O_4(s)$	167.03	78.91	-41.88	—	298~1 100	143.43	-1 117.1	-1 014.2	146.4
$HBr(g)$	26.15	5.86	1.09	—	298~1 600	29.12	-36.23	-53.22	198.24
$HCN(g)$	37.32	12.97	-4.69	—	298~2 000	35.90	130.5	120.1	201.79
$HCl(g)$	26.53	4.60	1.09	—	298~2 000	29.12	-92.132	-95.265	184.81
$HF(g)$	26.90	3.43		—	273~2 000	29.08	-268.6	-270.70	173.51
$HI(g)$	26.32	5.94	0.92	—	298~2 000	29.16	25.94	1.30	205.6
$HNO_3(l)$	—	—	—	—	—	109.87	-173.234	-79.91	155.6
$H_2O(g)$	30.00	10.71	0.33	—	298~2 500	33.57	-241.827	-228.597	188.724
$H_2O(l)$	—	—	—	—	—	75.295	-285.838	-237.19	69.94
$H_2O_2(l)$	—	—	—	—	—	82.30	-189.12	-118.11	102.26
$H_2S(g)$	29.37	15.40	—	—	298~1 800	33.97	-20.146	-33.02	205.64
$H_2SO_4(l)$	—	—	—	—	—	130.83	-800.8	(-687.0)	156.86
$HgCl_2(s)$	64.0	43.1	—	—	273~553	73.81	-223.4	-176.6	144.3
$HgI_2(s)$	72.8	16.74	—	—	273~403	78.28	-105.9	-98.7	170.7
$HgO(s,红的)$	—	—	—	—		45.73	-90.71	-58.53	70.3
$HgS(s,红的)$	—	—	—	—		50.2	-58.16	48,83	77.8
$Hg_2Cl_2(s)$	—	—	—	—		101.7	-264.93	-210.66	195.8
$Hg_2SO_4(s)$	—	—	—	—		132.00	-741.99	-623.92	200.75
$KAl(SO_4)_2$	234.14	82.34	-58.41	—	298~1 000	192.97	-2 465.38	-2 235.47	204.6

续表

物质	a	$b \times 10^3$	$c' \times 10^{-5}$	$c \times 10^6$	温度范围/K	$C_{p,m}/$ $(\text{J} \cdot \text{mol}^{-1} \cdot \text{K}^{-1})$	$\Delta_f H_m^{\ominus}/$ $(\text{kJ} \cdot \text{mol}^{-1})$	$\Delta_f G_m^{\ominus}/$ $(\text{kJ} \cdot \text{mol}^{-1})$	$S_m^{\ominus}/$ $(\text{J} \cdot \text{K}^{-1} \cdot \text{mol}^{-1})$
$\text{KBr}(s)$	48.37	13.89	—	—	298~100	53.64	−392.17	−379.2	96.4
$\text{KCl}(s)$	41.38	21.76	3.22	—	298~1 043	51.51	−435.89	−408.325	82.68
$\text{KClO}_3(s)$	—	—	—	—	—	100.2	−391.2	−289.91	142.97
$\text{KI}(s)$	—	—	—	—	—	55.06	−327.65	−322.29	104.35
$\text{KMnO}_4(s)$	—	—	—	—	—	119.2	−813.4	−713.8	171.71
$\text{KNO}_3(s)$	60.88	118.8	—	—	298~401	96.27	−492.71	393.13	132.93
$\text{K}_2\text{Cr}_2\text{O}_7(s)$	453.39	229.3	—	—	298~671	230.00	−2 043.9	—	—
$\text{K}_2\text{SO}_4(s)$	120.37	99.58	−17.82	—	298~856	130.1	−1 433.69	−1 316.37	175.7
$\text{MgCO}_3(s)$	77.91	57.74	−17.41	—	298~750	75.52	−1 113	−1 029	65.7
$\text{MgCl}_2(s)$	79.08	5.94	−8.62	—	298~927	71.3	−641.8	−529.33	89.5
$\text{Mg(NO}_3)_2(s)$	44.69	297.9	7.49	—	298~600	142.00	−789.6	−588.4	164
$\text{MgO}(s)$	42.59	7.28	−6.19	—	298~2 100	37.4	−601.83	−569.57	26.8
$\text{Mg(OH)}_2(s)$	43.51	112.97	—	—	273~500	77.03	−924.7	−833.75	63.14
$\text{MgSO}_4(s)$	—	—	—	—	—	96.27	−1 278.2	−1 165.2	95.4
$\text{MnO}(s)$	46.48	8.12	−3.68	—	298~1 800	44.1	−384.93	−362.8	59.7
$\text{MnO}_2(s)$	69.45	10.21	−16.23	—	298~800	54.02	−520.91	−466.1	53.1
$\text{NH}_3(g)$	25.895	32.999	—	−3.046	291~1 000	35.66	−46.19	−16.64	192.5
$\text{NH}_4\text{Cl}(s)$	49.37	133.89	—	—	298~457.7	84.1	−315.39	−203.89	94.6
$\text{NH}_4\text{NO}_3(s)$	—	—	—	—	—	171.5	−364.55	—	—
$\text{(NH}_4)_2\text{SO}_4(s)$	103.64	281.16	—	—	298~600	187.6	−1 191.85	−900.35	220.29
$\text{NO}(g)$	29.41	3.85	−0.59	—	298~2 500	29.86	90.37	86.69	210.68

续表

物质	a	$b×10^3$	$c'×10^{-5}$	$c×10^6$	温度范围/K	$C_{p,m}/$ $(J·mol^{-1}·K^{-1})$	$\Delta_f H_m^{\ominus}/$ $(kJ·mol^{-1})$	$\Delta_f G_m^{\ominus}/$ $(kJ·mol^{-1})$	$S_m^{\ominus}/$ $(J·K^{-1}·mol^{-1})$
$NO_2(g)$	42.93	8.54	-6.74	—	298~2 000	37.9	33.85	51.84	240.45
$NOCl_2(g)$	44.89	7.7	-6.95	—	298~2 000	38.87	52.59	66.36	263.6
$N_2O(g)$	45.69	8.62	-8.54	—	298~2 000	38.71	81.55	103.6	220.00
$N_2O_4(g)$	83.89	39.75	-14.90	—	298~1 000	79.08	9.661	98.286	304.3
$N_2O_5(g)$	—	16.32	—	—	—	108	2.5	(109)	343
$NaCl(s)$	45.94	—	—	—	298~1 073	49.71	-411.00	-384.028	72.38
$NaNO_3(s)$	25.69	225.94	—	—	298~583	93.05	-466.68	-365.89	116.3
$NaOH(s)$	80.33	—	—	—	298~593	59.45	-426.8	-380.7	64.18
$Na_2CO_3(s)$	—	—	—	—	—	110.5	-1 133.95	-1 050.64	136
$NaHCO_3(s)$	—	—	—	—	—	87.51	-947.7	-851.9	102.1
$Na_2SO_4·10H_2O(s)$	—	—	—	—	—	587.4	-4 324.08	-3 644	587.9
$Na_2SO_4(s)$	—	—	—	—	—	127.6	-1 384.49	-1 266.8	149.4
$NiCl_2(s)$	54.81	54.39	—	—	298~800	71.67	-315.89	-269.9	97.6
$NiO(s)$	47.3	9.00	—	—	273~1273	44.4	-244.3	-216.3	38.58
$PCl_3(g)$	83.965	1.209	-11.322	—	298~1 000	(71)	-306.4	-286.27	312.92
$PCl_5(s)$	19.83	449.06	—	-498.7	298~500	(109.6)	-398.9	-324.64	352.7
$PH_3(g)$	18.811	60.132	—	170.37	298~1 500	36.11	9.25	18.24	210.0
$PbCl_2(s)$	66.78	33.47	—	—	298~771	77.0	359.2	-313.97	136.4
$PbCO_3(s)$	51.84	119.7	—	—	298~800	87.4	-700.0	-626.3	131.0
$PbO(s)$	44.35	16.74	—	—	298~900	(49.3)	-219.2	-189.3	67.8

续表

物质	a	$b\times10^3$	$c'\times10^{-5}$	$c\times10^6$	温度范围/K	$C_{p,m}/$ $(J\cdot mol^{-1}\cdot K^{-1})$	$\Delta_f H_m^{\ominus}/$ $(kJ\cdot mol^{-1})$	$\Delta_f G_m^{\ominus}/$ $(kJ\cdot mol^{-1})$	$S_m^{\ominus}/$ $(J\cdot K^{-1}\cdot mol^{-1})$
$PbO_2(s)$	53.1	32.64	—	—	—	64.4	-276.65	-219	76.6
$PbSO_4(s)$	45.86	129.7	17.57	—	298~1100	104.2	-918.4	-811.24	147.3
$SO_2(g)$	43.43	10.63	-5.94	—	298~1800	39.79	-296.9	-300.37	248.5
$SO_3(g)$	57.32	26.86	-13.05	—	298~1200	50.63	-395.18	-370.37	256.2
$\alpha-SiO_2(s,石英)$	46.94	34.31	-11.3	—	298~848	44.43	-859.4	-805	41.8
$ZnO(s)$	48.99	5.1	—	-9.12	298~1600	40.25	-347.98	-318.19	43.9
$ZnS(s)$	50.88	5.19	-5.69	—	298~1200	45.2	-202.9	-198.3	57.7
$ZnSO_4(s)$	71.42	87.03	—	—	298~1000	117	-978.55	-871.57	124.7
$CH_4(g)$甲烷	14.318	74.663	—	-17.426	291~1500	35.715	-74.848	-50.79	186.19
$C_2H_2(g)$乙炔	50.75	16.07	-10.29	—	298~2000	43.93	226.73	209.2	200.83
$C_2H_4(g)$乙烯	11.322	122.00	—	-37.903	291~1500	43.56	52.292	68.178	219.45
$C_2H_6(g)$乙烷	5.753	175.109	—	-37.852	291~1000	52.68	-84.67	-32.886	229.49
$C_3H_6(g)$丙烯	12.443	188.38	—	-47.597	270~510	63.89	20.42	62.72	266.9
$C_3H_8(g)$丙烷	1.715	270.75	—	-94.483	298~1500	73.51	-103.85	-23.47	269.91
$C_4H_6(g)$ 1,3-丁二烯	9.67	243.84	—	87.65	—	79.83	111.9	153.68	279.78
$C_4H_{10}(g)$正丁烷	18.23	303.558	—	-92.65	298~1500	98.78	-124.72.5	-15.69	310.03
$C_6H_6(g)$苯	-21.09	400.12	—	-169.9	—	81.76	82.93	129.08	269.69
$C_6H_6(l)$苯	—	—	—	—	—	135.1	49.04	124.14	173.264

续表

物质	a	$b\times10^3$	$c'\times10^{-5}$	$c\times10^6$	温度范围/K	$C_{p,m}/$ $(\mathrm{J\cdot mol^{-1}\cdot K^{-1}})$	$\Delta_fH_m^{\ominus}/$ $(\mathrm{kJ\cdot mol^{-1}})$	$\Delta_fG_m^{\ominus}/$ $(\mathrm{kJ\cdot mol^{-1}})$	$S_m^{\ominus}/$ $(\mathrm{J\cdot K^{-1}\cdot mol^{-1}})$
$C_6H_{12}(g)$环己烷	-32.221	525.824	—	-173.987	298~1 500	106.3	123.14	31.76	298.24
$C_6H_{12}(l)$环己烷	—	—	—	—	—	156.5	-156.2	24.73	204.35
$C_7H_8(g)$甲苯	19.83	474.72	—	-195.4	—	103.8	50.00	122.3	319.74
$C_7H_8(l)$甲苯	—	—	—	—	—	156.1	12.00	114.27	219.2
$C_8H_8(g)$苯乙烯	13.1	545.6	—	—	—	122.09	146.90	213.8	345.1
$C_8H_{10}(l)$乙苯	—	—	—	—	—	186.44	-12.47	119.75	255.01
$C_{10}H_8(s)$萘	—	—	—	—	—	165.3	75.44	198.7	166.9
$CH_4O(l)$甲醇	20.42	103.7	—	-24.640	—	81.6	-238.57	-166.23	126.8
$CH_4O(g)$甲醇	—	—	—	—	300~700	45.2	-201.17	-161.88	237.7
$C_2H_6O(l)$乙醇	14.97	208.56	—	71.09	—	111.46	-277.634	-174.77	160.7
$C_2H_6O(g)$乙醇	-2.59	312.419	—	105.52	300~1 000	73.6	235.31	-168.6	282.0
$C_3H_8O(l)$丙醇	—	—	—	—	—	146	-261.5	-171.1	192.9
$C_3H_8O(l)$异丙醇	—	—	—	—	—	163.2	-319.7	-184.1	179.9
$C_3H_8O(g)$异丙醇	—	—	—	—	—	—	-268.6	-175.4	306.3
$C_4H_{10}O(l)$乙醚	—	—	—	—	—	168.2	-272.5	-118.4	253.1
$C_4H_{10}O(g)$乙醚	—	—	—	—	—	—	190.8	-117.6	
$CH_2O(g)$甲醛	18.82	58.379	—	-15.61	291~1 500	35.35	-115.9	-110	220.1
$C_2H_4O(g)$乙醛	31.054	121.457	—	-36.577	298~1 500	62.8	-166.36	-133.7	120.1
$C_7H_6O(l)$苯甲醛	—	—	—	—	—	169.5	-82.0		265.7

续表

物质	a	$b\times10^3$	$c'\times10^{-5}$	$c\times10^6$	温度范围/K	$C_{p,m}/$ $(\text{J}\cdot\text{mol}^{-1}\cdot\text{K}^{-1})$	$\Delta_fH_m^\ominus/$ $(\text{kJ}\cdot\text{mol}^{-1})$	$\Delta_fG_m^\ominus/$ $(\text{kJ}\cdot\text{mol}^{-1})$	$S_m^\ominus/$ $(\text{J}\cdot\text{K}^{-1}\cdot\text{mol}^{-1})$
$C_3H_6O(g)$丙酮	22.472	201.782	—	-63.521	298~1 500	76.9	-21.96	-152.7	206.7
$CH_2O_2(l)$甲酸	—	—	—	—	—	99.04	-409.2	-346	304.2
$CH_2O_2(g)$甲酸	30.67	89.2	—	-34.539	300~700	54.22	-362.63	-335.72	128.95
$C_2H_4O_2(l)$乙酸	—	—	—	—	—	123.4	-487	-392.5	246.06
$C_2H_4O_2(g)$乙酸	21.76	193.13	—	-76.78	300~700	72.4	-436.4	-381.6	159.8
$C_2H_2O_4(s)$草酸	—	—	—	—	—	108.8	-826.8	-697.9	93.3
$C_7H_6O_2(s)$苯甲酸	—	—	—	—	—	145.2	-384.55	-245.6	170.7
$CHCl_3(g)$三氯甲烷	29.506	148.942	—	-90.734	273~773	65.40	-100.4	-67	295.47
$CH_3Cl(g)$氯甲烷	14.903	96.224	—	-31.552	273~773	40.79	-82.0	-58.6	234.18
$CH_4ON_2(s)$尿素	—	—	—	—	—	93.14	-333.189	-197.15	104.60
$C_2H_6Cl(g)$氯乙烷	—	—	—	—	—	62.76	-105.0	-53.1	275.73
$C_6H_5Cl(l)$氯苯	—	—	—	—	—	145.6	116.3	203.8	197.5
$C_6H_7N(l)$苯胺	—	—	—	—	—	190.8	35.31	153.2	191.2
$C_6H_5NO_2(l)$硝基苯	—	—	—	—	—	185.8	22.2	146.2	224.3
$C_6H_6O(s)$苯酚	—	—	—	—	—	134.7	-155.90	-40.75	142.2
$C_6H_{12}O_6(s)$葡萄糖	—	—	—	—	—	—	—	—	212.1

附录 Ⅱ　某些有机化合物的标准摩尔燃烧焓（298 K）

最终产物：C 生成 CO_2（g）；H 生成 H_2O（l）；S 生成 SO_2（g）；N 生成 N_2（g）；Cl 生成 HCl（aq）。

化合物	$\Delta_c H_m^\ominus/(\text{kJ} \cdot \text{mol}^{-1})$	化合物	$\Delta_c H_m^\ominus/(\text{kJ} \cdot \text{mol}^{-1})$
C_4H_8（g）丁烯	-2 718.58	$(C_2H_5)_2O$（l）乙醚	-2 730.9
C_5H_{12}（g）戊烷	-3 536.15	HCOOH（l）甲酸	-239.9
正-C_nH_{2n+2}（g）	-242.291～658.742n	CH_3COOH（l）乙酸	-871.5
正-C_nH_{2n+2}（l）	-240.287～653.804n	$(COOH)_1$（cr）草酸	-246
正-C_nH_{2n+2}（cr）	-91.63～656.89n	C_6H_5COOH（cr）苯甲酸	-3 227.5
C_6H_6（l）苯	-3 267.7	$C_{17}H_{35}COOH$（cr）硬脂酸	-11 274.6
C_6H_{12}（l）环己烷	-3 919.9	CCl_4（l）四氯化碳	-156.0
C_7H_8（l）甲苯	-3 909.9	$CHCl_3$（l）三氯甲烷	-373.2
C_8H_{10}（l）对二甲苯	-4 552.86	CH_3Cl（g）氯甲烷	-689.1
$C_{10}H_8$（cr）萘	-5 153.9	C_6H_5Cl（l）氯苯	-3 140.9
CH_3OH（l）甲醇	-726.64	COS（g）硫化碳	-553.1
C_2H_5OH（l）乙醇	-1 366.75	CS_2（l）二硫化碳	-1 075.3
$(CH_2OH)_2$（l）乙二醇	-1 192.9	C_2N_2（g）氰	-1 087.8
$C_3H_8O_3$（l）甘油	-1 664.4	$CO(NH_2)_2$（cr）尿素	-631.99
C_6H_5OH（cr）苯酚	-3 062.7	$C_6H_5NO_2$（l）硝基苯	-3 097.8
HCHO（g）甲醛	-56.36	$C_6H_5NH_2$（l）苯胺	-3 397
CH_3CHO（g）乙醛	-1 192.4	$C_6H_{12}O_6$（cr）葡萄糖	-2 815.8
CH_3COCH_3（l）丙酮	-1 802.9	$C_{12}H_{22}O_{11}$（cr）蔗糖	-564.8
$CH_3COOC_2H_5$（l）乙酸乙酯	-2 254.21	$C_{10}H_{16}O$（cr）樟脑	-5 903.6

附录Ⅲ 不同能量单位的换算关系

单位	J	erg	cal	atm · dm³	kW · h
1J =	1	10^7	$2.390\ 06\times10^{-1}$	$9.868\ 94\times10^{-3}$	$2.777\ 8\times10^{-7}$
1 erg =	10^{-7}	1	$2.390\ 06\times10^{-8}$	$9.868\ 94\times10^{-10}$	$2.777\ 8\times10^{-14}$
1 cal =	4.184 00	$4.184\ 00\times10^7$	1	$4.129\ 16\times10^{-2}$	$1.162\ 22\times10^{-8}$
1 atm · L =	$1.013\ 28\times10^3$	$1.013\ 28\times10^9$	$2.421\ 80\times10$	1	$2.814\ 67\times10^{-5}$
1 kW · h =	3.600×10^6	3.600×10^{13}	$8.604\ 21\times10^5$	$3.552\ 82\times10^4$	1
1 eV =	$1.602\ 189\times10^{-19}$	$1.602\ 189\times10^{-2}$	—	—	—

附录Ⅳ　元素的相对原子质量表

原子序数	元素符号	元素名称	相对原子质量	原子序数	元素符号	元素名称	相对原子质量
1	H	氢	1.007 9	30	Zn	锌	65.38
2	He	氦	4.002 60	31	Ga	镓	69.72
3	Li	锂	6.941	32	Ge	锗	72.59
4	Be	铍	9.012 18	33	As	砷	74.921 6
5	B	硼	10.81	34	Se	硒	78.96
6	C	碳	12.011	35	Br	溴	79.904
7	N	氮	14.006 7	36	Kr	氪	83.80
8	O	氧	15.999 4	37	Rb	铷	85.467 8
9	F	氟	18.998 403	38	Sr	锶	87.62
10	Ne	氖	20.179	39	Y	钇	88.905 9
11	Na	钠	22.989 77	40	Zr	锆	91.22
12	Mg	镁	24.305	41	Nb	铌	92.606 4
13	Al	铝	26.981 54	42	Mo	钼	95.94
14	Si	硅	28.085 5	43	Tc	锝	[98]
15	P	磷	30.973 76	44	Ru	钌	101.07
16	S	硫	32.06	45	Rh	铑	102.905 5
17	Cl	氯	35.453	46	Pd	钯	106.42
18	Ar	氩	39.948	47	Ag	银	107.868
19	K	钾	39.098 3	48	Cd	镉	112.41
20	Ca	钙	40.08	49	In	铟	114.82
21	Sc	钪	44.955 9	50	Sn	锡	118.69
22	Ti	钛	47.88	51	Sb	锑	121.75
23	V	钒	50.941 5	52	Te	碲	127.60
24	Cr	铬	51.996	53	I	碘	126.904 5
25	Mn	锰	54.938 0	54	Xe	氙	131.29
26	Fe	铁	55.847	55	Cs	铯	132.905 4
27	Co	钴	58.933 2	56	Ba	钡	137.33
28	Ni	镍	58.69	57	La	镧	138.905 5
29	Cu	铜	63.546	58	Ce	铈	140.12

续表

原子序数	元素符号	元素名称	相对原子质量	原子序数	元素符号	元素名称	相对原子质量
59	Pr	镨	140.907 7	85	At	砹	[210]
60	Nd	钕	144.24	86	Rn	氡	[222]
61	Pm	钷	[145]	87	Fr	钫	[223]
62	Sm	钐	150.36	88	Ra	镭	226.025 4
63	Eu	铕	151.96	89	Ac	锕	227.027 8
64	Gd	钆	157.25	90	Th	钍	232.038 1
65	Tb	铽	158.925 4	91	Pa	镤	231.035 9
66	Dy	镝	162.50	92	U	铀	238.028 9
67	Ho	钬	164.930 4	93	Np	镎	237.048 2
68	Er	铒	167.26	94	Pu	钚	[244]
69	Tm	铥	168.934 2	95	Am	镅	[243]
70	Yb	镱	173.04	96	Cm	锔	[247]
71	Lu	镥	174.967	97	Bk	锫	[247]
72	Hf	铪	178.49	98	Cf	锎	[251]
73	Ta	钽	180.947 9	99	Es	锿	[252]
74	W	钨	183.85	100	Fm	镄	[257]
75	Re	铼	186.207	101	Md	钔	[258]
76	Os	锇	190.2	102	No	锘	[259]
77	Ir	铱	192.22	103	Lr	铹	[260]
78	Pt	铂	195.08	104	Rf	𬬻	[261]
79	Au	金	196.966 5	105	Db	𬭊	[262]
80	Hg	汞	200.59	106	Sg	𬭳	[263]
81	Tl	铊	204.383	107	Bh	𬭛	[264]
82	Pb	铅	207.2	108	Hs	𬭶	[265]
83	Bi	铋	208.980 4	109	Mt	鿏	[268]
84	Po	钋	[209]				

注：表中数值加方括号者是放射性元素的半衰期最长的同位素的相对原子质量。

参 考 文 献

[1] 印永嘉，奚正楷，张树永. 物理化学简明教程［M］. 4 版. 北京：高等教育出版社，2007.

[2] 李钒，李文超. 冶金与材料热力学［M］. 北京：冶金工业出版社，2012.

[3] 郝士明. 材料热力学［M］. 北京：化学工业出版社，2003.

[4] 傅献彩，沈文霞，姚天扬，等. 物理化学（上、下册)［M］. 北京：高等教育出版社，2005.

[5] 沈文霞. 物理化学核心教程［M］. 北京：科学出版社，2004.

[6] 胡小玲，苏克和. 物理化学简明教程［M］. 北京：科学出版社，2012.

[7] 程兰征，章燕豪. 物理化学［M］. 上海：上海科学技术出版社，1988.

[8] 沈文霞，王喜章，许波连. 物理化学核心教程［M］. 3 版. 北京：科学出版社，2004.

[9] 崔黎丽，刘毅敏，刘坤，等. 物理化学［M］. 北京：科学出版社，2011.

[10] 张志杰. 材料物理化学［M］. 北京：化学工业出版社，2020.

[11] 赵国华，刘梅川，张亚男. 简明物理化学［M］. 北京：化学工业出版社，2019.

[12] 任素贞，王旭珍，施维. 物理化学［M］. 4 版. 上海：上海科学技术出版社，2013.

[13] 王淑兰，霍玉秋，边立君. 物理化学学习指导［M］. 北京：冶金工业出版社，2013.

[14] 李文斌. 物理化学习题解析［M］. 天津：天津大学出版社，2004.

[15] 董元彦，李宝华，路福绥，等. 物理化学学习指导［M］. 北京：科学出版社，2004.

[16] 张业，谢鲜梅. 物理化学学习指导［M］. 北京：化学工业出版社，2003.

[17] 印永嘉，王雪琳，奚正楷. 物理化学简明教程例题与习题［M］. 北京：高等教育出版社，1999.

[18] 小久见善八. 电化学［M］. 郭成言，译. 北京：科学出版社，2002.

[19] 查全性. 电极过程动力学［M］. 3 版. 北京：科学出版社，2002.

[20] 李荻. 电化学原理［M］. 2 版. 北京航空航天大学出版社，1999.

[21] 朱志昂. 近代物理化学［M］. 3 版. 北京：科学出版社，2004.

[22] 曹楚南，张鉴清. 电化学阻抗谱导论［M］. 北京：科学出版社，2002.

[23] 宋诗哲. 腐蚀电化学研究方法［M］. 北京：化学工业出版社，1994.

[24] 任素珍，王旭珍，施维. 物理化学［M］. 4 版. 上海：上海科学技术出版社，2013.

[25] 李松林，冯霞，刘俊吉，等. 物理化学［M］. 6 版. 北京：高等教育出版社，2009.

[26] 朱文涛. 物理化学（下册）［M］. 北京：清华大学出版社，1995.

[27] 大连理工大学无机化学教研室. 无机化学［M］. 5 版. 北京：高等教育出版社，2011.